规划人生 | 把人生展示在平常的生活里

规划故事 | 把学术翻译到城市的空间中

规划修养 | 把文化刻写在城乡的大地上

规划年轮 | 把生活融入城市的年轮圈里

师法自然

规画人生

吴伟进 编著

浙江大学出版社
ZHEJIANG UNIVERSITY PRESS

图书在版编目（CIP）数据

规画人生 / 吴伟进编著. -- 杭州 : 浙江大学出版社, 2021.12
ISBN 978-7-308-22043-9

Ⅰ. ①规… Ⅱ. ①吴… Ⅲ. ①城市规划－建筑设计 Ⅳ. ①TU984

中国版本图书馆CIP数据核字(2021)第253915号

规画人生
吴伟进　编著

策　　划　杨毅栋
责任编辑　余健波
责任校对　何　瑜
校　　对　王其煌　刘大培　欧庆利　董金福　金前进
封面设计　周　灵　黄鹏奇
出版发行　浙江大学出版社
（杭州天目山路148号　邮政编码：310007）
（网址：http://www.zjupress.com）
排　　版　周　灵
印　　刷　杭州宏雅印刷有限公司
开　　本　889mm×1194mm　1/16
印　　张　14
字　　数　350千
版 印 次　2021年12月第1版　2021年12月第1次印刷
书　　号　ISBN 978-7-308-22043-9
定　　价　220.00元

浙江大学出版社市场运营中心联系方式：（0571）88925591；http://zjdxcbs.tmall.com

序一

2003 年我去杭州，就杭州运河景观带城市设计事宜进行对接时，与《京杭运河杭州段两岸综合整治和保护利用战略性规划》的项目负责人吴伟进校友进行了交流。他对规划设计的那种热情，给我留下了比较深刻的印象。后来，虽然在各种学术活动中有几次见面，但是没有深谈。今天看了他的《规画人生》样稿，颇觉惊讶。全书分为四部分：规划人生、规划故事、规划修养、规划年轮，深入浅出地写出了规划与人生的精髓；另辟蹊径的规划途径；规划师难得的诗文国画修养；规划与社会工作相融的生活，真是道出了规划人生之大道。初阅，清心悦目；细品，宛如时空隧道，勾画了他 30 多年规划人生之情怀。20 世纪 80 年代中期在同济时，听说陈从周先生带了一个本科生为徒弟，原来是伟进学弟呀！不愧是陈先生的学生！

从他的文章里得知，他年轻时生活比较坎坷，初中辍学，以一个乡村建筑工匠，自学考进同济大学。后被陈从周先生赏识，收他为徒，学习书画文学，是陈先生唯一的本科生徒弟。陈先生对他的一生产生了很大的影响。他不仅学了陈先生的艺，还秉承了陈先生的德，在工作中看到问题时敢于向政府呼吁。从 2003 年开始，他连续当了四届浙江省人大代表，以人大代表的身份，延伸规划师的职能，为城市治理提出了一些很好的建议，把规划师的作用发挥到了极致。

他大学毕业后一直在地方设计单位工作，平台不高，但是很切实际。他说他要把大师的学术“翻译”到城乡的空间上，比喻得很好。他边工作边思考、思考人生、思考城市、思考社会、思考未来。他的思想先于城市发展，快于社会节奏。所以，他工作生活得从容自在。

《规画人生》是伟进校友规划生涯的总结，更是他规划与画画碰撞的结晶，在大学里学不到，在论文集里找不到。这本书，既可作为初入规划领域年轻人的补充教材，也能够为实践中的规划人提供借鉴。他跳出规划说规划，是人生之大规划，世界观之大规划。他是规划界的一朵奇葩，是一个同济人的典范，也是无数个同济人的缩影。他把艺术融入规划，把规划融入生活，把生活融入城市，把思想连接未来！

在此，衷心祝贺吴伟进校友！一个值得骄傲的同济人！

2020 年 5 月

吴志强：德国工程科学院院士、瑞典皇家工程科学院院士、中国工程院院士、同济大学建筑与城市规划学院教授、博士生导师。

序二

我与吴伟进相识有 20 多年了。虽然不在一个单位，可咱俩既是校友、又是同行，在一次次专家会上，从认识到交流，直至成为无话不说的好朋友。最初开始认识、注意他的时候，是在大运河杭州段的规划项目上，我感觉到他不是单纯的规划师，还是一个社会活动家。他不单单做规划，还在呼吁规划，推动城市的发展。他从事着城市规划设计的职业工作，平时却喜爱国画、诗词和散文，在正式场合还能以人大代表的身份参政议政。丰富的经历和感悟，全部汇聚在了这本《规画人生》中。时代的巨变，给个人的选择带来了自由和迷茫的双重催促，而他在忙碌和繁杂中坚守了情怀和超越，勉力在快速城市化的进程中守护一个规划师的社会责任，以文化艺术的视角去培育生活空间的宜人氛围。这本书，除了反映他做事总喜另辟蹊径的特质，无教科书式的专业理论，却有应对社会需求和问题的切实方法和对策，一些生活的技能，以及超越人生的体验，也能在书中发现迹影。其实，真正懂得规划的人，即使忙碌也不会慌乱；真正有生活情怀的人，即使平凡也是充实；真正懂得画画的人，即使普通生活也是艺术。伟进兄是也！否则他怎么会在 25 年前，在臭气熏天的运河里嗅出文化，嗅出运河新十景，嗅出杭州未来的“清明上河图”？伟进兄的人生妙哉！

《规画人生》算是伟进兄的一部学术小传，从人生思考，到规划设计；从国画、散文、诗词，到参政议政。通过“规画人生”的“素描”过程，伟进兄的形象跃然纸上。在城市化快速发展、规划项目应接不暇的同时，能够静下心来总结思考，感悟社会与人生哲理，实属不易。看了样稿，我有以下感受：

规划人生：人一走进社会，就得学会调度生活，整理信息，懂得理性休闲，作画撰文。他在考察旅游时，从不忘收集规划资料。他说：行万里路，拍万卷照。他把资料分门别类，整理得井井有条，反复体会，萃取精华，使得设计效果培增，人生价值培增。他在工作生活中善于思考，能够触类旁通，深入浅出，讲出大道，道出生活的真谛；又能通过艺术灵感的启发，匠心独运，空穴来风，从技术性规划提升到城市创意的高度，达到创意未来城市的境界。

规划故事：30 余个规划项目，从宏观的城市发展策划到微观的建筑景观工程设计，涉及面广。但每项规划设计都独具创意，常常另辟蹊径，把气候微循环、传统风水、人生轨迹等理念巧妙地应用到环境设计之中；又能把书画、散文、诗词的意境和创作理念，移植运用于规划设计。最可贵的是，他在 20 世纪 90 年代初就有了经营城市的理念，对人人避而远之的发臭运河提出了大胆的改造计划，策划了运河新十景，助推了杭州市运

河改造工程的建设。改造完成后的运河美景与西湖交相辉映，为杭州市的城市有机更新行动增添了精彩的一章。

规划修养：他的规划创意来自于生活的情趣和学习的积累。他平时写诗作画，诗词语言的精炼，国画艺术的概括，提炼了其人生的浓度，使其能够抓住人生之节奏，生活之重点。30 余幅国画作品，20 余篇散文，60 余首规划诗词，是他工作与生活紧密交融的呈现，是美丽心灵的写照，为人生增色！心灵美设计才会美，这便是规划师的修养，为城市添彩！

规划年轮：他把自己的人生归结为一串年轮：城市梦想年轮、城市建议年轮、规划工作年轮、参政议政年轮、业余爱好年轮。有了梦想，人生如梦一般美好！他把生活休闲当作小区的公共绿地，不是空白而是更美的景观；是歌曲的过门，没有唱词却有更加美妙的旋律；是国画里的留白，没有笔墨却有更美好的想象。所以，他闲下来就赏诗作画，把工作当休闲、休闲当工作，也许这就是他的生活秘籍。他生活从不浮躁，不计较头衔名誉，也不怕得罪人，传承了一些陈从周先生的秉性。只要是对城市建设有益的事情，就满腔热情地去建议、去参与。他活出了自己的个性、社会的价值。他爱专业、爱杭州，在建设美丽杭州之中也画出了自己美丽的年轮。

他不是哲学家，却在工作生活中导出了人生的价值取向。

他不是大师，却把大师的学术理念“翻译”到了城乡空间里。

他不是艺术家，却画出了与众不同的山水画。

他不是文学家，却所到之处也能写出真情实感的散文。

他不是诗人，却把规划项目概括成了一篇篇的诗词。

他不是管理者，却把许多城市治理的建议提到了政府的决策层。

他的人生与杭州城市风貌一样，“独特韵味，别样精彩”！

 2020 年 5 月

华晨：同济大学城市规划研究所硕士、比利时根特大学博士、荷兰代尔夫特大学研究员、浙江大学建筑工程学院教授。

领导、同事、行友的点评

阳作军（杭州市规划局原局长、杭州市城乡建设委员会原主任、杭州市科学技术委员会原主任）：我到杭州就职时，吴工正在编制杭州运河地带的规划，这个项目好像是前几年他自己提出来的。我刚刚到杭州，对杭州不是很了解，向市里汇报，怕讲不清楚，每次汇报都带上他。他确实给市里领导简单明了地说明了问题，抓住了重点。有一次在会议中讲到城市有机更新的问题，他用老一辈革命家治理国家来作比喻。老一辈革命家外表上是像他父母一般的老人，但是他们的内心世界却大不一样，他的父母只能管好一个家，老一辈革命家却能够治理好一个国家、影响全世界。这个比喻十分恰当、生动，也是他对城市发展的透切理解。城市有机更新，就是既要承接传统风貌，又要装得下现代化的功能。还有一件印象深刻的事，2002年选拔副局长时，他以比较好的成绩进入面试，我当时是主考官之一，他对此事好像有些敷衍了事，不想从政；组织上门考察时，还讲了一些不是很合适的话。这或许是知识分子直率的性格使然，而此《规画人生》就是他的写照。我很欣赏他现在走的路，作为技术骨干，又做了数届省人大代表，这既符合他的个性，又能发挥他的才情，得其所哉！

王士兰（浙江大学建筑工程学院原副院长，浙江大学城乡规划设计研究院原院长，中国小城镇规划学术委员会主任）：我与吴伟进相识于 2017 年春天杭州淳安县的小城镇整治项目专家评审会。当时一天评审 6 个项目，但在听完项目后的半个小时内，他就能抓住小城镇的历史文化、风貌特征、规划核心，赋以一首贴切的诗词，并给出点评意见。他敏捷的才思给我留下较深的印象。2018 年，他的学术报告“智慧行动在杭州”引起了我的关注，他从城市规划的视角论述杭州智慧产业的现状与发展前景，理论与实证结合，论点、论据、推理较为超前。再后来，我就浙大城乡规划学科研究项目“长三角一体化智慧城乡发展”事宜多次与他切磋，发现他是一位难得的研究型人才，颇有“相见恨晚”的感叹。我在任浙大城规系主任时，曾一直在物色人才，可惜未能遇见他。学术上三年接触下来，我对他的评价是：人生有理想、有目标，透露出敏锐和智慧，体现了与生俱来的智慧和毅力，尽管现已年近花甲，还在孜孜不倦地努力着，这是做大事的人应具有的品格，是青年人学习的榜样。

陈前虎（浙江工业大学设计与建筑学院院长，教授、博士，浙江省国土空间规划学会理事长）：吴兄伟进，是我浦江老乡，也是行业前辈。家乡浓厚的书画氛围深深地感染并熏陶了伟进兄，使他从小对书画痴迷如醉；后来高考填报志愿，顺利就读同济大学城市规划专业，并十分有幸得到陈从周先生的厚爱。这应该是伟进兄生命里最幸运的一段经历与安排了，为其今后轰轰烈烈地投身城市规划与建设、服务于杭州区域经济发展打下了坚实基础。我请他为我院的研究生班讲过一堂课，他那诙谐的语言，旁征博引的知识，随手拈来的案例，着实形象而生动。对他来说，一个项目就是一张画，一个项目就是一首诗。他的人生是画也是诗，让人仰之敬之！

龚正明（杭州市规划设计研究院原院长）：我于 1998 年至 2016 年担任院长，此阶段正值我国城市化发展高速时期，城市功能不断增加，城市功能的交叉与矛盾，城市风貌的塑造与控制等问题，都需要规划师和规划管理者来协调解决。到 21 世纪初，城市设计项目纷至沓来，像吴伟进这样有想法、有艺术性的规划师，可以发挥重大作用，他自己也觉得规划师的春天已经来到。在 2001 年他就申请开设了个人工作室，我作为院长十分支持，并制定工作室政策，实行“一院两制”。后来的实践也证明了，科室独立核算的市场机制更能发挥设计师的作用，吴伟进带了个头，为院里的业务管理体制改革作出了很好的表率。此次他出版的《规画人生》一书，有项目设计的回顾、工作方法的提炼、人生体会的感悟。这种带有经验总结性的书籍我觉得很好，能够为年轻规划师少走弯路，提供一个指南。

高群（杭州市规划设计研究院院长）：吴工是我院一位有个性、有才情、有情怀的资深规划师。他个性鲜明，敢想、敢为、敢说，他主持的许多规划项目能很好地结合自己的绘画专长，方案构思多富有创意；他创立了我院第一个规划设计工作室，为院的业务发展作了有益的探索；他自我意识比较强，思维呈发散性，想法多，常有惊人的话语与思路；他时间观念强，工作效率高，感觉总比常人快几拍。院里也十分尊重他的个性和特点，尽可能安排能发挥他个性与特长的项目和工作，从工作室主任到总师办主任，他都较好地发挥了作用。他担任了四届省人大代表，为许多城市问题直言呼吁。他爱院如家、爱杭州如家的情怀，很值得年轻人学习。他是一位受人尊敬的前辈规划师。

杨毅栋（杭州市规划设计研究院总工程师）：受吴工之约，让我为《规画人生》点评，在下虽然不才，但也义不容辞。我与吴工一直是同事，当年在集体宿舍还同住了二三年，那时他给我的感觉是善于城市规划，也会建筑设计，有才气也有“财气”，单身时就配备了冰箱、彩电、洗衣机、卡拉 OK 音箱，为我们的单身汉生活带来了方便和快乐。他的生活观念比较广义，他认为家 = 住宅 + 城市，有了家的原点后就要关注城市的发展。所以，他在 1996 年自己买了房子后，1997 年就放弃了单位分房机会。他的规划观念也比较广义，很早就有了经营城市的理念。2002 年他编制杭州运河地带的规划，策划“运河新十景”，使之与西湖相对应，还策划运河旅游，得到社会上的广泛关注。他还有画国画的“才气”，工作再忙，也笔耕不辍，如今是一个小有名气的画家。真正与吴工思想上的近距离接触，是在 2015 年我担任院总工程师时，当时吴工是院总师办主任。他办事快捷，不拘小节，善于糅合不同意见，不在乎人家对他如何评价。他讲，人的成熟是以最大的胸襟容忍别人的误解。他爱单位、爱杭州，把杭州当作自己扩大了的家。像他这个年龄一直坚守着规划阵地的人现在没有几个了。我很赞赏他的一句话：国家、城市、单位是土地与森林，不要因为林子里有几只不赞赏你的鸟，而轻易放弃森林和土地。如此明白的人生，还有什么可说的呢！我们院里尊他为大师，他却有自知之明，说自己不是大师，但可以做大师的传递者，把大师的学术理念“翻译”到城市的空间里。实际上他也确实做到了，从运河两岸，到塘栖、中山路历史街区，又到三江两岸，都有他的创意手笔。城市建设就是需要这样的“大师” ，我更希望，这样的“大师”越多越好！

许世文（浙江省建筑设计研究院总建筑师，省工程勘察设计大师）：我认识的规划师不少，跟吴伟进碰面次数也不算多，但每次在专家会上相遇，听他谈杭州、论规划，趣事多多，与众不同，印象深刻。今读罢他写的《规画人生》样稿，对他的人生观与规划观有了更系统的了解。他对社会、城市、园林乃至建筑等方面的研究都有颇深的造诣和独到的见解。他不仅熟练掌握城市规划的原理，也深刻领会建筑空间的内涵；他在营构城市空间的同时，也在剖析社会结构，所以能连续做好四届省人大代表，为政府建言献策。他在业余时间经常撰文绘画，文字和绘画功底深厚，正是这些文化修养的日积月累，促成了他以文化人的思维方式去创新设计城市、环境和建筑。可以这么说，他是一个把城市建设和社会文化融合起来的设计大师，他的人生也设计得十分精彩。

汤泽荣（杭州市规划设计研究院原总建筑师，浙江大学建筑设计研究院生态景观分院园林总工程师）：欣闻吴兄伟进要出本书，可喜可贺！其实，以他在杭州规划界的资深履历和丰富经验，出书也是水到渠成的事情。我与他在 1999—2002 年间曾短暂共事，他给我的深刻印象，是他对城市格局演变的一些判断很有前瞻性。记得那年一起去看杭州大剧院的竞标方案公示，看着看着他忽然大声说：坏了！杭州大剧院“嫁”错地方了，我们已经把市政府造错地方了（当时的市政府从湖滨迁址到武林门没有几年），再也不能把杭州人民的精神文化场所选错地方！当时大剧院选址在西湖边的都锦生丝厂旧址上，场地逼仄，交通拥挤，不能最大限度地发挥公共资源带动城市发展的作用，相对于周边环境，所提报的方案无论哪一个，造在杭州都锦生丝厂旧址上都不合适。这一见解独到、敏锐。不仅如此，一般观者发表意见只是讲讲而已，他却认真地去找媒体，找业界名人反映问题，恳请决策部门重新选址。当时我也非常赞同他，还提供了浙江大学建筑设计院总建筑师沈济黄和杭州市建筑设计院院长程泰宁的联络方式，但心里想市政府已经决定的事情也是很难改变的。他大概奔走呼吁了大半年，中间有多少波折不太清楚，但是最终我们看到了，杭州大剧院移址到钱塘江畔，今天已然成为杭州的标志性景观。若不是亲历，真不知道吴兄的规划格局和做事担当。赞！

冯一军（杭州市规划设计研究院交通市政研究所主任工程师，院副总工程师）：恰逢新冠疫情非常时期的春节后，能够静下心来拜读吴师兄的《规画人生》样稿。我被他的自强、好学、忍耐、拼搏的品格所感动；对他规划设计、策划创意、能诗擅画的才学十分钦佩；对他梦怀理想、大我包容、不负民生勇担当的胸襟深表赞叹！他在工作之余，及时记录、保存资料，现在给予整理，把工作理念和方法，成功的规划设计案例，学习、工作、生活中的酸甜苦辣，对家庭、单位、社会的感恩，汇集成书出版，意义非凡！吴工走出山村、进入都市、奋斗在西子湖畔，由小我到大我，由民间匠人最终成为全国注册规划师、一级注册建筑师、教授级高级工程师。他由专业的有为提升到政治的有为，加入民盟，连续担任四届省人大代表，并担任杭州市政协常委，深入百姓，参政议政，为民呐喊，替政府分忧，助推杭州市、浙江省的经济社会发展。不负芳华，硕果累累，非常了得，吾辈中能有几人？

华芳（杭州市规划设计研究院城市发展与历史保护研究所所长）：我大学一毕业就跟随吴工做了一个大型小区的招投标规划方案。我是学建筑的，当时对规划还一知半解。吴工在构思方案时，把一块规划不需要考虑的河边绿地（属消极空间），反向思考设计为一处具有积极意义的中心广场——纪元广场（时在 1999 年，有世纪交替的纪念意义），内设四季亭，亭里安装触摸式电脑屏，可查询时事信息。住宅设计中还提到了远程抄表，已经有了互联网的知识。那是 1999 年啊，手机还是 2G 的，吴工已经把数字小区与环境文化创意结合在一起。他的超前理念，对我从建筑概念走向城市空间设计的理解，有一种豁然开朗的启悟，让我终身受益。今天从他的《规画人生》中，好像又体会到了飞越城市与人生的时空感。

张建栋（杭州市规划设计研究院城市设计研究所主任工程师）：对我来说，吴工是良师也是益友。大家都尊称他为吴大师，可我还是习惯称他吴工，更亲切、更顺口，毕竟这么多年叫下来了。记得 1999 年大学毕业进院，是吴工第一个带我做大型住宅区的规划，那时吴工给我的印象标签是：同济人，有想法，意气风发，理念超前，令我心存敬仰。整个项目设计过程让我受益匪浅，使我对城市空间有了更深层次的理解。工作之余，听他讲经历、谈人生、聊趣事，不亦乐乎。他还时常挥毫泼墨，写诗作文，规划创意常常来源于诗情画意，用他自己的话来说就是“规画”，他规的是城市，画的是修养，写的是人生故事……

吴尉升（浦江县中心小学特级教师）、吴卫珍（浦江县人民医院主任医师）：我们是吴伟进的姐姐和妹妹，从小一起长大。他比较调皮，一直没有好好读过书。不过说实话，在乡村也没有条件可以好好读书。他放牛，干农活，未成年就去做工匠。恢复高考后，我俩相继考上了中专和大学，在我俩的鼓励下，他从初中课程开始补习到高中，后来竟然考上了同济大学建筑系。从上海回来后，好像变了一个人，变得善于独立思考，但是我们也不清楚他究竟在思考什么，只是感觉画画水平提高了许多。后来我们各自成家，来去匆匆，一年也就碰面一二次，还真不知道忙忙碌碌的他，为了生计外，一直还在思考规“画”人生，为杭州城市发展做了这么多事情。这让我们家人十分惊讶，也深感自豪。从《规画人生》的字里行间，我们能感觉到他事业上的不容易，走过的路有几多坎坷，只有他自己知道，他太拼了！而今取得这些成就，足以慰藉自己、家人和老师。

胡惠芳（浙江大学图书馆副研究馆员）：我跟他过了半辈子，总觉得他生活不踏实，淡泊生计，痴求什么诗画人生、设计人生，时常“五加二，白加黑”地加班。把城市规划得整洁美丽了，把家整得乱七八糟。如果这本《规画人生》算一枚“军功章”，那也有我的一半。讲句真心话，他自己也很不容易，身体又不太好，平时忙着做规划设计，空闲时就画画写文章，又到处做评审专家，还当人大代表、政协委员。看了此书，才了解他的全部，凡夫的另一面也有许多光彩。感谢我丈夫的领导、同事、朋友给他的支持和帮助，圆了他一个规“画”人生的梦想。

目 录

所谓人生规划就是一个人根据社会发展的需要和个人发展的志向，对自身有限资源进行合理的配置，对自己的未来的发展道路作出一种预先的策划和设计，受人生观支配。（引自百度）

1

规划人生

来自 30 多年的工作与生活感悟

1.01 走上社会，重新清零

如果上大学时还懵懵懂懂，是父母帮你选择了专业，那么在大学里不能局限在专业知识上，而应多学会一些工作方法论，通过研究或工作来修正自己的就业方向，努力使自己的兴趣与专业能够融合起来，既符合社会和国家的需要，又可发挥自己的兴趣爱好，才能够充分发挥与生俱来的潜能。

一个人在上大学时，功课成绩若有平均 90 分就能得一等奖学金，平均 80 分就有二等奖学金。想想得了二等奖学金也不错。但是，走上社会就不同了，只有 YES or NO，通过与不通过，中标与没有中标。有时候往往只有半分之差，你的方案就落选。社会竞争就是这么残酷。走上社会是人生的一次“断奶”，在自己家里是一家人围着你转，在学校里有老师推着你前行，到单位工作后，同事之间是平行关系，是友好的战友，也是竞争的对手，领导和甲方都是你的客户，你都得去满足他们的要求。当今没有三顾茅庐，只有毛遂自荐，不讲名校与普校文凭，得重新赛跑。有的人适应得快，成功得也快；有的人适应得慢，长时间碌碌无为；有的人甚至惨淡一生。面对纷纷扰扰的社会，能否树立良好的人生理念，规划好自己的生活？是走上人生的高架桥，还是在一个个红绿灯的交叉口犹豫？

人生断奶，意味着自己挣钱吃饭，学校里那一套没有用了。粗茶淡饭、山珍海味都要会吃，才能营养丰富，才会健康！既要学会入行随俗，也要学会独立思考。做画家，需要博览名山大川打草稿。做作家，总得了解上下五千年的历史，阅读中外名篇几百部吧。现在的年轻人读书时间长，一般都是研究生毕业，年纪不小了，马上就面临事业和成家的双重压力，人生进入艰苦磨练的阶段。如何为自己增能扩能，成为走上社会的当务之急。

断奶、清零，也不是一切重来，而是上到一个新台阶，走进一个新空间。给你自由，也给你压力，需要有一个正确的人生观。多年的工作让我有了些许感悟：有些项目好做，报酬与工作量虽不一定件件对应，但容易找对思路，一下子就完成了；有些项目虽小，难度却不小，几经周折才得以完成，但是一段时间之后，期间的经历和人缘又给我带来新的项目或新的帮助。所以，不倦地努力做事情，才是做大事的人应具有的品格，青年人在工作中不能因为有了几个性价比很高的项目，就永远守株待兔地等待好做易做的事情。其实经历就是财富，时间长了，阅历丰富了，潜在的机遇才会增多。所以，对我来说，项目从来没有好坏之分，没有报酬的事情做多了，或许会有另外的收获。人生在世，价值的奋争往往大于工作的价值。社会上有个有趣的现象：一个项目或事情，高水平的人来做，一下两下就完成了，他要的工资未必很高；倒是一些水平低的人，要花九牛二虎之力才能完成，他的要价反而很高。常常听到这样一句话：没有功劳也有苦劳。这个说法是错误的，在市场经济时代，苦劳就是低效率，甚至是犯大错，还会影响团队的整体形象与效益。忙得不到位，就是没有效益。

刚入社会时，大家有可能会遇到一些不顺的事情，一时的迷茫和惆怅在所难免。对此我想讲一讲命运与人生。其实命运是有的，上天随机塑造了我们，随机选择了父母，随机选择了家乡。有人出生在大城市的富贵家庭，有人出生在穷乡僻壤的寒门。这就是命，但命可以改。我们就是一颗种子，随风飘落，落地生根开花，由自己也不由自己。飘落到沙土，适成西瓜生姜，就别想成为参天大树；飘落在肥沃的土地上，有啥成啥，也不一定能成为参天大树，这时就要从自己身上

找原因了。这是一个机遇和自身努力的问题。

当今选择土壤的自由还是很大的，靠本领，靠知识，从农村走向城市，从打工者到做企业家，从基层走向领导层，有命运的机遇，但主要靠自己的努力。我们如何面对环境和机遇？观白云悠然，也想乌云密布；享清风习习，也看大雨倾盆。明白自己的特长，但得选择好土地。不少年轻人今日换一个单位，明日又换一个单位，耐不住性子。对此我要讲几句话：目前的平台能不能发挥你的才能？是你配不上平台，还是平台满足不了你？将来你有没有能力改变平台，或者将其扩展为一个新平台？还有一句话，你审视一下，现在领导重用的人的水平高不高？如果都是高水平的人才，你得留下来努力赶上，如果绝大部分都是庸人、马屁精，那么你可以果断更换平台。

但是，单位是人生的底盘，是一个抽象的组织概念，要靠大家维护，不能奢望单位直接给你什么，而是你应当为单位贡献什么。国家是一片土地，单位是森林，不要因为林子里有几只你看不惯的鸟而放弃土地和森林。要把单位与单位里的人区分开来，不要轻言放弃，再有才华的人也需要做事的平台，单位给了你学习成长的机会，你也得为此买单。老同事留下的企业文化财富，你有没有好好利用，再去发扬光大？当然，同事是战友，也是竞争对手，但正是一个个高水平的对手才让你看到距离和发展空间，无论是表扬你还是批评你的人，都是在为你策马加鞭。土地不会动，森林不会移，林子里的鸟总会有变化。改变自己很难，改变他人更难。跳槽前须纵横比较，三思而行，有时候耐心“潜伏”一阵子，日子会变得越来越美好。

再讲讲幸福感。面对日益紧张的工作局面，是带着好心情去竞争，还是带着嫉妒心去走歪门邪道？财富的积累，是有一些人靠运气、靠投机钻营、靠家庭背景，有些环节里靠知识、靠科技、靠“君子爱财，取之有道”的比例不太高，社会价值观是有扭曲了的地方，社会公平也有失衡的时候。所以有些人会讲，富的没有道理，穷的不是运气，潦倒不是宿命。在缺少公平竞争的环境里，往往谁也不服谁，小资者看不起富裕者，富裕者看不起大贵者。然而，这种简单攀比的思想却是狭隘的，人一定得学会随缘随地而安，拔高眼界，开阔胸襟，把公平的标准放大。同样一个职业，在不同的职场环境里可能薪酬差别会很大，这就很考验一个人的修养和境界。大的命运看机遇，小的命运完全靠自己努力。学会多与自己的过去比，少与人家比，快乐竞争，快乐生活，享受每一天的成果，快乐时时在！幸福天天有！

所以，年轻人一定要练就一个健康的心理，走向社会，直面“重新清零”。

1.02 用心把握，人生节奏

现实中主动去规划生活、设计人生的人不知道多不多？你所选择的职业与薪水、地位、尊严，与国家关注度高不高、社会上热门不热门很有关系。但是，你选择好了以后，就要默默地为之奋斗，许多工作不能名利双收。明白人生的定位，懂得什么阶段该做什么事情十分重要，就是要注意人生的节奏。

一个人到了大学毕业，应该有独立思考的能力了，但是主动去规划生活、设计人生的人不知道多不多？我是 1988 年大学毕业后开始工作，狂热工作了 3 年后，生了一场大病。在病床上反复思考，看了一些书，结交了一些病友，病友里有领导干部，有企业老板，有大学教授，也有普通工人。面对生命，都是平等的交流。我有了一些感悟，在尊重生命规律的基础上，思索出人生的一些基本规律：从 25 岁到 35 岁，就是充实自己，成家立业很重要，也是一种社会责任；从 35 岁到 45 岁，应该步入事业的高峰期，工作上得心应手、游刃有余，为社会做好一份职业；从 45 岁到 60 岁，应该把对社会的责任提到新的高度，把自己的想法变为团队的想法，若能够在重要岗位上，或者可以参政议政，就把自己的理念变为社会的行动，把自己的设想化为城市的形态，充分实现自我价值。在生活上相对实现财务自由，达到悠然从容的境界，同时以自己较高的劳动技能，还有余力从事社会工作，那就是比较理想的人生了。概而言之，人生可以分三个阶段，可用三个英语单词来表达：

Work：为生活而劳动，用知识和经历改变自己。当然，若是富二代、富三代，从小衣食无忧，则不在此列。但是，已有的财富和条件既是他们更高的起点，也是他们的压力。

Job：为社会责任而工作、为职业而生活，工作不单单是为了生存。

Life：为理想游刃有余地工作、生活、休闲，财务相对自由，以自我实现为目标。

后来在书中读到了马斯洛的需求层次理论。马斯洛把人的需求分成生理需求（Physiological needs）、安全需求（Safety needs）、爱和归属感（Love and belonging）、尊重（Esteem）和自我实现（Self-actualization）五类，依次由较低层次到较高层次排列。一般来说，一个层次的需要相对满足了，就会追求更高一层次的需要。但是，马斯洛需求层次理论存在着人本主义局限性，需求满足的标准和程度也是比较模糊的。实际上人的动机还受到出身、家庭、教育、邻里环境、社会宣传等因素的影响。在艰难困苦的年代，多少革命先烈甘为信仰奋斗、牺牲；多少科学家在生活清苦，甚至遭到排斥和迫害的情势下，研究出科学成果，实现自我。所以，人生观的定位也是十分重要的，当社会赋予你一个重要位置时，或者自己发现有重要追求目标时，就要为此终生奋斗！

当今年代信息爆炸，社会浮躁现象也比较普遍，相当多的人忘记了生活的本源。在英国威斯敏斯特教堂里有一块无名氏碑文，许多人后悔没有早点看到。这篇碑文是一个带着深深遗憾的灵魂发出的对生命的自省，它是一篇人生的教义，发人深省。当年，年轻的曼德拉看到此碑文时，如醍醐灌顶，声称自己从中找到了改变南非甚至整个世界的金钥匙。他原本想用“以暴制暴”的方法消除种族歧视的鸿沟，此后一下子转变了自己的思想和生活风格，他从改变自己和家庭开始，说服亲朋好友着手，历经几度春秋，终于改变了他的国家。后来南非因为没有处理好南非国内黑人移民的问题而有些衰退，则应该是另外一个话题了。

这块墓碑上，刻着这样一段话：

When I was young and free and my imagination had no limits,I dreamed of changing the world.

As I grew older and wiser, I discovered the world would not change, so I shortened my sights somewhat and decided to change only my country. But it, too, seemed immovable.

As I grew into my twilight years, in one last desperate attempt, I settled for changing only my family, those closest to me, but alas, they would have none of it. And now, as I lie on my death bed, I suddenly realize.

If I had only changed myself first, then by example I would have changed my family.From their inspiration and encouragement, I would then have been able to better my country,and who knows, I may have even changed the world.

译文是：

当我年轻的时候，我的想象力从没有受到过限制，我梦想改变这个世界。

当我成熟以后，我发现我不能改变这个世界，我将目光缩短了些，决定只改变我的国家。

当我进入暮年后，我发现我不能改变我的国家，我的最后愿望仅仅是改变一下我的家庭。但是，这也不可能。

当我躺在床上，行将就木时，我突然意识到：如果一开始我仅仅去改变我自己，然后作为一个榜样，我可能改变我的家庭；在家人的帮助鼓励下，我可能为国家做一些事情。然后谁知道呢？我甚至可能改变这个世界。

英国威斯敏斯特大教堂内埋葬的是名人的骨骸，各个名人的墓碑上都刻有他们的生卒年月以及墓志铭。这些名人大多数是英国人或为英国作出巨大贡献的人，比如牛顿、霍金、达尔文，还有原子之父新西兰人卢瑟福。但是，许多来此的世界政要和名人看到此碑文时都感慨万千。就是这样一块无名氏墓碑，却成为闻名世界的著名墓碑。人们可以不去瞻仰曾经显赫一时的英国前国王们，可以不去看狄更斯、达尔文等世界名人，但是却不能不来看一看这块普通的墓碑——准确地说，他们被这块墓碑上碑文的启示深深地震撼了。

其实，这篇碑文用生命的毁灭导出了生命的真谛，指明了人生的节奏。循着自然生命和社会的规律，可以走向辉煌；倒行逆施，会惨淡一生。我以我诸多失败的教训，再次感悟到，用心去把握人生节奏，是何等的重要！人生开始，首先是规划好生活，其次是摸索人生定位，最后才能做好具有很强社会性的规划工作。

誊写中刚好看到一个微信。中国政法大学郭继承教授讲了三个金句，更加明白地表达了我想说的道理，在此与大家再次分享。第一句：用若干时间发现自己的优势与长处；第二句：选择终身感兴趣的工作与职业；第三句：把自己的需要和国家的需求一致起来。

只有规划好自己的人生，不断地修正自己的人生轨迹，个人的价值才会越来越高！

1.03 调度生活，休闲人生

曾经有人说过，管理是第一生产力，并不是说管理能够产生多少产品，而是通过管理组织，可以使生产效率达到最优。这人生的价值如何发挥，也有一个调度的理念。并不是拼命工作才对，要巧干，劳逸结合，要把休闲当作工作的延伸。休闲是一种境界，也是一种艺术，休闲的理念是以热情去实现自我，用创造性的方式表达自我 。

人生需要规划，生活需要调度，如此一个人才能够把握人生的节奏。现实中有很多人，斤斤计较小事情、小名誉，势必丢掉人生的大西瓜。记得微信上有一个颇具哲理性的实验视频：一个外国教师先在一个罐子里装满高尔夫球，学生说满了；然后在高尔夫球的空隙里填满小石子，学生又说满了；然后再在小石子的空隙里填满细沙，学生再次说满了；最后，还在罐子里注入一瓶啤酒。类似的实验故事在中国很早的时候也有，有个老和尚给他的徒弟也做过，只不过他是用核桃代替高尔夫球，茶水代替啤酒而已。故事要说明的是，核桃、高尔夫球代表人生优先要做好的重要事情，小石子、细沙是一些次要的事情。但是，工作再忙，也要把酒当歌，忙中偷闲。休闲则提升生活品位，提升工作激情，丰满人生的基础。

这个实验给我的启发是，最后还可以加水，水里还可以加糖、加咖啡、加盐、加味精。高尔夫球是规划结构，石子细沙是文本说明，水里加糖、加味精是业余爱好、规划修养、规划的奇思妙想。有的人习惯于按部就班地完成法定性规划的内容就算完事了，实际上有没有创新的“糖和味精”，其结果大不一样。休闲不是睡懒觉，而是积极的爱好，可以是体育运动、古玩收藏、琴棋书画等等。有一个爱好，可以加入一个朋友圈。爱好也是在展示自己，推销自己，提升自己。有了爱好就不会陷于匆匆的生活而茫然！零碎的时间，也是一个个美丽的瞬间。在各色各样的微信群，如果你在群里没有一样出挑的东西，没有多少人会理睬你。所以，既要抓住高尔夫球、核桃，又要能品味啤酒和香茗，一定要学会在休闲中思考人生，来也从容，去也从容，调度好生活、把握住时态、想象到未来！

调度生活，是要分清生活中必须、非必须，重要、非重要的事情。俗语云：磨刀不误砍柴工，做事前先想好怎么做才是最快最好的。每天晚上睡觉前，应当先把一天的微信留言作出回复，明天的事情均予以留言，然后再去看新闻、刷抖音。每天早晨一进办公室，应当把一天要做的事情列个单子，分清轻重，才开始做事情。星期一把一周的事情安排一下，月底或月初把一个月的大事情安排一下。安排计划是时间的长短、个人与集体、家庭与单位之间的综合协调。舍去哪些？必须完成哪些？都要在生活中调度到位。调度到位就会感到工作如休闲，休闲即工作。例如，你在超市购物时，可以随手也买点办公文具之类；休息天洗过澡、理过发后，顺便照几张标准照，以备工作、出国办证之用；经过加油站时发现比较空，不妨把油箱加加满，最好养成长期保持油箱半满以上的习惯，以免紧急出差时、接送重要客人时还要赶去加油。拣拾这些生活上的“小石子”，加上艺术性的“水泥”，才能筑成你人生的主体“混凝土结构”。

调度生活，很重要的一条是安好自己的家。置家购宅要看地段，要在自己上下班最方便的地方，而不是看哪里的房价涨得快不快。一天内工作的时间有限，年轻时成家后离工作单位太远，路上要花一个多小时划不来。年轻时的劳动力价值不高，财富要靠时间打磨出来，宁可房子小一点，也要买一套使工作方便一点的住宅，考虑地铁房和学区房还是比较重要的。还有一点，好的邻里关系也很有价值，选择一个有几个朋友、可以互相照顾孩子的小区，方便生活，其意义不言而喻。还要考虑地方文化、环境气氛适不适合你家的定位和小孩子的成长。古代有“孟母三迁”的故事。总之，购房选择时，交通方便、邻居友好、环境合适十分重要。

在此，我忽然想起资金与资本的概念。在我看来，资本 = 资金 + 知识 + 才干 + 经历 + 磨练 + 人缘 + 机遇 + 政治地

位 + 和谐家庭。原始资金积累，靠努力、靠辛苦、靠胆识、靠机遇、靠机巧。资金变资本，要再投资，需要才华、社会地位、平台、朋友圈、大智慧。古语云：命里一尺，莫求一丈。但是，这一尺可以是金一尺，也可以是木一尺。人生机遇有好坏，平台有高低，然而生命有限，创造无限。要创造更多财富，就要提升个人价值，为此要不断地学习。书本知识也要，社会交往也要，假如上了浙大的 MBA 班，你就进入浙大的校友圈了。但一个想法如果没有经过深思熟虑、不能另辟蹊径，大家都能想到的，还不能叫想法。只有调度好生活、工作、学习之间的关系，提高工作效率，才能提升自身的价值。理想的人生价值大大高于工作的报酬！概念不明白，工作起来迷茫；了解了含义，其乐无穷。随着阅历的增长，慢慢会觉得，许多事情看得懂不一定会，会了不一定精，精了不一定神。经过若干年的磨炼，达到专业上出神入化，炉火纯青，从此走向休闲人生，走向人生最高的境界！

休闲对于社会而言，建立在较高的社会生产力和发达的经济基础之上：生产工作时间缩短，社会福利事业发达，城市环境美好，新农村建设完美，第三产业发展充分，休闲经济达到 60% 以上。对于个人而言，则是通过调度生活，提高综合效益；通过努力学习、勤奋创业，提高劳动力与知识的财富价值，从而掌握生活的主动权，提升人生价值，有充分的自由支配时间，去娱乐、去旅游、去创作……去做一切自己喜欢做的事情。休闲改变心态，休闲改变环境，休闲提升文明，休闲追求最高层次的和谐。休闲是境界，也是一种艺术，是以满腔热情去实现自我，用创造性的方式表达自我。如果人人都善于休闲，那么我们的社会将充满情趣，充满关爱。休闲提升规划，规划的最高目标就是让社会和谐、城市文明、生活美好。

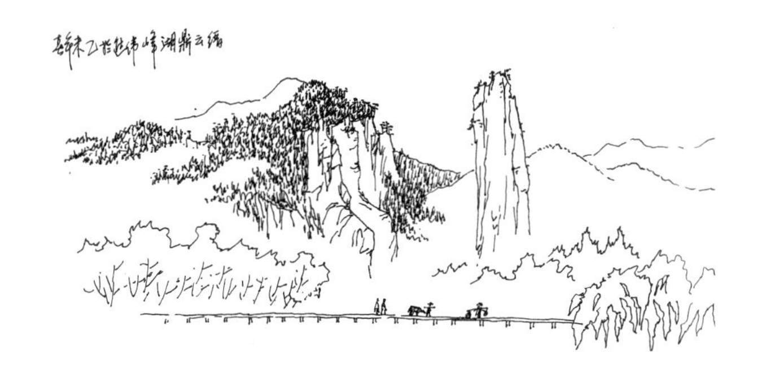

1.04 智慧临摹，探其奥妙

学中国书画，一般得从临摹开始，先学会画梅兰竹菊，临写柳体颜体等，这些都是基本功。临摹像了还不是画家，只是画匠；有个人风格了，但是风格不美，或者技法简单，也不是画家。只有个性鲜明、综合修养高，技法难度高，表现语言丰富，呈现出艺术美，才是大画家。规划设计创意也是如此。

西方哲人笛卡儿云："我思故我在。"顾名思义，一个人在思考中，才知道自己存在。人生需要独立思考，然而现在认真思索地做事情的人似乎越来越少了，随着信息网络的发达，山寨克隆、你抄我抄的现象非常普遍。不少人写论文，也只是在从此概念到彼概念，反来复去地重组文字。在规划设计界有句经典俗语："十个设计九个抄，不抄的那个是傻瓜。"抄本身谈不上好不好，但要明白抄只是手段，不是目的。有水平的抄是站在前人的肩膀上，在体会人家作品的精髓后，有所发展、有所突破地抄。以前有许多人来问我要规划的文本，文本固然可以给，但是你们会怎么抄？就像有 10 个治感冒的药方，针对某一个人的感冒，你选用哪一个药方？所以，关键还得学会原理，学会"望、闻、问、切"，才能对症下药。

规划设计与其他艺术一样，也可以从临摹开始，实际上就是先学会抄。但是，不少人却是抄也抄不到位，这就是水平问题了。学中国书画，一般得从临摹开始，先学会画梅兰竹菊，临写柳体颜体等，这些都是基本功。画西方画，素描是最重要的基本功，素描都不会，就去写生、画水彩、画油画，肯定不行。临摹像了还不是画家，只是画匠；有个人风格了，但是风格不美，或者技法简单，也不是画家。只有个性鲜明、综合修养高，技法难度高，表现语言丰富，呈现出艺术美，才是大画家。加上其他修养，诗书画印，学识渊博，在艺术界有影响力，才能够成为大画家、泰斗、大师！他们的作品才有收藏价值，才能够在历史的长河中历经大浪淘沙，永久保留下来。

唱歌也是如此。跟着卡拉 OK 唱和跟着伴奏带唱，水平就大不一样。不懂得乐理，看到的只是"1234567"，懂得乐理之人，才知道它们是"哆来咪发唆啦西"，是乐谱。会唱歌最多是歌手，歌手唱得有特色又好听，可以成为歌星，但歌星还不一定是音乐家。不仅会唱，会几样乐器，还懂得作词作曲，深悉乐理，才是音乐家。

还有传统医学，不懂药理的人，看到的只是花草的汉字名，而真正的中医通过 "望、闻、问、切" 四诊，能够判断出病人哪方面出了问题，把药名一组合就变成了对症的药方。名中医更神奇，还能灵活运用，同病异治、异病同治。中医更加讲究系统性，建筑设计抄得不好没事，最多不是原创而已；规划有系统问题，没有抄到位的话，则要坏事情。而中医如果乱抄药方，是会治死人的。

做美丽乡村规划，山村、平原、溪边、河畔大不一样。村里和上级政府的要求也不一样，有的是注重产业，落实招

商引资项目；有的是塑造景观搞旅游；有的是以保护传统村落为目的；有的是跟风做美丽乡村，自己也不明白要做哪些，只是想提升一下村庄面貌，等等。因此，面对错综复杂的规划场景，既不能简单机械地抄，更不能没有系统地乱抄。多收集一些资料固然不错，但关键是要有综合的水平和眼光，不然资料多了，各个样本的优点挑不出来，或把优点混杂在一起，反而抄成“牛头不对马嘴”。就像学山水画，把劈斧皴、披麻皴、荷叶皴、解索皴、云头皴等画在一起，画面效果将会不伦不类。市场上常有此类画作，实际上没有什么价值。

要抄高水平的东西，要站在巨人的肩膀上，我们才能够越抄越好。我们要深入了解项目的背景，体会项目的性质，在这个基础上去借鉴人家的文本，学习他的方法理念，从中获取灵感，融进自己的一些思考。乱抄别人，会把别人 80 分的文本抄成 70 分、60 分，而一个好的规划师，则能把别人 80 分的文本抄到 90 分，甚至更高！

互联网发达了，传播文化的渠道畅达了，但是可以传播的创新文化可不多，“独树众乃奇”，让我们努力做一些原创的东西！当然，对于我们这个行业，创新一点东西并不容易；有时好不容易有点创新，又被更高层次的人抄走，改一改就变成他的东西了。对此一定要理性对待。在知识大开放的时代，要接受大家都是老师又都是学生的事实。百花齐放，百家争鸣，才能繁荣昌盛！但是，你的生活习惯和工作理念，将会决定你在百花园中是鲜花、大树，还是小花、野草。蜜蜂采得百花之精华，才能酿出芬香之蜜。学会智慧临摹，探其奥妙，方能成为鲜花和大树！

1.05 举一反三，面对修改

工作当中学会举一反三的能力相当重要，学会了一二三，要懂得四五六。所以，规划交流时，不仅要听懂领导和专家的意见，还要“发酵”领导和专家的意图。甚至还要学会把合理、不合理的意见糅合起来，共同沿着科学的规划思路前行，虽然有时候交锋激烈，但是也乐在其中！

常常会听到一些人说：我们已经按领导的一、二、三点意见修改好了，结果汇报后又出来了四、五、六点的修改意见，甚至返回到原来的思路上去了。我觉得这个现象并不完全是领导的问题，还是我们规划师自己的责任。因为我们是专业人士，在规划领域应该是见多识广的专家，对领导的意见要有举一反三、预见其未来意图的能力。至于有时回归到原思路上去，有两点可以做：一是对比较大型的项目一定要有方案轨迹图，要十分清楚第一稿如何改到第二稿、第三稿，那样方案思路回去了也有回去的理由。二是从优化方案的角度出发，决定改哪些、不改哪些，形成中间方案，可以单独再与领导沟通，大部分领导还是比较开明的，只要你说出理由，还是能够接受的。怕的是我们没有太多的思想，领导说了几点就做那几点。我们不要做“厨师式” 的规划设计师，人家叫你红烧就红烧，清蒸就清蒸。只有把所有的修改意见融入我们规划思想的框架里，才能以不变应万变。

还要提醒大家一点，领导对一个项目的理解也是通过多次开会，听取多部门的意见，循序渐进，才慢慢理解深刻起来的。这个月改三点，下个月改三点，也是很正常的。我们自己对项目的理解也是循序渐进、需要时间来消化。在实践中，规划要做到弹性应变，例如对于控规，如果路网都存在不确定性，那么中间稿的地块导则，就做几个典型地块就可以了，没有必要把每个地块的导则都做好。做规划当然要听取甲方的想法，他们不合理的意见也难免要听一些，但规划师一定要善于把各方面的意见糅合起来，说服他们共同沿着科学的规划思路前行，虽然有时候交锋激烈，站在多角度上看待问题，总是可以找到平衡协调的方案，双方斗智斗勇，也是其乐无穷！

多年的规划工作让我对专业领导、规划师、建筑师之间的角色有了比较全面的理解：专业领导要眼界高，知识综合性强，站在国家政策和大众利益的基础上发表意见，善于甄别项目的优与劣，选择能解决问题的最优方案，不能把个人喜好当作代表公众利益的意见。建筑师从事的是明确了具体用地和规划指标的工程设计，从艺术的角度讲，建筑是凝固的音乐，那么一个建筑师就如同一个钢琴家、一个小提琴手，而规划师必须是指挥家。指挥家一定要懂得一些建筑的设计原理、市政设计的参数，才能够指挥众人共奏乐曲。 所以，作为一个规划师，难就难在总体工作中上下连贯、左右协调。特别是一些大学毕业没多久的年轻规划师，工作年限不长，没有多少生活经历与社会阅历，眼界不够，知识面不广，对未来的判定不可能很充分，这就需要专业领导来定位规划的主题和核心要素。所以，在作规划交流时，不仅要听懂，还要“发酵”领导的意图。

最后我想说的是，一个城市的品位，与市长、市委书记的眼光很有关系。他们的眼界决定了一个城市的基本定位。所以，市长一定要有眼光，或者他的智囊团要有水平。政府的政策研究室是智囊团，规划咨询委员会是智囊团，人大、政协、民主党派也是智囊团。市长能否用好他的智囊团，发挥他们的集体智慧，决定着城市建设成功的高度；而对于一个规划师来说，有机会做政府参事员、人大代表、政协委员等能够为政府咨询的专家，则可以让他的职能延展几倍，对良好的规划理念付诸实施更有助益。

1.06 接近智者，提升平台

生活中要注意拜好师，择好友，近智者，提高平台，这对于人生价值发挥很重要。一个人年轻时得努力，有了知识和技术，还得借力、借势、借智，拜高人为师为友。人生选对平台很重要，选对朋友圈也很重要；把握好人生的大趋势，赢得未来，成就一生！

中国古代拜师的典故很多。孔子作为古时之圣者，还拜年仅 7 岁的神童项橐(tuó)为师。子路没做孔子弟子的时候，认为自己很有本事，自夸曰："南山有竹，不揉自直，斩而用之，达于犀革，何学之为？"孔子沉吟一下，曰："括而羽之，镞而砺之，其入不益深乎？"子路如醍醐灌顶，心智顿开，随即心悦诚服地长躬及地，拜孔子为师。后来，子路成为孔子最喜欢的学生之一。汉代开国名臣张良年轻时常出游访贤求师。一日坐在桥头，见一个白发老人故意丢鞋于桥下，让张良取之、为他穿上，张良按他的意愿做了。老人让他五日后早晨再在此等候，张良连续等了几次，五天后的凌晨，终得老人的《太公兵法》。研读 10 年后，张良成为刘邦"运筹帷幄，决胜千里之外"的军师，定邦后被封为留侯。宋代，博学多才的四十岁的杨时与同学游酢（zuo）为拜程颐为师，鹅毛大雪天立在老师门口，等老师午睡醒时，早成了两个雪人，遂感动老师，尽得教导。这就有了"程门立雪"的典故。

现在互联网发达，问学方便了，师徒关系也淡薄起来，特别是拜师学艺的风气越来越淡。社会发展了，自学条件好了，"师傅"的含义逐渐泛化、扩大化。孔子曰"三人行，必有我师"，其实就是博采众长。因此，我们平时要主动去接触有水平的群体，进入高层次的朋友圈。选择居住小区时，不能光看价格高低、景观户型、房产品牌、增值潜力，而应更多地考虑邻里关系，小区内部主流居民的文化层次，以及小区周边的文化设施配套。常言道：近朱者赤，近墨者黑，古代就有"孟母三迁"的故事，孟子幼时，母亲为了使他拥有一个好的教育环境，煞费苦心，择迁三地，竭尽全力培养孩子。

俗话说得好："师傅领进门，修行在各人。"在互联网时代，信息虽然很多，但普通的信息，你有、我有、他也有，一定要学会甄别吸收。公布于众的信息早已不是原始信息，得学会提炼和超越。天赋很重要，从事文学艺术创作要想成功，一半靠自己的努力，另一半必须靠老师。有人说，不靠老师无非走点弯路，这种观点不正确，有些技术本领没有老师的指教，自己是很难做好的。比如学厨艺，空对着一桌漂亮的菜肴听讲解，绝对不如下厨房，从选菜、洗菜、配菜、调料、火候控制、翻炒动作等去体会，来得直接、易得要领。对真正好吃的汤菜，还要问问，用的水从哪里来？是生态井水还是矿泉水？水的酸碱度有没有处理过？调料产地是哪里？有的大厨师还会问，今天的客人是南方人、北方人还是老外？因人而异调理菜味。这些技术不拜师傅能够学得到吗？我喜欢把规划的现场调研比喻成中医师的"望、闻、问、切"，摸准了"症状"，后面的规划才能对症下药。一个人再聪明、本事再大，自学不求师傅而能做出大学问的甚少。

拜好师很重要，择好友、近智者，提高平台，对于知识的发挥也很重要。有个广告推销 10 本书：（1）你不努力，谁给你想要的生活？（2）余生很贵，请不要浪费！（3）不要在吃苦的年龄选择安逸。（4）将来一定感谢你拼命的岁月。（5）你不勇敢谁替你坚强。（6）要与任何人讲得来。（7）不要输在表达上。（8）讲话的艺术。（9）所谓情商就是学会讲话。（10）讲话心理学。其实，这 10 本书不必细看，归纳起来就几句话：年轻时你得努力，有了知识和技术，还得借势、借智、借力，择良友、拜高人为师。这可是一个大学问，人生中没有几次碰壁很难把握。关键是要"吃一堑，长一智"，睿智了才能把握好人生的大趋势，赢得未来，成就一生！

1.07 分门别类，精拣信息

在互联网时代，信息实在是太多，以前是因为信息渠道少而得不到信息，现在是因为信息太多而蒙蔽了你的眼睛。多年的工作实践让我深深地感受到信息只有在处理后才有用，信息分类是基础，甄别信息优劣是能力，“发酵”信息才是“神力”！

互联网时代，信息满天飞，令人眼花缭乱，信息负营养化，一个智能手机可以淹没你所有的时间。人们在千姿百态的信息里，云里来，雾里去，无所适从。信息，以前是少而得不到，现在是多而找不出。对信息必须要学会“垃圾分拣”，甄别优劣，分门别类。要选择优势的群、有益的群，大部分信息要忍着不看或直接删除。垃圾分拣后是宝贝，一台旧电脑回收价也就二三十元，但将里面的一个带有稀有金属的零件分离出来，就值一百多元。国外有垃圾收集运输分拣公司，做得好的已经不需要政府补贴，反而有盈利。信息也是如此，分类取舍后，才能显出价值。微信上一些差不多的信息，看过一二后就不必再看；而对我们工作有益的好图片、好评价、好句子，则可下载、分类、存档，变为你的财富。

古人云，行万里路，读万卷书。我的办法是，行万里路，拍万个照，就是归集整理外出考察时所见所闻的照片资料。其实，我们规划设计行业所看到的环境、田野、河道、公园、风景区、商务区、高楼大厦、博物馆及展品等等，都是我们的“万卷书”，可以按主题归集，也可以按出行时间归集，需要使用时都是你的个性化资料。有的人办公室资料堆积如山，电脑里各种资料乱七八糟，但真到用时却半天找不到。因此，要将信息资料变为财富，为我所用，一定要做好整理工作，并建立合理的索引。

作为规划技术人员，只有看得多了，比较得多了，眼界才会高。我发现有不少人，只以他看到的、有兴趣的东西为标准来评判方案，而不知天外有天。还有的人，以为自己看到了就是懂了，实际上懂了不一定会，会了不一定精，精了不一定神，没有十年二十年的经历是神不起来的。信息资料整理得好，比较得多，眼界宽了，才会神起来、神得快、出神入化！

做学者、做专家说起来也很简单。例如，你把服装服饰，纵向上按历史顺序陈述，横向上按民族、中外地域陈述完整，然后有自己的考证、研究、评论，你就是服装学专家了。做学问，首先就是收集资料，整理资料，甄别资料，考证资料，然后提出观点。千万不要做井底之蛙。现在出门汽车，购物上网，交流微信，亲身体验的机会太少，规划设计很容易雷同。一定要注意收集原始资料，只有原始资料才能触发原创的设计灵感。

日常生活中，要树立个人档案管理的意识，并养成习惯。家里要有几个抽屉，专门用来存放家电发票、房产证、护照、户口本、荣誉证书等；电脑里的资料，更要及时分类保存。自己做的项目，按年份、工程号归类，每个项目还要区分成果稿（一稿、二稿、三稿，修订稿 01、02 等）、工作稿（CAD 文件、PPT 文件、PSD 文件等）、资料文件（甲方资料、相关资料、现状照片）、后期服务（会审意见及批复，联系单、修改依据等）。电脑资料整理清爽了，你即使出差在外，旁人也可以找到你的文件，需要时可以帮你处理一下。普通的建筑设计人员，可以把结构、水电、暖通、智能化的图纸，全部收集在自己电脑中该工程的文件夹里。而要做项目负责人，或者为了便于与人协调、配合默契，则要全面了解项目工程的全过程，不仅要系统收集好各工种的资料，还要了解每个工种的技术要领。非自己专业的工作不一定都会设计，但是起码要看得懂、能交流，并且也能处理一些技术问题，这样你才能成为一个综合性的工程师，具备项目负责人的资格。

所以，甄别、整理、吸纳、分类信息，成为我们最重要的工作能力。在工作时，要以最快的时间感悟到哪些信息常用，哪些信息泛用。信息时代人生的价值，就是看你对信息的敏感性和处理能力。

1.08 深入浅出，讲出大道

大部分规划设计就是讲原理、讲道理，有些大道理包含的外延可能比较多，我们要抓住主干，抛弃一些不重要的外延，而用最简单的比喻方法说出道理的核心概念。许多现象存在的规律是一样的，我们要善于把深奥的道理，用最简单的比喻讲出来，以让人心领神会，醍醐灌顶。

俗话说，台上一分钟，台下十年功；画在纸上，功在画外。文学上有好多修辞手法，如比喻、比拟、夸张、排比、对偶、反复、借代、反问等，都是为了提高表达的效果。比喻也好，借代也好，学会幽默，把严肃的概念用幽默的文学手法表达出来，有利于活跃气氛、说服别人。例如，文学上的借代可以与古典园林的借景联系起来。在平时的学习和娱乐中，不要忘记自己的专业，应当学会用此概念去分析彼概念，能够深入浅出，讲出大道理。平时多动动手，多接触人，也能产生灵感，就像瓶子里装高尔夫球的哲理性实验那样，将深奥的道理浅白地讲出来。通过比喻来讲道理，还能够举一反三地理解相关问题。在此举三个例子：

（1）对城市有机更新的解释

记得在 2001 年，我向市里汇报杭州运河规划的时候，讲到一个城市有机更新的话题，当时的市委书记让我上去面对面对他讲。我就说：毛泽东、朱德、陈毅、贺龙等老一辈无产阶级革命家都是农民的儿子，他们的身上都有他们父辈的影子，但是他们的父辈只能管理一个家、几亩地而已，而他们却成为国家的栋梁，治理着一个国家，影响全世界，与上一辈相比，真是天壤之别。城市有机更新也是如此，就是要在保留一些传统风貌的基础上，通过改造和融入，包括科技园、大学、公园、商务区、综合体等，不断提升城市的现代化功能。

（2）概念性规划与法定性规划的解释

如果把概念性规划与法定性规划以恋爱与结婚来比喻，那么概念性规划就是谈恋爱，可以有各种各样的方式，可以每天写一封情书，可以每天送一束玫瑰花，可以请她看电影，可以一起去周游世界，可以山盟海誓，目的是要达到结婚，但是也不一定能够结婚。法定性规划有点像结婚，结婚是双方达到法定结婚年龄，身体健康，去民政局登记，拍一本婚纱照，请亲朋好友喝一场喜酒，婚就结了。恋爱的方式可以千变万化，结婚的套路则大同小异。概念性规划围绕着主题去寻找理由和概念，无方式可仿制，概念性规划的设计费因人而异，完全通过谈判来确定，大师与普通设计师可以有十倍百倍之差。就像一张宣纸，名家画，还是普通画家画，其艺术水平和价格真有天壤之别。

（3）规划设计好比中医

我现在越来越觉得规划设计好比中医。项目负责人必须跟踪到底，在现状调研时就得“望、闻、问、切”发现问题，了解项目要解决的问题，然后开出“药方”，形成规划文本。每次开会交流，也是对领导和职能部门的再次把脉，调整药方。要把握住一个规划项目的真正需求是什么。不少设计团队把一个项目机械地分成一个个小单元，分头做，最后合成一个文本。这种设计模式，要看设计总监的水平和敬业精神，是否全面、到位。有的人不管甲方需要不需要，地方合不合适，把一个“药方”到处用。有的人对上位规划不能分析出对本规划的要求或者冲突的地方，或者明显不合理的内容。还有的人只会罗列相关规划实例，找不到真正相关的可借鉴的地方，新农村建设规划就是把徽派进行到底，乡村景观设计把花海进行到底，形而上学，生搬硬套，徒糜社会资源。

实际上每个项目需要解决的问题和希望达到的目标都不同。今天我拿中医治病的原理来比喻规划设计，会让大家更加知道现状调研的重要性，更加关注项目的实质性，而不是泛泛地做项目。在规划设计的过程中，不知道你们有没有去关注和了解投资方的背景、当地领导的文化程度、决策人的喜乐爱好等因素。他们的理念和意念决定着规划故事的发展。就是同一类型的项目，也要因地因人，对汇报方案的方法和侧重点要有所不同。我们要精准领会建设方的一些意图，因为他们对城市、地段和市场的需求往往有直觉的体会。这一点在教科书上真的学不到，一般老师也不太可能讲。每一个规划项目都有其特殊性，规划最讲究的是因人而异、因地制宜，最忌的是生搬硬套、千人一面。规划设计永远有挑战，但是其魅力无穷，这也正是我一直喜爱规划设计这个职业的缘由。

1.09 匠心独运，空穴来风

匠心独运就是要在了解人家的基础上，再深入一层地思考问题，具有独立思考后的原创性。空穴来风并不是真的无中生有，而是将各种文化元素糅合在一起，让它产生化学反应，而不是简单堆积的物理性操作。

歌曲《那就是我》中有几句歌词：妈妈，如果有一朵浪花向你微笑，那就是我；妈妈，如果有一支竹笛向你吹响，那就是我；妈妈，如果有一叶风帆向你驶来，那就是我。浪花都一样，哪一朵会微笑？好像每一朵都在微笑。这就是无中生有的文学抒情，虽然是虚构，但是很有感染力。资深规划师也是如此，可以在没有任务书的情况下自己去选择地方，划定规划范围、进行策划。资深规划师要善于发现城市的一些节点和敏感地带，通过创意规划，良好的地方可以让它好上加好，消极的地方也可以化腐朽为神奇。或者是“春江水暖鸭先知”，跟踪和观察国内外发展情况。如果出现一种颠覆性的新科技，将对城市规划产生重大影响。规划师要及时把好的建议提到市政府，或者有关单位，这是自下而上的规划建议，然后再是自上而下地下达规划任务。

在这方面，我做过的最成功的一件事是杭州运河地带的规划。自 1993 年参与江心岛小区（后改为稻香园）的规划后，我便开始关注运河两岸的建设趋势，收集有关运河文化的研究资料。我站在运河边思考着：什么时候能够让河水变清，景色变美，成为一个人人乐去的地方，甚至与西湖一样，成为一个旅游的好去处？那真是化腐朽为神奇呀！运河的昨天——变迁兴衰、饱经沧桑；今天——开发利用、功过参半；明天——应该是一幅现代的“清明上河图”。这件事情，我时不时在想、逢有关人士便说。1996 年就有关于运河改造的文章在报纸上刊登，得到运河两岸开发商的青睐，他们希望我能够住到运河边上去。1996 年底，我果真买了运河边的一套房子——现在就是为了自己的家园，也要努力呼吁了。

2000 年一次偶然的机会，我认识了一位民盟中央常委，他说我是一个有情怀的工程师，如果加入一个组织，将有利于参政议政，就把我推荐给了杭州市的民盟组织。当时的杭州市民盟主委把我写的《关于成立全面负责京杭运河杭州段整治指挥部的建议》直接送到了市委市政府，受到时任市委书记的重视。很自然的，后来我担任了《京杭运河杭州段两岸综合整治和保护利用战略性规划》项目的负责人。2002 年，运河改造被列为当年杭州市十大工程之首。许多专家、媒体、设计院参与到大运河综合保护工程中来了，让我感到十分欣慰。至 2015 年，京杭运河还申遗成功。

匠心独运，就是要在平常人的思维中再深入一层去思考问题。例如杭州提出“最多跑一次”的改革，我想到的是这个政策不仅让市民办事便捷，还使马路上交通流量相对减少。按杭州 280 万辆车计算，每车一年少跑 30 公里，那就是 8400 万公里，可省汽油 8400 吨，少排碳 20160 吨。一个“五字政策”，带来的经济、环境、社会效益有多高！因此，建议要深化“最多跑一次”，要让办事人不仅“跑一次”，还要“跑得近”，把政府办事服务中心化整为零，把办事点进街道社区、入科技园，又通过互联网归集在一起。由此我在想，今后的城市规划工作之中，城市治理的策划将会占有越来越多的分量。

空穴来风，比匠心独运更高一筹。规划有时候如一张白纸，可以无中生有，你可以请名家画，也可以请画师画，可以画山水、花鸟，也可以画人物、风景。名家画值几十、几百万元，画匠画只值几百、几千元，有的甚至分文不值，还白浪费一张宣纸。所以，规划策划相当重要，规划师可以用匠心独运的手法，空穴来风的畅想，将心中的笔墨尽情挥洒，给人以意想不到的效果。

1.10 道高一尺，魔高一丈

随着工作阅历的增加，碰到的事情越来越多，感悟会越来越深，会慢慢炼出一双观察社会现象的慧眼，很多信息只有自己处理，反复处理以后才会有出神入化的感悟。研究工作做得久了，要将自然知识转变为哲学理念，将人生现象转变为人生观，那么做事情才会道高一尺，魔高一丈。

我一直工作在规划设计第一线，自感无才写出长篇大论的城市发展理论。但是，近些年我不断思考着，试图从一般的城市发展规律和近三十年我国城市高速发展的现象，寻找到城市发展的核心动力源，以此展望未来城市的发展，并融入到实际的规划工作中。城市发展的规律显示，原始社会后期，人类社会的组织形式从“血缘家族”发展到“定居文明”；手工业从农业中分离出来；商人又从生产中分离出来。三次社会大分工导致了早期城市的产生。有了财产的集聚，就有了商品的交易和掠夺的战争，防御功能的“城”和交易功能的“市”结合在一起，以及管理者等级制的形成，就形成了完整的“城市”概念。杭州北面的良渚文化遗址可能是最早的城市遗迹。

《周礼·考工记》曰：“匠人营国，方九里，旁三门。国中九经九纬，经涂九轨，左祖右社，面朝后市，市朝一夫。”这是城市规划最早的始祖理论。后来虽然有所发展，但是其基本思维大致是一致的，在古代，它蕴含着封建等级制度和宗族礼法关系，然而它一般地体现着传统文化中对称布局的审美理念。这一传统审美理念一直延续至今，现在有不少城市规划师把市政府布置在城市广场的端头，形成气势恢宏的城市中轴线。当然，现代城市规模巨大，工业区、大学城、居住区、商业区占了绝大部分，不是一条中轴线所能够囊括的。市政府、市民广场形成的轴线再宏大，要在空间上占绝对主导地位已经不够，大都市基本上都形成了多走廊、多中心的格局。反复回顾中外城建史，可以发现，影响和制约城市发展的根本要素，还是社会生产力的特征。具体到某个历史发展时期或特定区域，则是政治体制与经济发展的对冲影响着城市的空间发展。

回顾历史，我们不难发现，城市文明一出现，就造成了乡村与城市的对立，奴隶社会是如此，封建社会还是如此，生产者一直是统治者的工具和财产。自辛亥革命以来，政治上开始倡导社会全民平等，但是城乡之间的“剪刀差”依然存在，至今都没有完全消除。当今，城市规划法改名为城乡规划法，提出了国土空间规划体系。这给我们规划师指明了一个更高的目标，那就是要从城乡对立转变为城乡结合、城乡统筹，最终实现城乡一体化，建成经济高度发达、社会高度和谐、生态高度文明的社会主义强国。

国家最新的国土空间规划体系分为“五级三类”。“五级”指全国、省级、市、县和乡镇五个层级；“三类”指总体规划、详细规划、专项规划三种类型。其中，总体规划是对国土空间保护、开发、利用、修复的安排、落实和细化；详细规划对具体地块用途和开发建设强度等作出实施性安排；专项规划是指在特定区域（流域）、特定领域，涉及空间利用的专项规划。这里的专项规划可以包括城市特殊区块的发展研究，以及常规的道路交通、产业发展、绿地景观、文教体育、医疗卫生、文物保护，等等。新体系规划就是让城市建设更加有序，审批有章可循，监管有法可依。但是，在体制机制没有完全理顺前，城市建设始终有一些障碍存在。

规划到了今天，作为管理和引导城乡空间和谐发展的主要工作，实际上已转换为解决城乡不和谐发展问题的研究。我喜欢剥开理论体系的外表，深入浅出地讲概念。总体规划和（控制性）详细规划有基本模式可仿，暂且不多讲。让我们畅想一下专项规划的千姿百态：

全国性的规划：“一带一路”倡议（大智慧创新）、国防规划（绝密）、交通规划（铁路、航空、航道，高速、国道等）、农业产业规划（有东北大米、西部棉花、南方水稻等基地，现在各地又在发展现代农业）、工业基地规划（以往有西部国防工业、东北重工业、上海轻工业等，现在工业体系大调整，并出现区域竞争国家协调的新格局），以及三

峡工程、南水北调、藏水入疆等跨省工程的规划研究与实施论证。现在又在策划，把大运河、古长城、长征之路等设为国家文化公园。

城市群的规划：粤港澳、长三角、渤海湾、长江带、黄河带的概念的出现，说明社会经济产生了板块性、带状性发展协作的趋势。这些规划还没有很明确的职能部门。2019 年 12 月 1 日，中共中央、国务院印发《长江三角洲区域一体化发展规划纲要》，说明城市群的规划已经进入国家视野。城市群的规划是从空间区域上服从或落实国家宏观战略，明确主体功能区战略的重要载体，对一定时期区域空间发展保护格局进行统筹和部署，促进城乡区域协调发展，并对规划区域内多个城市之间的各项重大工程的开发秩序进行协调。

城市总体规划：以往分市域规划和市区规划，2018 后开始改为国土空间规划，更加强调城乡统筹，在法律意义上全覆盖。市级国土空间规划应当结合本市实际，落实国家级、省级的战略要求，发挥空间引导功能和承上启下的控制作用，注重保护和发展的底线划定及公共资源的配置安排，重点突出市域中心城市的空间规划，合理确定中心城市的规模、范围和结构。目前，总体规划开始转向存量空间的有机更新，以研究和解决日益严重的城市病。

专项规划：除了技术专项规划外，重要的是以往城市设计中的概念性、战略性规划。有些城市把城市设计制定为导则，与控规一起用于城市管理，使得城市竖向空间管理上更加细化，这种做法既有优势、也有劣势。关键在于一个设计院的一个团队做的城市设计方案是否最科学、最合理、最具先进性，市场和建筑师可发挥的弹性余地够不够。今后许多法定性规划与管理工作也许将被先进的电脑软件所取代，而战略性研究、创意设计的专项规划则越来越受到规划界的重视，一些优秀的专项规划的创新措施，将引领未来城市的发展。

控制性详细规划：是最底层的法定性规划，直接指导和管理着建设工程的实施。其难点是所有的城市功能和矛盾要在此阶段落实解决。例如居住区配套公建，煤改气后煤饼店消失，粮票取消后粮站消失，民营快递发展起来后邮政所大批消失，网购发达了商铺萧条，生活性商业街被配有停车场的商业综合体取代。大概在 20 年前城市规划界谈论的是邻里单元，近几年则开始热烈讨论 15 分钟生活圈、智慧小区、未来社区这么一些概念。这都是因为科技发展太快，生活方式改变太快，规划界也必须跟上时代的节奏，来探讨和构想我们究竟需要一个什么样的生活空间。还有许许多多的细节，需要我们规划师去努力研究并落实、落地，通过细节营造美好、迎接未来。诚然，目前还存在着一些困难和障碍，由于历史的原因，政府管理中还残留着一些政出多门、各自为政的特征，有时候不同管理部门之间很难做到协调与沟通，甚至为了部门利益扭曲规划中的科学内涵。几年前提出“多规合一”的规划管理，试图来解决这一问题，但体制和政策问题不是短期内可以完全解决好的，至今尚没有达到预期的目标。规划工作如何才能超越几条线、几个数字的简单管控，从而走向科学、艺术和人文的和谐？国家最新的体制改革和国土空间规划体系，需要从现实的社会经济发展方式中汲取智慧，切入核心的体制机制改革问题，突破建设规划中的各个藩篱。我们应当充分认识到，建设规划乃是国家治理体系中的重要内容，要发挥其真正的管控和治理作用，就不能被困于各种特定指标的狭缝里，在政策的边缘徘徊。为了一个工程落地，反复开会、反复协调，最后还不得不请高层领导出面解决，其消耗的精力是十分巨大的。

规划，有科学技术的问题，也有管理体制的问题。规划设计犹如一座巨大的魔方，穷尽一生也只能窥其冰山一角。规划设计又仿佛是广阔的田野，层次深远，每一个层次又有错综复杂的问题。学进去了，其乐无穷。每个人都要根据自己的特长选择适宜的层次专研，同时又能够做到承上启下，开阔眼界，与时俱进。这样才能把人们目前的需求和潜在的需求做到位，真正实现一个规划的内涵价值。长此以往，我们的规划便可以做到熟能生巧，以不变应万变，道高一尺，魔高一丈！

补　记

明白自己的人生，规划好自己的人生，实际上是一个十分复杂的事情。以上短短的十篇文字，不足以解答人生这个大问题，但是，它们确实是我切切实实的生命体验。我的人生不是很成功，正是一次次的挫折，给我很多、很深的感悟，我并不想、也不可能诠释人生这个十分复杂的概念，而只是想深入浅出地讲一些人生道理，或许够帮助年轻人在今后的道路上路走得顺畅一点，让人生的价值得到更大的发挥。这也许是我在退休前能做的最有意义的一件事。

我一直觉得，一个理工科学生若能学点文学、艺术、哲学，在以后的工作中将如虎添翼，事半功倍。技术再精，永远只能是工程师，而艺术与技术一碰撞，创新的火花就迸发出来了。从策划运河新十景，到建议改址建设杭州大剧院，其实我的内心都有艺术、文学的启发。

城市要定位立意，区域也要策划立意。具体到乡村改造，同样要策划立意。欲为振兴乡村打造网红点，得先有立意；立意得有文学功底，要描述出景观特征，再去设计景观方案。刚巧前不久我参与了兰溪市游埠镇范院坞村的文化振兴工程评审。范院坞村的村民大多为范仲淹后裔（除了少数畲族人），于是我便想起了《岳阳楼记》。在此造一处观景点，能拍出一幅诗画田园美景；在村口造一个乾坤井，雕一尊寓意“转瞬人生”的塑像，将启发人们思考人生。方向明确了，形态方案可以不断完善，直至打造成乡村旅游的网红打卡点。

将此做法提升到哲学层面，那就是方法论与方法的概念。陈从周先生在讲到造园设计时曾经说过：“有法可依，无式可仿。”即做事先要学会方法论，其次再是一个个具体的方法。如果能够把工程技术问题提高到文学、哲学的高度，或者用文学艺术的思维去做规划，在思路上真可以做到以不变应万变。文学可以不断想象，艺术可以不断创意。范仲淹写《岳阳楼记》，虽然心情上有喜有忧，但是其中描述的景色，我们可以想象，要多美就有多美。由此，承范仲淹之忧乐文化，提议建范院楼，遂撰《范院楼记》一篇。本人文笔水平有限，先抛砖引玉，将意思表达出来，请大家包涵着读，也算是为范院坞村提供了一个文化策划案。谨以此作为本节不知如何结尾的结尾。

附：《范院楼记》

辛丑年春，考察兰溪市游埠镇之乡村振兴。余观夫范院坞胜地在明德堂前，田墅百顷，野塘荷风，鹅歌鸭唱，群牛浮水，果林下鸡群啄食，时不时欢呼雀跃，如凤凰翩翩起舞也。林外有红美人果园，田间地头紫薇花开满，欣欣然矣！

夜幕渐落，月上树梢，池塘上水波粼粼，树林中微风徐徐。周身音响袅袅，杆灯朦朦亮。那见得范公字里行间霪雨霏霏，伤心悲怀。嗟夫！范公求古仁人之心，不以物喜，不以己悲。“先天下之忧而忧，后天下之乐而乐”，忧乐绝句世代相传。今建党百年，开新国七十有二。国人站起来，富起来，伊始强起来，大江南北，一派祥和。斯中国人，无不欢欣鼓舞，扬眉吐气矣！

范院楼东下左侧有利事车门，乃入村之吉利门，新人必此进，旅人从此出，诸事顺利。进门不远有百米食廊，设千人席，月月有节，天天有宴，迎八方来客。二月二龙抬头，三月三乌饭节，四月四糖果节，五月五端午节，六月六读书节，七月七爱情节，八月八父亲节，九月九重阳节，十月十丰收节。十一十二不过节，碾谷酿酒，腌肉蒸糕备过年。正月初一是春节。载歌载舞闹元宵！

环村有六井，井德似官德。民依井而居，无井不成邑。井虚若谷，从不自满。井水之温度，之高度，常年如一，冬暖夏凉，邑变井不变。井泉清洌，永保洁净之性，纯净甜美。井，可谓是大德者，为官如井，实乃一脉相通也。今名六井曰：爱国井、民族井、道德井、孝道井、廉洁井、乾坤井。游村观井，三省吾身，复思范公之忧之乐。

村中井井相望，院院相连，紫薇幽兰，沁香诱人，有文创民宿十余家，任君择居养身，荤有鸡鸭鹅，素有时鲜菜。闲暇时，给菜园松土，给果树修枝，早露晚翠。又观顽石陶艺，学书画布艺，其乐融融！

再回村头乾坤井，井上一像，左看是童，右看少女，再左转是汉，再右转是妇，再左转是叟，再右转是婆。神乎！怪乎！近观之，一镜映自己，瞬间明白，乃转瞬人生也。乾坤在移，世殊事异，兴感之怀，人无不求雁过留声，能为黎民百姓谋几多事？嗟夫！人之生死，命注天定，事在人为，但凭心地，无往不宜矣！

范院坞乃浙江省实施民族乡村振兴“双百村结对行动”民盟省委会之结对帮扶村。三年来，民盟省委会细定帮扶计划，笃行致远。集专家察访，追本溯源，拟村庄之定位，探文化之主题，立景观之意境，出谋划策，实乃乡村振兴之春风化雨也。今拟定在村中建观光楼亭，画龙点睛，属予作文以记之。

本部分插图为作者平时旅游考察时的速写或再创作

规划工作充满挑战，其乐无穷！
你可以游走街坊，观市井风情，细做控规；
你可以游走乡村，穿竹林，越茶海，做好乡村规划；
你可以爬山涉水，登高望远，规划旅游风景区；
你可以观海游江，做好滨水空间的城市设计；
你可以游走古街小巷，寻根探祖， 做好保护规划；
你可以关注科技发展动态，把其脉，策划产业规划；
你可以用政治家的眼光，虚怀若谷地参与城市治理。

我 画 城 市

我 画 山 水

你可以用散文的构思去组织规划功能区块；
你可以用乐律的节奏去控制城市天际线；
你可以用诗词的意韵去设计城市建筑风貌；
你可以用山水画的意境去描绘沿江立面；
你可以用围棋的原理去布局公共绿地；
以你无限的想象力、创造力去塑造城市的未来。
规划让城市更精彩，让城乡更和谐。
规划，让生活更美好！

每一个人都是一本书，

每一个会是博览群书，

每一个项目都有一个故事……

2

规 划 故 事

把大师的学术翻译到城乡大地上

2.01《杭州市拱宸桥地区详细规划方案》（1997-1998 年）

一、创意要点

揭开空间规划的面纱，关注人与城市的关系，建议把拱墅区的“三个五计划”改进为“五个五计划”，提高拆迁力度，迁移 5 万人，引进 5 万新杭州人，以提升拱墅区运河地段的城市活力。

二、规划故事

20 世纪 90 年代，拱墅区还是城郊结合部，城市面貌比较差，区政府决心改变其落后的面貌，并从运河两岸开始。拱墅区是新中国成立初期的工业基地，传统的纺织、印染、化工等企业面临淘汰，“退二进三”是当时最大的任务。拱宸桥地区既古老又破旧。项目设计一开始，我就在图纸上的拱宸桥桥头画了一个圈，在这里必须拆除旧建筑，建设一个新广场，建设区级行政、文化、商业中心。在项目工作中，还了解到拱墅区“三个五”的计划：用五年的时间，改造五公里长的运河两岸五万人的居住环境。我听了觉得计划还不够完美，还需要增加两个五：迁移五万人，引进五万高素质的新杭州人。这样就可以加快摘掉拱墅区城郊结合部脏、乱、差的帽子，激发城市活力，提高土地价值，高质量地完成城市有机更新。新环境还要有“新人类”来居住，才是真正的更新，才能创造城市新价值。所以，我在本案中建议加大拆迁力度，规划异地安置居住区，建议大部分老居民迁移到拱北小区。今天看来，“三个五”只是居住环境的改造，“五个五”才是城市有机更新之妙举。

规划方案把丽水路桥头那一段往地下通过，让拱宸桥与运河文化广场融为一体。当时许多人不赞同，因为丽水路下穿要移动许多市政管线，改造成本太高。我还在规划中充分考虑到未来停车的需求，在广场地下开辟停车库，同时在拱北小区的公交首末站上面也设计了多层立体车库。当时许多人觉得不可能有那么多的车子，因为那时一般居民年收入才一二万元，买车好像是遥远的事情，但我意识到小汽车广泛进入家庭不会太远，这些车库造好后的若干年内可以暂作他用。那时我自己也没有小汽车，才刚刚使用手机，但手机的使用已开始大众化了。使用手机，信息交流不受空间的限制，这一新生事物使我感觉到社会生产力将会急速发展，汽车时代的到来一定不会太久远。到了 2000 年以后，社会经济果然进入快速发展期，私人轿车开始慢慢进入千家万户。生产力的代表性标志从石器、青铜器、铁器、蒸汽机、电气化到今日的信息化、智能化，经济形势真是日新月异， 随着 5G 时代的到来，不知道还会产生哪些神奇的社会现象呢，作为规划师必须要有超前思考。现在看来，我当初的设计思路还是有些预见性的。

如今建设好的拱宸桥两岸景观

三、规划特点

我在规划中把运河文化广场置于拱宸桥轴线东头，并以广场为中心，采用放射状轴线，把区政府大楼、运河博物馆、文化中心乃至拱宸桥等大型公建和构筑物交织在一起，形成界面丰富、对景壮观、景素对比强烈，集节庆、观演、购物、游憩、健身、饮食、文化等功能于一体的共享空间。在运河广场布置中，我们还注意到一条重要的轴线：台州路步行商业街。拱宸桥—广场—商业街形成又一组视线深远、层次丰富的对景轴线，贯通整个广场。

2.02《杭州市塘北小区详细规划竞赛方案》（1999-2000 年）

一、创意要点

把“消极空间”改为“积极空间”；把住宅底层架空层设计成新邻里单元的共享空间；把十二生肖文化的纪元广场，置为电子小区的核心景观。

二、规划故事

该项目规划时间刚好是在 20 世纪跨入 21 世纪的交界点上。当时建设单位（浙江省机关事务管理局）已经有意向邀请一家北京的知名设计院前来规划设计，同时为提高水平，又邀请上海的一家设计名院来竞标。最后又邀请地方设计院我院来陪标。院里让我负责，带两位刚刚毕业的新生去对付。当时，杭州还没有一个具一定规模的小区进行过比较正规的设计竞标。我想既然有此好机会，我们不应该只是陪标应付而已，也要拿出有一定水平的方案来。私下里我在想：北方的规划院有可能“水土不服”，上海的规划院有可能太“高大上”，只要我们因地制宜，做出特色，有可能陪标变中标。于是，我开始认真思考：

2.1 该地块用地散乱，又没有中心。怎么把它“聚散为整”，并且“画龙点睛”，设计出视觉效果？

2.2 如何把跨入 21 世纪的时间节点文化融进环境里？我想到了“点睛”作用，即要有一个体现时空文化的“纪元广场”。

2.3 居住区的住宅布置犹如山水画的“皴法”，本次规划能否创作出一种新的“皴法”？

2.4 住宅设计要有些新突破，我想到江南多阴雨天，那么可否把底层架空，营造一种新邻里空间，在阴雨天里小区居民也有休闲交流的地方？

2.5 住宅户型设计三表出户，还有弱电管道，为远期改为智能远程抄表留下方便。我还提出不设围墙、改电子监控、加绿化隔离带等一些现代智能化社区管理的理念。在当时，智能化社区的概念还没有什么人讲，可算是超前设计。

因为有这些特色设计的理念，我们的方案中标了。可惜当时我院没有建筑设计资质，后面的施工图设计不是我们院做，虽然住宅架空（杭州首创）的理念被采用了，但一些环境创意没有很好地贯彻下去，不尽如人意。今天，我把当时的创新思路写出来，希望对后人还能有些启发作用。

灵感来源来自山水画的皴法

杭州塘北小区详细规划竞赛方案
——总平面图
N
0 5 10 20 40 60
图例
规划公建
河道水面
规划住宅
规划道路
公共绿地
广场铺地

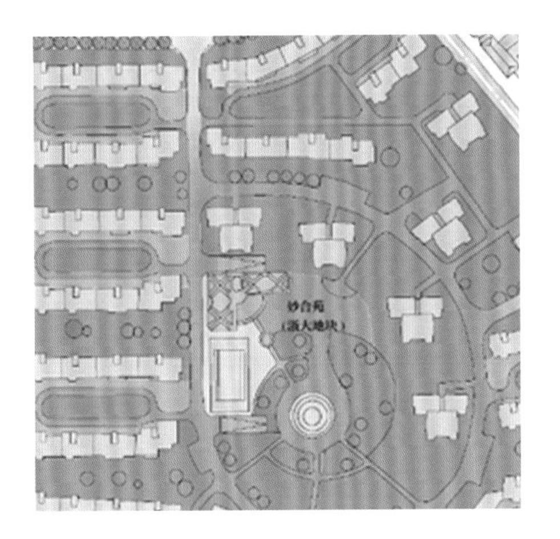

三、整体结构

画“龙”点“睛”，突出焦点，聚散为整，循势促成总平面主体结构。

本案规划用地因道路、河道分隔成 5 块用地，显得十分零散，如何把 5 块分散用地有机地组织起来，是首先要考虑的问题，故不得不先设想用地内部可能的基本布局，设计出一条反“S”形林荫道，构图上如一条龙，由西往东，从北到南折弯至东面丰潭路。这样在总平面上就形成了一条线形流畅舒展又贯通各地块的纽带，如绿色长龙，在总体布置中起到纲举目张的效果。其次，画“龙”不忘点“睛”，规划中利用河道分叉处的三角绿地，圈出一个直径 50 米的圆形广场，广场四面环水，利用三座桥与周围地块连接起来，并以桥为轴形成放射状轴线，与各地块中心相对应，圆形广场、弧形道路、放射状轴线构成一个中心突出、主次分明、脉络相通、条理清晰的总体结构模式，营造出完整、和谐、美观的效果。

四、组团设计创意

由于杭州的气候特征，东西向的住宅难以被人们接受，而单一的南向住宅，通常难以避免平面布置呆板，缺少层次变化、场所认同感等弱点。本方案汲取江南传统宅院中建筑一天井一建筑多进制的空间概念，设计住宅组团，以三排二列为一组，中排二幢住宅底层架空，形成现代住宅的“中厅”，“中厅”面向南北宅间空地统一设计公共活动场所和绿地景观，使组团中心贯穿四个院落，空间内向而不封闭，宁静又不单调，既隐蔽又开放流动。这一设计改变了长期以来在居住小区规划设计中，基本上是两幢成院落，若干院落形成组团的程式化模式。“中厅”式的组团院落丰富了空间的层次感、序列感和领域意识。架空层的空间和户外空间互为渗透，使生活情趣十分浓厚，便于邻里交往。老人和儿童休闲游戏的绿地配置，成为居民可以滞留较长时间的户外环境，呈现出社区“大家庭”祥和安居的生活气氛。

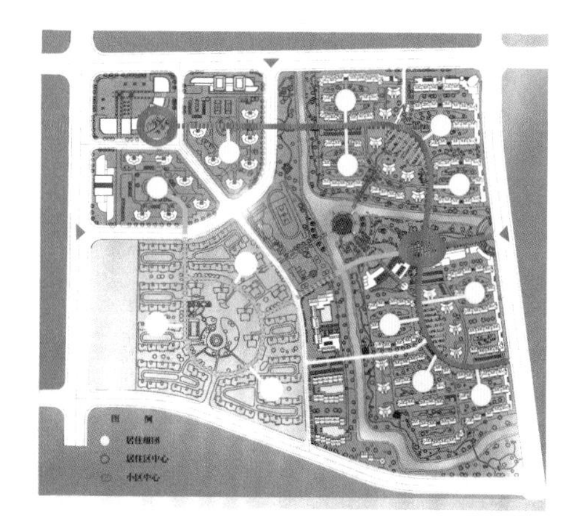

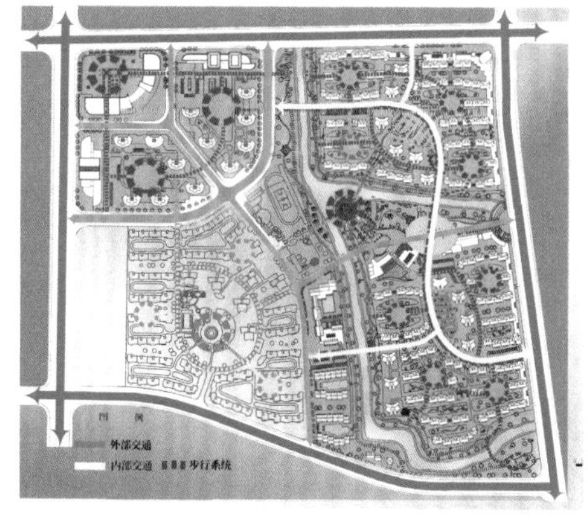

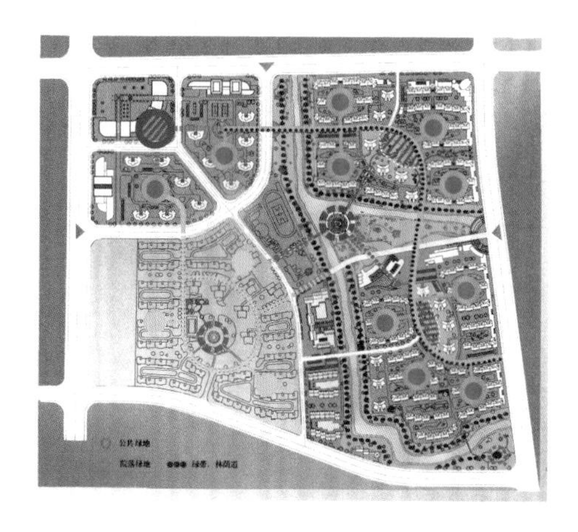

五、中心公园（纪元广场）设计

中心公园的圆形广场，三桥交汇，各个应势而生。圆形广场周围均布 12 生肖柱，人有千家百姓，但不出 12 属相，传统风俗使环境贴近民众，让人倍感亲切。12 生肖按传统的“子、丑、寅、卯、辰、巳、午、未、申、酉、戌、亥”时序和方位布置，隐含了“天人合一”的思想。圆形广场平面构图如同时钟，故命名为“纪元广场”，亦以纪此世纪轮回之际建设的小区，实在为妙。三桥之命名也应此而生：

时针——时宜桥——时时皆宜——对景 B 地块，命名为“时宜苑”；

分针——分乐桥——分享快乐——对景 A 地块，命名为“分乐苑”；

秒针——妙合桥——萍水相逢，如同一家——对景浙大地块——命名为“妙合苑”。

圆形广场中心设计具有抽象、轻盈、雕塑美的“四季亭”，其由合抱、回旋、上升三部分构成，既暗示规划结构，又蕴含天地自然相融一体的传统哲理。“四季亭”下镶装三台触摸式电脑，可阅读、查询天气预报、报警电话号码、法律常识、心理生理咨询、车船航空时刻表、物管情况等，还可点播歌曲音乐等，以此建成杭州第一个电子小区的示范区。

2.03《杭州市灵山风景区控制性详细规划》（2001 年）

一、创意要点

化腐朽为神奇，把废弃的石矿改造为“江南大佛”“名人山体雕塑”“长征之路”等景点。

二、项目故事

杭州市灵山风景区是一个渐渐被人们遗忘的景区。当初规划的时候，还有年 10 万余人的游客量。浙江省旅游集团计划大投入、大开发，而我们觉得，如果没有新景观出现，很难起死回生。昔日湖埠十景，世事沧桑，景在何方？历史上此地原为钱塘江港湾，后形成叉港和湖泊，湖泊周围留下很多人文景观，誉称“湖埠十景”。因此，这一带乃是古时灵山风景区的核心部分，基于历史沿革，我们在规划中恢复一些湖面，并以旧称“铜鉴湖”“金牛湖”命名，重现一些“湖埠”景色；同时能弥补目前灵山风景区“山重水轻”的美中不足，塑造山清水秀的胜景画面。湖面或宽或窄，顺应山势，因地制宜，形成多角度的滨湖风光。环湖一周，则疏林草地，芦荡泽地，湖埠水榭，枕水楼台，莼菜农业景观，要与西湖错位发展，要有野趣。并且把现在山体白化的石矿开发为风景秀丽的文化景观。

2.1“江南大佛”：现状为西山石矿，规划建议恢复“慈严寺”，以白化的石矿为衬托，雕凿一座巨大佛像，其规模堪比“乐山大佛”，可以成为江南一绝。

2.2“名人山体雕塑”：石笼山有五个石矿，东西长 3000 多米，地形高高低低，十分复杂。规划设想把石笼山作为山体雕塑，有人提议雕刻杭州历代名人像，如钱王、苏东坡、白居易等。但是，杭州历史名人太多，朝代更替，很难形成一个完整的故事。后来反复思考，觉得不能忘记毛泽东主席。新中国成立后，毛主席 53 次到杭州，在杭州 32 次会见 28 个国家的 40 批外宾，有 785 个日夜在浙江，起草了新中国第一部宪法。用山体雕塑来体现毛泽东和“十大元帅”的丰功伟绩，也是十分契合。其与山麓的模拟长征之路景观，形成一个完整的系列。又再增添杭州市青少年红色体能训练营地。从现在来说，又与附近的市委党校氛围一致，是一处户外的党校。

2.3“长征之路”：到 2003 年，石笼山五个矿区都将休矿，处理这些废矿址将是一个巨大的难题。规划设想把高低错落的矿址改建为“长征之路”，浓缩中国工农红军从江西瑞金到陕西延安万里长征路的奋斗历程。并通过景点活动项目介绍万里长征的革命故事，形成规模宏大的青少年革命教育基地。让青少年在此过草地、爬雪山、渡索桥、搞野炊、宿野营，不仅可以得到体能训练，也是一次深受革命传统教育的“红色之旅”。

该方案因建设计划和用地指标等原因而搁浅。后来灵山风景区控规几度修改，过于保守，一直没有扩建。近 20 年来，也有不少投资商来问我的方案能不能恢复，他们有意向开发，我也不得而知。近几年云栖小镇快速发展，政府对此地环境又重视起来，建设铜鉴湖的计划重新开始实施。现在铜鉴湖的景观建设一期工程已经完成。对于白化山体废矿址如何复绿和景观化的问题，但愿能够采用我当年的一些想法，多一些文化景观。

名人山体雕塑　　江南大佛

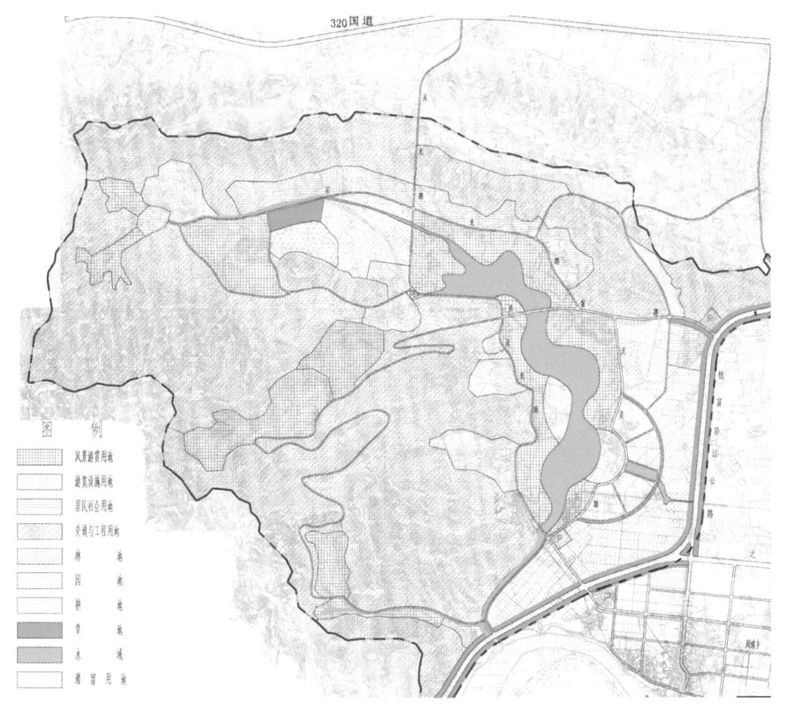

如今一部分景观已经完成，至 2021 年底有望基本建成铜鉴湖景观建设。

2.04《杭州国际汽车博览中心（汽车文化公园）概念性规划》（2001年）

一、创意要点

创意“汽车文化公园”，让产业、文化、休闲与城市公园融合起来。

二、项目故事

该项目地点在拱墅区石祥路中段南面的城市公共绿地内，当时拱墅区政府强烈地希望开发为汽车产业城。当时的市长不同意，两级政府意见分歧很大，区政府认为，为什么主城区的绿化指标要我们拱墅区来补充和平衡？两者之间需要我们规划院来“做娘舅”。当时，拱墅区是城郊结合部，规划比较大的生态绿地容易做到，也是比较可行的。但是，现在拱墅区政府认为该地区已经越来越向主城区靠拢，尤其汽车产业是拱墅区十分重要的一个主导产业，用地要求规模大。我左右平衡，觉得要保住该城市绿地可能性不大，于是来个折中的方案，把它规划为一个汽车产业文化公园，里面有汽车展览、销售、模拟试驾、汽车俱乐部、宾馆等，同时又保留一定规模的生态绿地。方案出了一个良好的规划效果图，市长就批了。由此我在想，我们规划师也能在平衡各级政府和社会团体之间的利益中发挥作用。该地的用地功能改为两者兼容后，当地政府干脆建设为一个高强度的汽车城，那是后话。

如果当年能够实施该方案，那么在今天也是拱墅区的一个亮丽景观点，可以与石祥路北面的万达广场一起形成一个城市综合体。

三、规划设计

为体现城市广场的气度和使用便利，把杭行路改为地下隧道通行。地面功能以动态的构图来布局，东区为汽车展示、宾馆、汽车俱乐部，并形成标志性景观，吸引游客；西区为展销、仓储、维修保养等功能。东北角规划一处汽车检测基地，完备汽车产业功能。周边都是生态湿地，形成一个绿色、环保的汽车产业文化公园。

杭州国际汽车博览中心——鸟瞰图

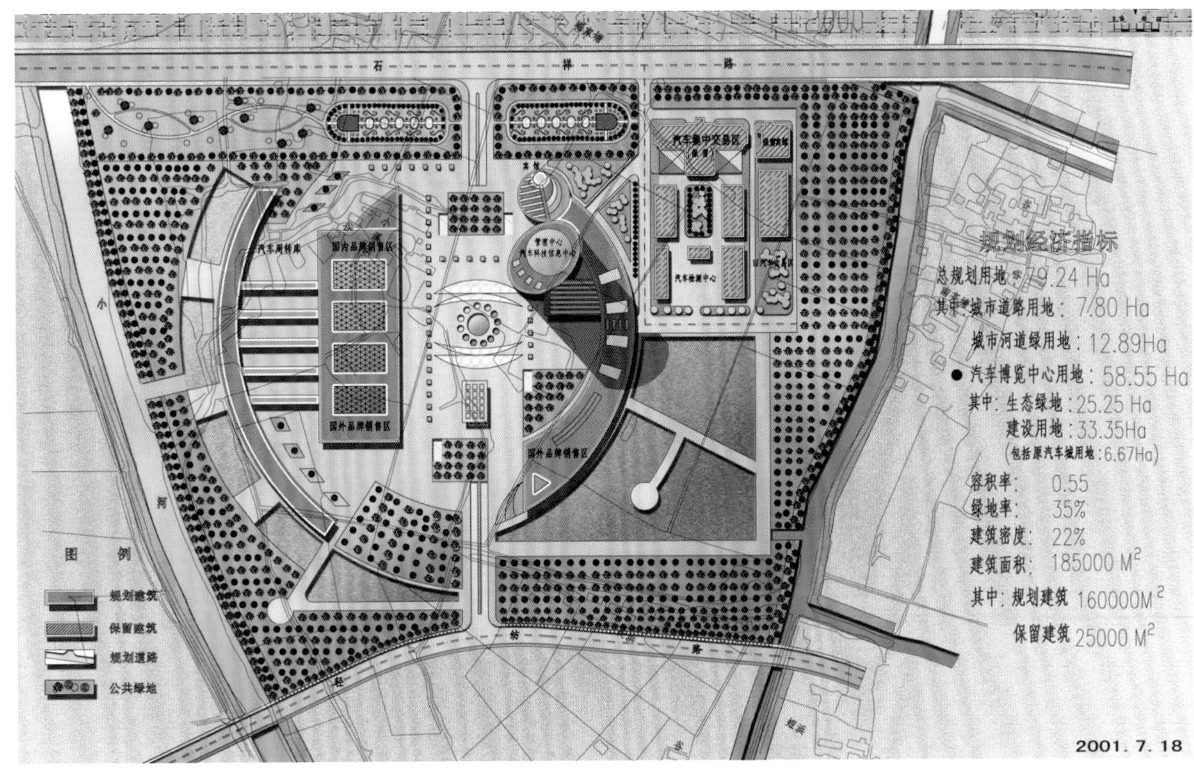

2.05《京杭运河（杭州段）综合整治与保护开发战略规划》（2000-2002 年）

这个项目从发掘、思考、建议，到市政府采纳，花了五六年时间，从规划到基本实施历时约八年。中间反反复复的故事很多，但都是沿着良好的规划目标在前行。我从保护运河文化的基本点出发，到以河养河的城市经营，又提升至以河生财的经营城市的理念。后来又建议增加规划范围，扩大两岸纵深用地，成立专门的综合指挥部，使项目变得十分可行。为城市发展增添精彩的一笔，这是我一生中最大的荣耀。

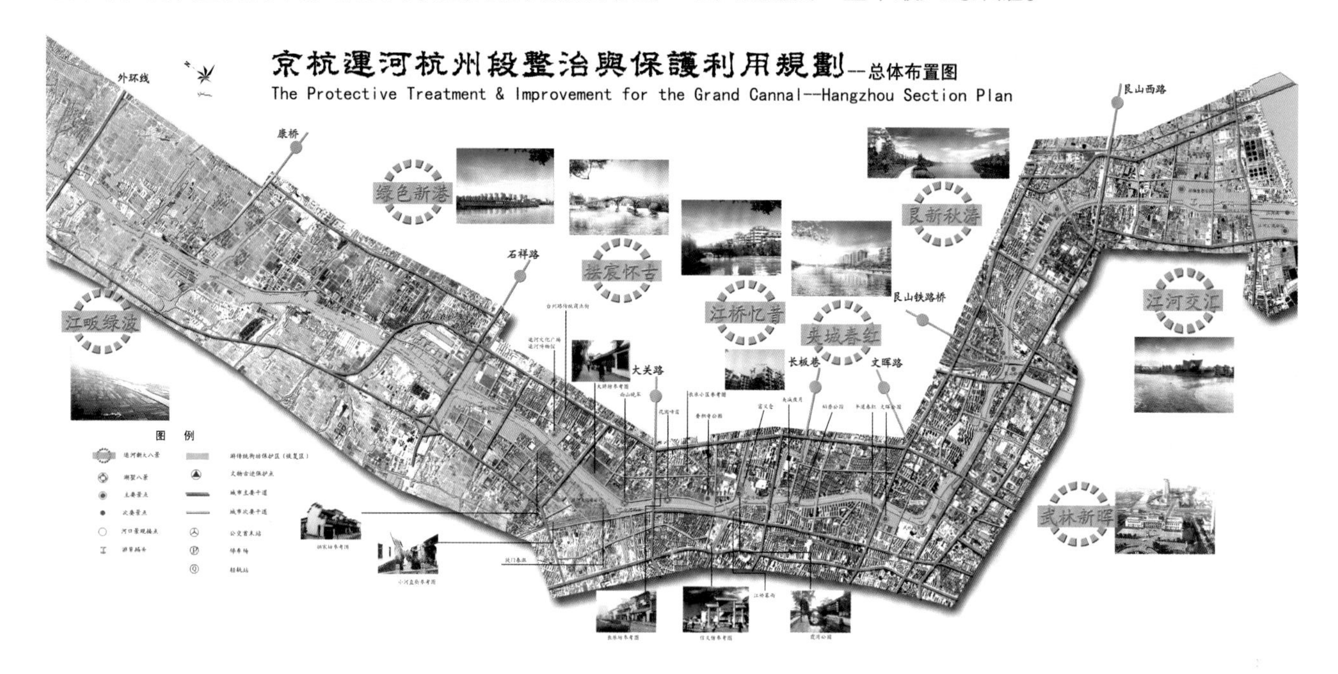

一、创意要点

规划通过挖掘运河文化，展现历史上湖墅八景的意境，策划运河新十景，与西湖相匹配，建设未来的“清明上河图”；在规划思路上提出以土地为资本，先行建设景观，提高沿岸土地价值，从目前的经济亏损，逐步做到经济平衡，乃至盈利，做到以河养河，以河生财。充分体现了城市经营理念在规划上的成功应用。

二、项目故事

临近大学毕业时，班主任沈清基老师给我讲过，到一个城市工作后，可以明确一个主题，选择一个区域作为研究对象，撰写论文。所以，早在 1993 年参与江心岛（现在的稻香园）小区规划的时候，忽然对奇臭无比的运河若有所思，又想起老师的话，同时也听说了上海苏州河治理的事情，很想借鉴。我便开始查阅一些资料，了解到运河历史悠久，文化底蕴丰富，心中想着，能否经过 5 年、10 年的改造，让臭水消失，由黑变清；并且通过挖掘运河文化，保护历史遗迹，重现湖墅八景的意境，建设运河新十景，与西湖相媲美，成为未来的“清明上河图”。有了思考，就开始行动，本想去同济大学请陈从周教授出马压阵，因为经考证，陈先生的故居就在运河卖鱼桥下。遗憾的是陈先生重病住院，后于 2000 年 3 月 15 日谢世。几经周折，我的建议在 2000 年下半年通过杭州市民盟组织被市委市政府领导所重视。2001 年杭州市规划局让我负责编制《京杭运河（杭州段）综合整治与保护开发战略规划》，为拓宽开发思路，又组织国际招投标活动。到 2002 年，该规划综合了各方众多的意见，规划了运河文化广场、运河博物馆，抢救保护了小河直街、富义仓等历史街区。呼吁成立全面负责京杭运河杭州市区段综合整治指挥部之建议也得以落实。没有想到我的想法这么快得到重视，而且后来实施得如此之快，我深深感觉到了政府主导作用之大。项目在推动城市有机更新、扩大城市经济并快速发展上发挥了很大作用。规划做到了以河养河，以河生景，以河生财！我深切感受到，一个规划师的理念只要与社会需求一致了，就能发挥如虎添翼的作用。

三、两个插曲

何为城市有机更新？我向市里汇报杭州运河规划时，讲到一个城市有机更新的话题，当时的市委书记让我上去面对面对他讲。我就说：毛泽东、朱德、陈毅、贺龙，他们都是农民的儿子，他们的形象上都有他们父母的影子，但是，他们的父辈只能管理一个家和几亩地而已，到了毛主席这一代成为国家的栋梁，是指挥千军万马，胸怀全球的开国元勋，治理国家的元首。他们与上一辈比起来真是天壤之别。城市有机更新就是要保留传统的一些风貌，但是，通过改造要融入现代化城市日益增加的诸多功能。

何为城市经营？我在向市里汇报杭州运河规划的时候，当时的市委书记问我：按照你最理想的规划方案，改造需要多少钱？你在规划上有多少土地可以让我们出让？我从容回答：这个事情我是认真考虑过的，整理出来的土地 500 亩，目前市价 30 亿元；我理想的规划蓝图需要资金 60 亿元。但是，只要市政府先拿出 5~10 个亿，在运河岸边启动几个工程，改造运河的声势出来了，周边的土地马上就会涨价三四倍，市政府起码净收 100 个亿。在场人员热烈鼓掌。此理念就是后来杭州做地越做越精的开端。

四、规划感想

在多年的规划实践中，我深深感觉到，那些懂得城市经营、深谙城市发展规律的领导，对城市建设所起到的作用是多么关键。在城市的一些重要地区，如果没有政府组织战略性规划，进行会审，征求各方意见的话，我们规划界能有多少人、多少力量，主动去关注这些地方，关注城市实质性的建设行动？市政府的城市发展决策，主要来源于国民经济发展计划，政策研究室收集到的各部门信息，人大的提案、政协的建议，民主党派的社情民意报告等渠道。城市规划作为城市治理的重要组成部分，我们规划师能够发挥多少作用？现实的状况是，规划工作开始计算产值了，很少有人去研究没有产值的项目。而当一些城市问题出现时，引起市委市政府重视、开始治理了，已经是亡羊补牢的事情了。作为规划师，能不能在萌芽时期，就能够提出治理的建议？我们能不能不要总是做“厨师型”的规划师，领导让我们“红烧”就“红烧”，“清蒸”就“清蒸”。规划师有没有在没有指示、没有计划的条件下，主动去发现城市敏感区块的问题，去思考城市病产生的源头，提出解决问题的办法，提交到市委市政府的决策层？我想，一个资深规划师，应该做一些社会学家的事情。

西山晚翠

夹城夜月

半道春红

皋亭积雪

陡门春涨

江桥暮雨

白荡烟海

花圃啼莺

自画湖墅八景意象图

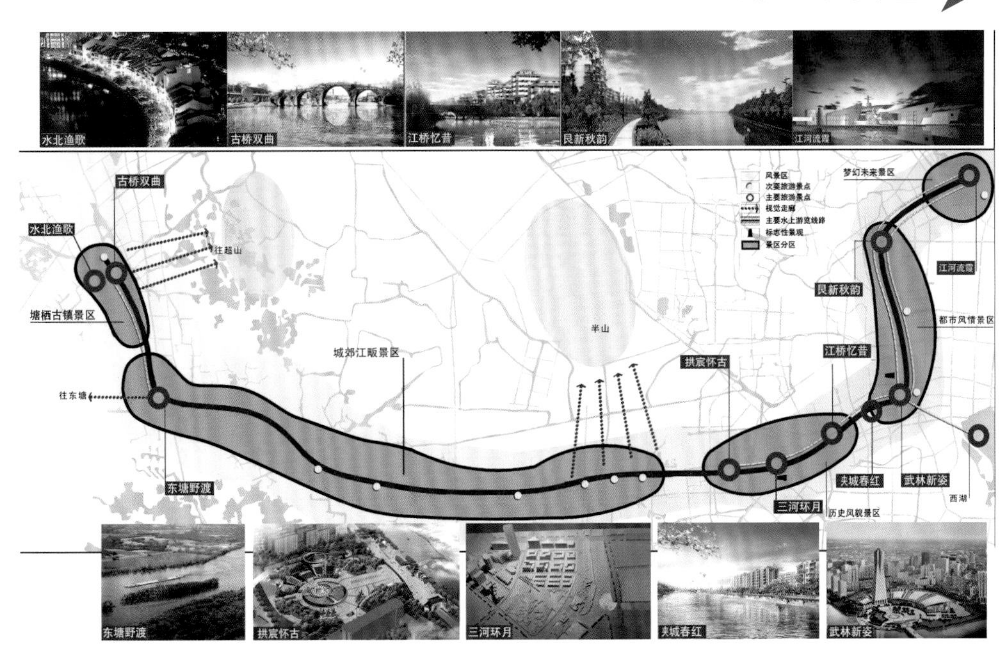

2.06《淳安县阳光花园详细规划》（2002 年）

一、创意要点

方案以“阳光、蝴蝶、飞翔”之意境，塑造核心景观轴，把湖面、小区、山体有机融合起来，形成“一轴两翼”的动感结构，犹如一只翩舞在千岛湖边的金色蝴蝶。

二、项目故事

自从 1998 年国家实施房改政策后，经过房地产市场四年的初步实践，我们觉察到，人们不仅在乎室内结构，还开始关注室外环境的塑造。本案结合现状地形，以尊重自然、保护环境、以人为本作为指导思想来塑造居住环境、创造特色景观，不建议造高层，而以尺度宜人的多层住宅为基本布局。方案一出，就得到当地领导的认可和赞同。令人惋惜的是，因人事变动，后来没有了下文。

三、规划设计

阳光花园地处淳安县城西北方向著名的“千岛湖”国家级风景区范围内。小区东临 05 省道；北临建设中的阳光大道，并直接面向风光秀丽的千岛湖水域；西、南方向则为层层山峦上的大自然森林。所以，我们为阳光花园设计了面向新安江水库、东西向展开的“一轴两翼”的规划结构。就其整体态势而言，恰如一只饱浴阳光，在千岛湖边翩翩起舞的金色蝴蝶。

一轴：即一条面向新安江水库的展现本区主要绿化环境和景观设施的公共主轴线。它北起新安江水库边上的水上观景平台，经过阳光路主入口，向着本区中心会所南北向贯穿全区，将社区景观与千岛湖水景有机地融为一体。作为一个居住区，它也是全区的公共服务和公共景观中心。全区主大门、中心幼儿园、中心广场、中心花园、中心会所等，均在这里集聚。

两翼：即东西两个各具特色的居住组团。组团采用了轴线化几何对称的设计手法，以突出坐山面水、东西协调的气势。组团环境以自由多变的水景公园为中心，展现新江南水乡风情的水居氛围，营造尊贵、典雅的居住氛围。两个居住组团有自己独立的出入口、独立的交通系统、独立的小型生活服务设施。东西两个组团又营造相互对照的空间氛围与景观品质，通过中心景观区的吸引力，有机地联系、融合成一个整体——真正的山水人家。

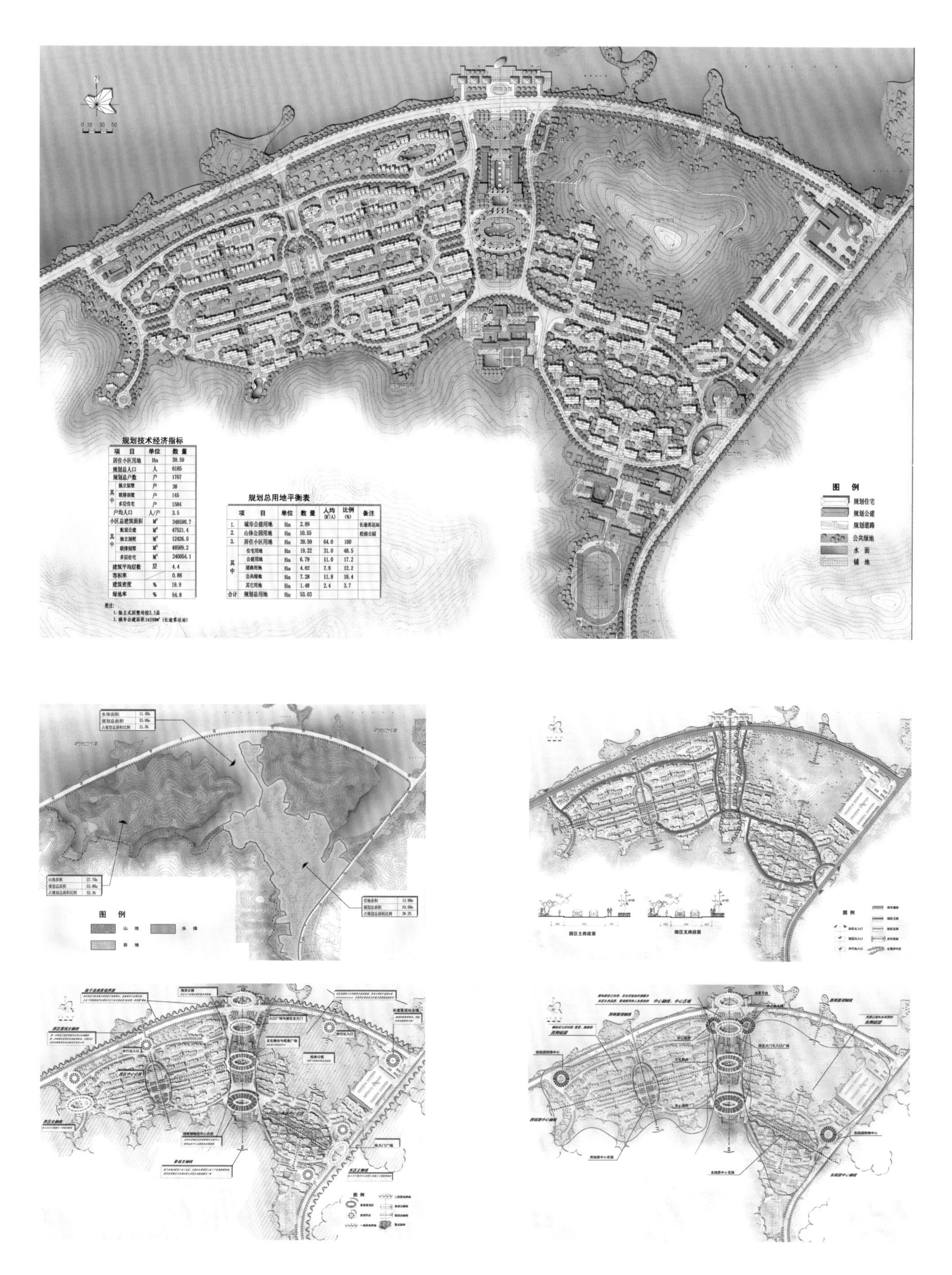

规划技术经济指标

项目		单位	数量
居住小区用地		Ha	39.59
规划总人口		人	6185
规划总户数		户	1767
其中	独立别墅	户	38
	联排别墅	户	145
	多层住宅	户	1584
户均人口		人/户	3.5
小区总建筑面积		M^2	348590.7
其中	配套公建	M^2	47521.4
	独立别墅	M^2	12426.0
	联排别墅	M^2	48589.2
	多层住宅	M^2	240054.1
建筑平均层数		层	4.4
容积率			0.88
建筑密度		%	19.9
绿地率		%	54.8

附注：
1. 独立式别墅均按2.5层
2. 城市公建面积16200m²（长途客运站）

规划总用地平衡表

项目		单位	数量	人均（M^2/人）	比例（%）	备注
1.	城市公建用地	Ha	2.89			长途客运站
2.	山体公园用地	Ha	10.55			松湾公园
3.	居住小区用地	Ha	39.59	64.0	100	
其中	住宅用地	Ha	19.22	31.0	48.5	
	公建用地	Ha	6.79	11.0	17.2	
	道路用地	Ha	4.82	7.8	12.2	
	公共绿地	Ha	7.28	11.8	18.4	
	其它用地	Ha	1.48	2.4	3.7	
合计	规划总用地	Ha	53.03			

2.07《潍坊市清荷园修建性详细规划》（2002年）

一、创意要点

把“以人为本”通过“人生轨迹”落实到实处。通过风筝形的龙凤花园、十二生肖广场，表达地方文化。

二、项目故事

山东潍坊市奎文区的一个房地产公司，慕名前来杭州请好的设计师，经人介绍找到了我。其实，我居住区规划设计做得也不多，像模像样的小区规划以前也就是做了一个杭州塘北（政苑）小区的详细规划。但是，我始终认为小区的品位不单单是住宅的质量，小区户外环境的营造更为重要。大学里老师多次讲到，建筑布局如篆刻一样，要注重笔划留出来的空间，好比中国画里的留白空间一样，十分讲究。环境要反映地方文化，好看又实用，“以人为本”不是简单的一句华丽口号，规划中要切切实实以人的行为轨迹、心理活动、经济生活水平为基础，去营造小区空间环境。设计的住宅要让人觉得不单纯是一套住宅，而是一个家，一个有爱的家园。规划设计要让居民因为住在有文化的家园里而自豪！

他们似乎听懂了，又似乎没有明白，反正要等方案出来再说。我以他们故乡潍坊的风筝为意象构图，设计出中心花园，宅间环境遵循人生轨迹的心理需求来设计，把机动车放到半地下室，采用人车半分离。规划设计了一个比较精致实用，有景观、又有文化的小区。我还向他们介绍了十二生肖广场的设计含义，让他们明白“天人合一”的环境文化也可以如此表达、如此规划，全体人员情不自禁热烈鼓掌。后来的市场销售反应也十分良好。

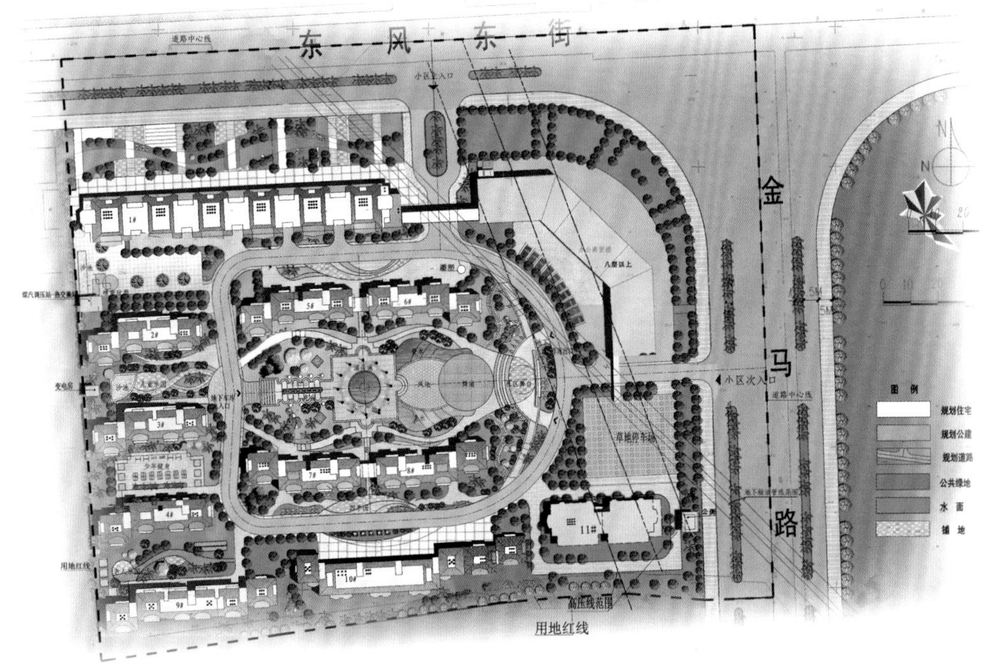

实施效果

三、创意设计

3.1 龙凤花园：利用中心空间，扩大住宅间距，建设中心花园，东为凤池，西为龙台，以轴线组织景观，强调纵深的序列美感，从东往西依次有社区文化舞台—花坛台阶—凤地舞池—凤池跌水—天人合一广场—龙台斜坡景观（地库入口）。每处台地标高不一，有高有低，呈起伏状，使得景观界面丰富，层次多样，视觉多彩。平面图案犹如潍坊的风筝，体现了地方文化。整体构图既对称平稳又动态活泼，给人以一种飞翔的感觉。

3.2 天一广场：广场周边为方形，表示“地方”；以清荷池为中心，周边设 12 生肖图腾柱，形成环形空间，隐示“天圆”。12 生肖柱按传统的“子、丑、寅、卯……”方位布置，表示“人人大众”之意，生肖柱上雕生肖图案，书生肖解析，洋溢着浓厚的文化气息。如此设计，做法虽简，却含义深刻，天、地、人达到完美统一，体现了“天人合一”的思想。

3.3 人生轨迹：遵循人生的行为轨迹，就是考虑到小区内的居民有老有少，有不同的心理需求，我们在小区西边，利用住宅间距空间设计人生四部曲，从北到南四块用地分别是稚童玩耍、儿童乐园、少年健身、老人园地。这才是真正做到了“以人文本”的理念。所以，“以人为本”绝不是一句华丽的口号。

老人园地

少年健身

儿童乐园

稚童玩耍

2.08《杭州富春江摩托艇俱乐部概念性规划》（2003 年）

一、创意要点

从环境心理学的角度出发，探求人对活动空间的感受和环境节奏，面对特殊客户群的特征设计水陆两栖的“云水 House”（住宅）。

二、项目故事

杭州的一位房地产老板在富春江边意向性地预购了一片 400 亩的土地，要建设理念比较超前的摩托艇俱乐部基地。这种项目的规划设计不能按常规的思维展开，因为不是大众化的，水上运动之摩托艇健身应该是中产阶级的喜好。因此，本项目发展的指导原则是要以中产阶级的生活方式为目标，以“创新的休闲 + 江岸的意境”为内容，营造与国际时尚同步的城市俱乐部环境。要基于对建筑、环境设计及深层文化的探讨和软、硬件配套措施，来对总平面规划、户型设计、环境场景设计提出具体产品，以期从物质和文化两个层面进行设计，达到新款运动休闲房产与文化定位的统一。可惜该项目至今还没有实施，因为，我们的中产阶级总是在忙忙碌碌，没有时间去度假、休闲、玩游艇。但是，休闲生活总有一天会到来。

三、规划设计

规划从环境心理学的角度出发，控制环境节奏。遵循古典造园的手法，强调空间的起承转合，通过空间的强烈对比，使人们体验到不同的心理感受：入口会所处繁华、热闹——开；滨水道路安静、闲适——合；中心区开阔、优美——合；河流两岸自然、灵动——开；引至宁静、安闲的“云水 HOUSE”。

设计水陆双通的“云水 HOUSE”以吸引市场需求，现代人的生活节奏加快，紧张度很高，所以对放松休闲的需求是要动感飘逸，驾驭水上摩托艇，畅游碧水之上。水中倒映蓝天白云，闲逸之感油然而生，如入仙境。由此景而名之的“云水 HOUSE”具有开放、私密、实用、时尚、休闲等五大特征。这是我为开拓新人类、新运动所作的一次有益的探讨。

2.09《杭州市彭埠入城口整治工程规划设计》（2003-2004年）

一、创意要点

针对项目的特殊性，提出“以车为本”“坡地绿化”两个新概念。

二、项目故事

本案之所以能够中标，是因为我们提出了“以车为本”“坡地绿化”两个概念。另外两家设计单位，一家是建筑设计院，沿街立面改造做得比较好；另一家是园林设计院，绿化景观设计得比较好看。他们的效果图都比我院做得好看，但是，他们没有想到该项目是城市入城口地段，首要问题是把交通改通畅，其次才是景观问题。所以，我们提出“以车为本”就是“以人为本”的理念，开辟辅道，封堵小型交叉口，提升主路交通功能，应当作为本次整治规划的重要内容。另外，这里的绿化景观不是为了吸引人过来休闲，而是为了让开车的人看了有愉悦感，所以，我们的设计理念是以防护绿化为主，而不是像小区公共绿地那样，要做亭台花廊、景观墙什么的硬质景观。设计“坡地绿化”，一能够阻挡汽车的噪声，二能够遮掩后面农居的不良景观，三可使得绿化效果更具连续性，司机在动态快速的汽车里看到外界景色，心情会十分舒畅。由此，“以车为本”就转变为“以人为本”。

我在工作中曾碰到不少项目，甲方只觉得没有达到他们的理想状态，但是也讲不明白具体的需求。其实这需要我们规划人去分析、探究、探讨，这也是规划人的难点。接到一个项目后往往需要一段时间，双方共同探讨一个理想的规划目标，抓住项目最需要解决的问题。彭埠入城口综合整治工程是市委、市政府确定的“33929”工程的重要组成部分，也是杭州9个入城口整治工程中最重要、最关键、投资和实施难度最大的一个项目。我们在投标设计时反复思考，项目设计的关键是什么？反反复复研究后，才明白整治的第一目标是让交通顺畅起来，其次是两侧绿化带的景观提升，最后才是沿街建筑立面的改造。

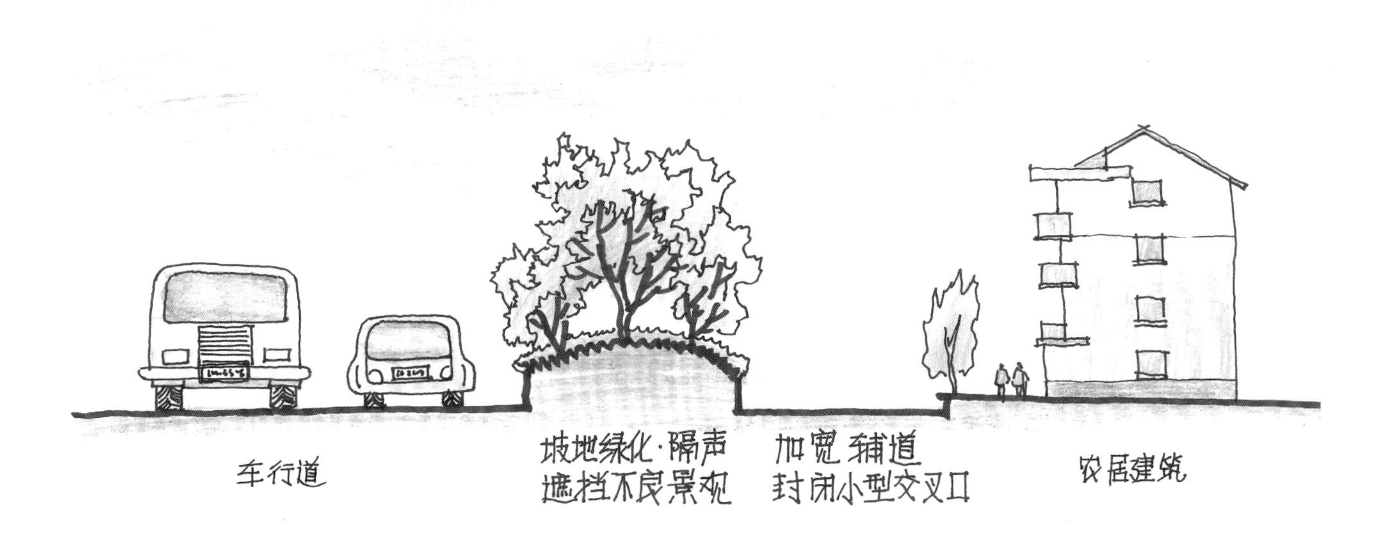
车行道
坡地绿化·隔声
遮挡不良景观
加宽 辅道
封闭小型交叉口
农居建筑

闸弄口新村

2.10《马鞍山市新都商品批发市场修建性详细规划》（2004 年）

一、创意要点

对项目的一期工程引进商住混合的浙江市场模式，作为开发的引子；“如意河”的休闲港湾；“天时、地利、人和”的空间节奏。

二、项目故事

本项目位于马鞍山市区的北部，距离市中心有 6 公里之遥，通过江东大道与市中心相连接。基地东接宁马高速出入口，算是城市的北大门，区位条件有一些优势。但是，开发普通住宅区有一定的困难，政府也是想引进浙商开发小商品市场、商务宾馆、写字楼，以商兴市，集聚人气，形成一个新城。我们赞同此开发思路。问题是用地功能的策划以及如何处理分布与规模比例。

项目规划之初，面对一片空地，犹如构思一张山水画的布局，似乎可以天马行空。实际上不是这么一回事。该项目已经有好几家来自上海的大牌设计公司出过方案，这里是家电城、那里是数码城，这里是商务楼、那里是宾馆，很是高大上。其实该规划的要点是在市政府不贴钱，开发商经济实力一般，地块区位一般的条件下，寻找一条具有可行性的开发之路。我们考察了浙江小商品市场的发展模式，设计出“混合”的方案：商住混合、市场与配套混合。所以，一期是上住宅下商铺的排屋，逐步发展到二期三期的商品市场、大型商场。中心生活配套也是沿着一条如意河，与市场同步渐进发展。

开发思路有了，产品定位有了，接下来就是寻找规划的亮点。常言道，“谋事在人，成事在天”，意为成就一项事业，需要“天时、地利、人和”。为使公共空间体现美好的祝愿，把中心河道有意识地雕成“如意”之状，把如意河的景观和业态重点塑造。又在主要功能区入口形成系列广场，命名为“天时广场”、“地利广场”和“人和广场”，同时以文化景观来设计识别性。因开发思路与产品对路，又有较好的文化创意，所以，方案第一次汇报时就得到开发商和政府的基本认可。

三、创意设计

3.1 功能区主题创意：本次规划的核心是“商”，营商者人也，人需居住、休闲、娱乐，故营商场所必须配以服务设施、酒店式公寓、服务性公寓乃至住家。商集聚为“都”，故市场功能区块以“都”名之，空间依次序命名为：飞龙都、腾龙都、藏龙都、青龙都、金龙都、蛟龙都。分别经营服装、

规划用地平衡表

序号	用地名称	单 位	面积	比 例(%)
1	B地块	Ha	5.498	
2	A地块	Ha	76.9944	100
2-1	市场用地	Ha	27.32	35.45
2-2	公建用地	Ha	10.46	13.60
2-3	服务性公寓	Ha	14.57	18.92
2-4	仓库用地	Ha	4.03	5.27
2-5	广场河道绿带市政	Ha	8.73	11.34
2-6	道路用地	Ha	10.0444	13.10
合计	规划总用地	Ha	82.50	

规划技术经济指标

项 目		单位	数 量
规划总用地		Ha	82.50
其中	A地块	Ha	76.99
	B地块	Ha	5.51
总建筑面积		平方米	920662
其中	公建面积	平方米	259300
	市场面积	平方米	316120
	服务性公寓	平方米	247690
	仓库市政	平方米	42452
	住宅面积（B地块）	平方米	55100
容积率		A/B	1.1/1.0
建筑密度		%	22
绿地率		%	30

小商品、建材、五金、轻纺、家私和文化用品，以及提前布局的数码港。居住以“苑”名之，围绕“君子一言，驷马难追”的诚信之言，把四片服务性公寓区命名为：白马苑、金马苑、骏马苑、飞马苑，中心会馆则命名为“君度阁”。

3.2 “如意港”创意设计：本案将中心河道因地就势地改造为“如意”状，使之成为规划区的景观核心，象征着“吉祥如意”。沿着“如意河”的是休闲的港湾，两旁分别布置文化购物、休闲娱乐、特色餐饮等。建筑采用中国传统特色风格构筑，与水系巧妙结合，空间变化丰富而灵动。在这种注重人的空间里，人们将真正感受到再生传统建筑空间设计的美妙。

3.3 “天时广场”创意设计：围绕如意河尽头的圆形水池布置了游嬉广场、四季神图腾、大屏电影等，场地通过铺地，绿地、阶地高低错落有致，并形成虚实对比的图案，有韵律感的立柱小品随图案排列提升，成为本案中心区的标志物，上饰“新都市场”四字图标以突出主题。

3.4 商品批发市场规划定位与设计引导：市场开发引进浙江第四代商业市场的理念，但是又不能太超前，一期还是采用“上办下商、上住下商”的商铺形式，有利于中小企业的经营。二期三期市场沿着一条“绿色长龙”的中心景观渐进发展，使市场开发与市场发展同步，达到最佳的投资回报。

3.5 江东大道景观设计引导：江东大道是马鞍山高速出口连接主城区的主干道，其形象十分重要，沿路应以布置大型公建为主，在与新都路的交叉口布置一座写字楼、宾馆的双子楼，马鞍形的造型为裙楼。其他地方预留约 80 米宽的大型市场用地，时间上可以在二期三期工程中实施，不能再用目前的“上住下商”的初级市场户型，要有现代化气息的建筑景观。

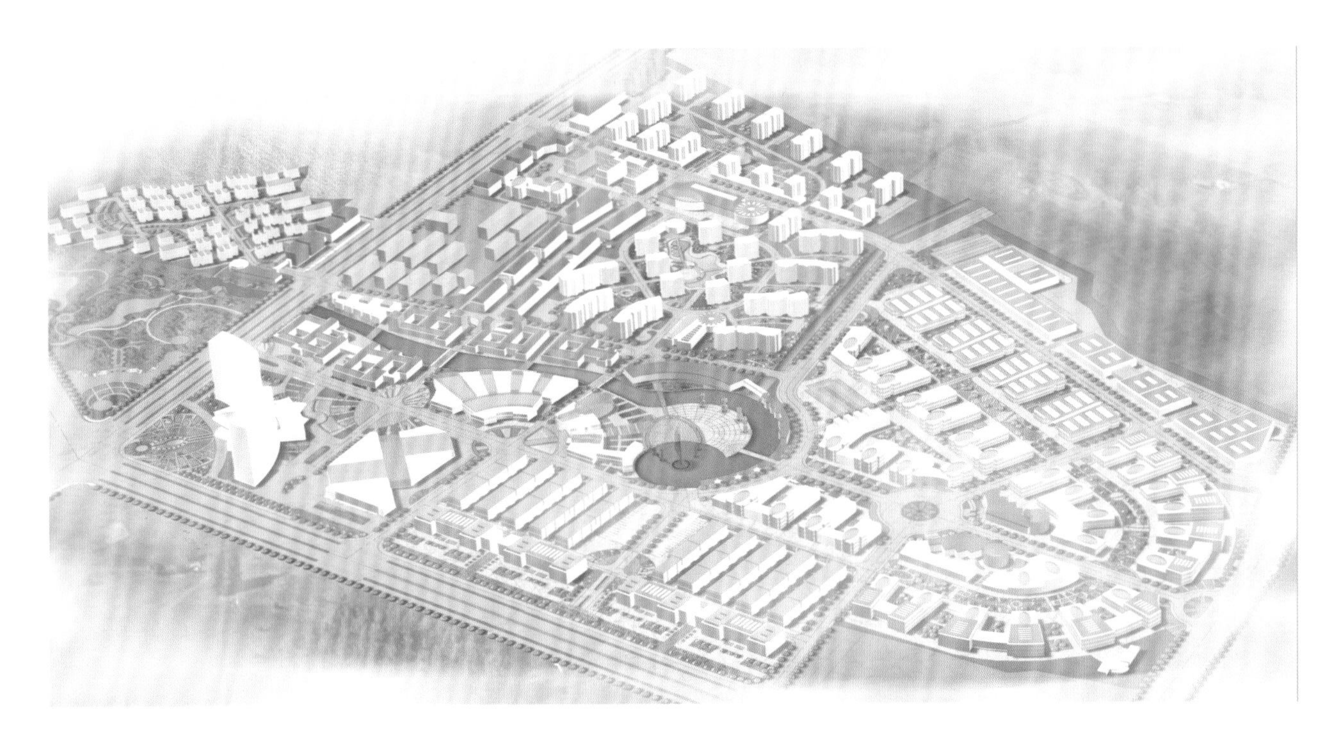

2.11《建德市洋安区块规划设计》（2005 年）

一、创意要点

生态治理防洪堤，保护新安江自然岸线；用实景分析城市空间与山水景观之间的完美关系。

二、项目故事

一接触到该项目，就觉得现状景观太优美了，沿江就是一幅绝美的山水画卷，怎么忍心去破坏它呢？洋安区块是沿新安江的一块狭长用地，或许是“三江两岸”最优美的一段，最好用生态的方法加固江堤，让建筑尽可能后退，以保护沿江错落有致的树林。还有后面的山体界面也要保护，开发后要能够看到整体连续的山脉，并能够看到 60% 的山体面积。因此，化了不少心血，对江面、建筑、山体作数字化分析，制作沿江现状和模拟规划立面。2010 年，我在编制《杭州市三江两岸（建德段）生态景观概念规划》时，把保护生态岸线列为重要内容，通过多种渠道来游说当地领导，希望能够重视新安江的自然岸线景观。时隔多年后再来看，建设的效果是喜忧参半，自然岸堤是基本保护了，但是开发强度还是过高，也许是出于经济的原因吧。

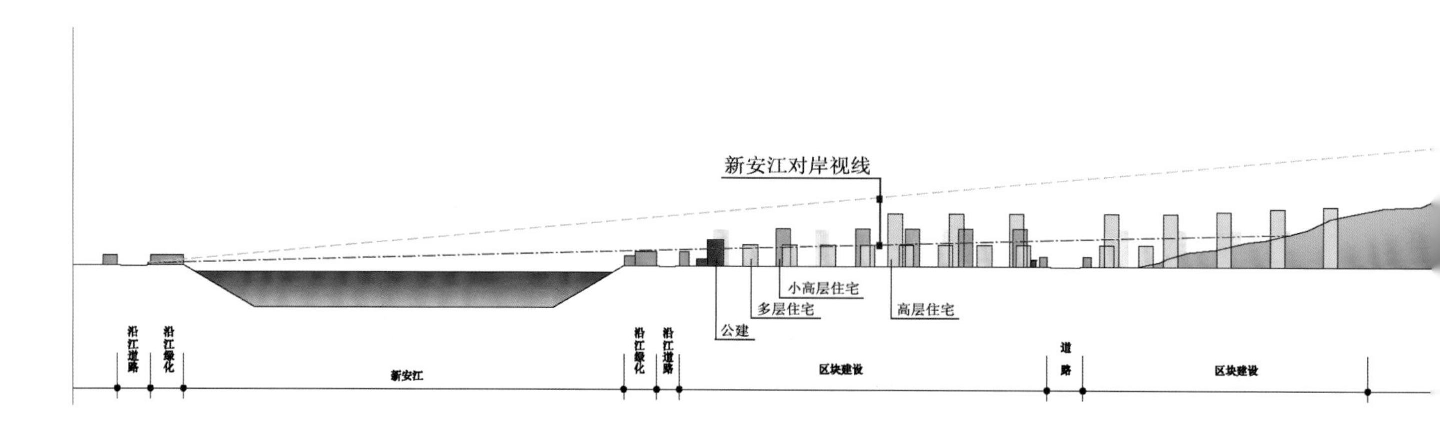

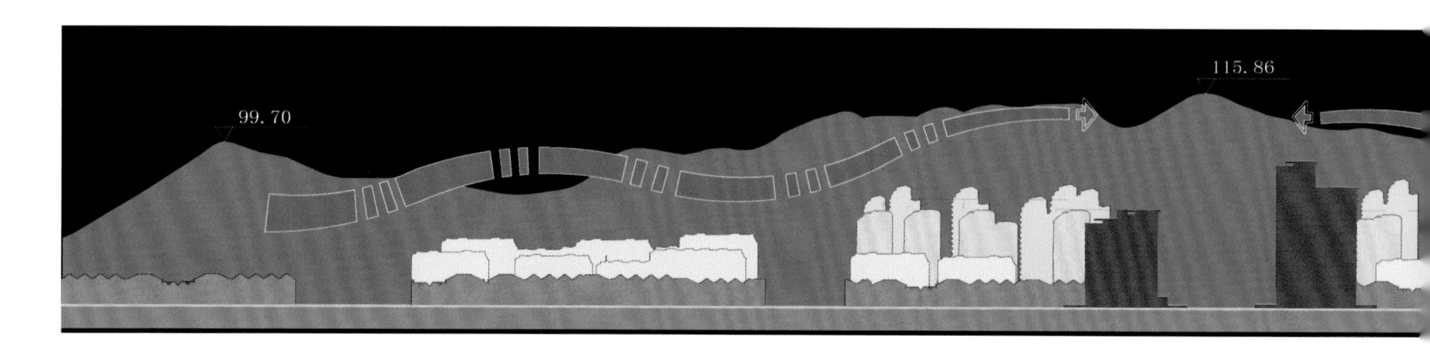

三、方案的努力

本项目在山麓峡谷地带有不少用地，规划为高层住宅区，但考虑到离江岸距离不远，仅 300~500 米，因此建筑不宜太高，一般为 16 层以下。并利用地形高差布置成高低错落的建筑群落，与山体有机地融渗在一起。沿江地块则以多层为主，局部为小高层，且作组团式分布。沿江绿化带静观设计注重自然绿化布置，尽可能保持一些自然驳坎，让防洪堤后退 20 米。从而没有了高大生硬的江堤，保护了新安江的自然江岸景观，也保护了新安江的旅游资源。江边规划了 3 个亲水平台和旅游码头，形成景观节点。

实施效果

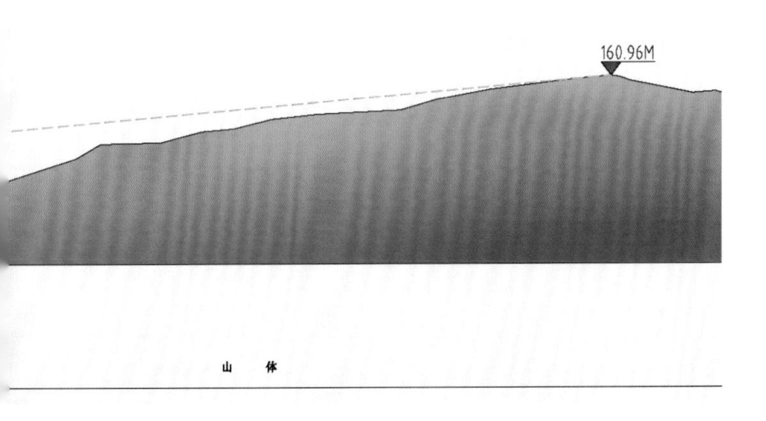

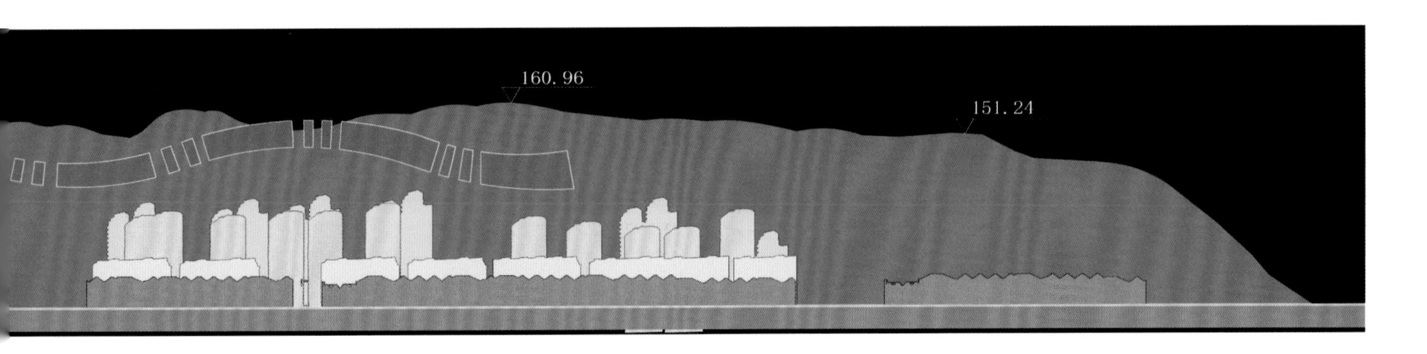

空间组织与山水之间的完美追求

2.12《天台县九遮山风景区控制性详细规划》（2005-2006 年）

一、创意要点

因地制宜，巧取美名，画龙点睛，策划景点，文以兴游。

二、项目故事

关于风景区规划国家有一套很规范的编制要求，我们规划时只要遵循规范就是。因此，此类规划的创意发挥，在于典型景观的规划策划，利用现有景观资源和历史文化遗迹，予以保护、利用、再开发，赋予新的内容，因地制宜地创造新景观。项目开发时取一个雅俗共赏的景名，确实能够起到画龙点睛、文以兴游的作用。例如杭州西湖的断桥，造型很一般，但是因为有许仙和白娘子的故事，一直是西湖最经典的景点。天台县九遮山风景区的景观也是比较大众化的山岳景观，所以，因地制宜地挖掘资源特色，赋予文化内涵，巧取美名，有事半功倍的宣传效果。

2.1 苍龙吐舌：“绿树村边合，溪涧屋外斜”的茶山口就是九遮山的第一遮。由此前行，两面青山，一湾清溪，步换景移。触目皆景：奇岩山巨石累累，酷似水龙巨浪；溪涧游鱼，水石清华，悦目洗心。“S”形溪流的转弯处，如龙身游动，溪中浅滩，状如苍龙吐舌，值得驻足雅赏。

2.2 平步青云：景区深处十里，再无平地，拾阶而上，至半山腰“雪上村”，有流涧瀑布一处，建有石桥，因年久宛如天开，过桥有栈道盘山而过，观谷底清溪，高低悬殊，有登天之感。在悬崖峭壁上雕“平步青云”石刻，画龙点睛，道出主题。盘曲绕岭而上，一路上有“红头将军石”“风洞”“古桥烟瀑”等景点。站在栈道前看，“天柱峰”上的“雄鹰”凌霄欲飞。

2.3 五洞连环：走过“平步青云”景点再向前行进一里许，可见溪涧盘石错叠，溪流入洞而出，其洞中有洞、洞中有天、洞中有溪、洞中有瀑，游人可躬身进入，光线忽明忽暗，洞洞贯连，可将其稍加修整，增加安全设施，成为一处探险景点。以“五洞连环”名之。

2.4 雪上村舍：雪上村可谓高山村，海拔 530 米，高出“双溪洲头”300 余米。古寨雪上村曾是绿林好汉集聚地，明清以来，出了余追豹、何佬大、陆才高、何天档、花天王、姚天令等“山头大王”。此地犹如世外桃源，原有 18 户农户，现在只留 2 户，村庄即将衰落。规划建议把村居改造为度假民宿，还可以“山头大王”之名命名之，成为旅游配套设施。到了雪上村犹如进入世外桃源，村口有一座拱桥，不妨以“登云桥”名之。

2.5 五子登科：过“登云桥”数十米，可见山脚有五块大圆石，疑为仙人所遗，在其上可雕刻“仪、俨、侃、偁、僖”，寓意见之者万事如意、生活顺心、“五子登科”也。五石之上现有一陋室，可将其改造为亭子，取名为“登科亭”，大吉大利，游客小憩观景，心情舒畅矣。

2.6 羞仙女池：天下名仙女湖（池、峰）者众多。在景区双溪洲头东侧上山登高约三百米，有悬崖叠嶂，这里可以说是九遮秀谷的最精华所在。在这里可以看人人称啧鬼斧神工的“双石门”、如歌如泣的“七女悲泣”、气势非凡的“岩门关山”、一展雄风的“羞女峰”、素有“小黄山”之称的“鸡冠峰”。峭壁之下有一方水池，终年不枯，传为仙女池，今至仙女池已有石阶登道，但水池在悬崖后，瀑流可见池水不可见，羞羞答答，神秘奇特，不妨命名此为“羞仙女池”。适度凿建登道，安全围护，让游人攀绳而上，探个究竟。

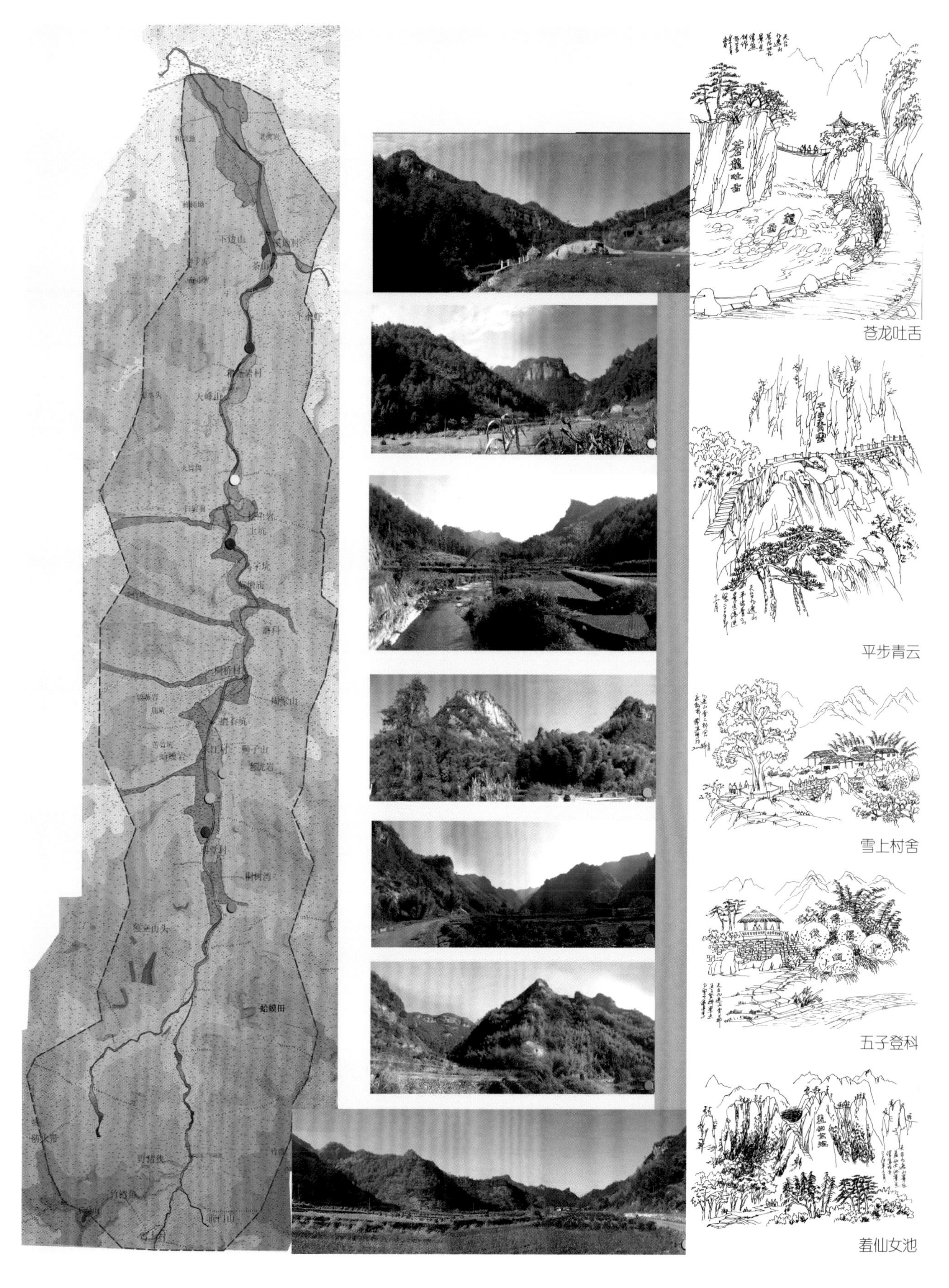

苍龙吐舌

平步青云

雪上村舍

五子登科

羞仙女池

2.13《济南市两河片区控制性规划》（2006 年）

一、创意要点

提出相对混合的工业街坊概念；以平行和互补概念分析与周边地块的关系。

二、项目故事

加入 WTO 后，扫除了我国经济进入世界经济体系的制度上的障碍，加速了我国融入世界经济体系的进程。我国在长期计划经济体制下形成的单体城市或行政区自闭式的经济发展模式，正在或即将受到世界经济全球化和区域化的强势冲击。经济发展空间的区域组合既是我国经济加入世界经济体系的客观需要，也是我国经济从计划体制向市场体制变革的内在要求。目前，区域经济合作和发展成为我国经济发展主旋律的趋势日益强劲，长江三角洲、珠江三角洲（现改称粤港澳湾区）和环渤海湾地区三大城市群三足鼎立态势渐趋明朗。环渤海湾地区在三大城市群中，经济实力相对弱一些，经济联系与协作程度最低。济南市提前谋划，进行全域控制性规划，分 52 个单元，全国招投标。我们所报的两河片区，是一个以工业为主的地块。投标书里我提出了功能相对混合的工业街坊的概念，引起评委的关注而中标。

三、规划交流的技巧

为实现控制性规划在中心城区的全覆盖，结合城市总体规划布局结构，依据“统筹策划、分片编制”的原则，将中心城区建设用地划分为 7 个规划编制分区，52 个规划编制片区。7 个规划编制分区没有编制分区规划，这是因为，片区控规内大型市级公共服务市政等配套设施，主要依据总体规划和专项规划。所以，我们对规划片区功能定位时，先研究周边区块的功能定位。这一步骤很重要，通过分析我们提出，两河片区与西部的孙村片区是平行关系，与南部的庄科片区是互补关系。平行关系是各自有中心、有相对完整的配套；互补关系则是有一些配套设施需要共享。这种概括性的语言直截了当地说明了现状的一个主要问题，成为一个规划分析的亮点。所以，规划要善于总结，会用词汇，提炼内容。

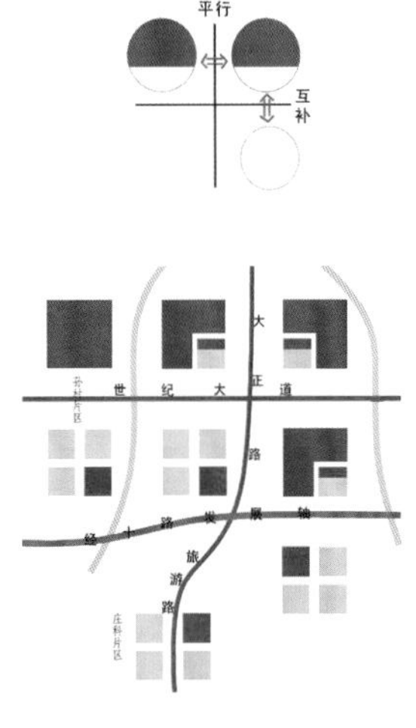

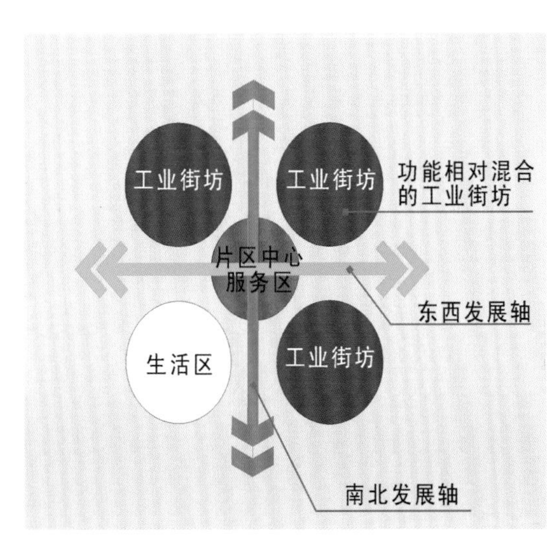

2.14《杭州市塘栖历史文化保护区保护规划》《塘栖镇综合发展规划》（2007 年）

一、创意要点

采用分片保护的原则；构思塘栖新十景，设计“天园”水景广场，进一步体现“杭州天堂”的概念。

二、项目故事

塘栖镇在 1984 年和 1992 年两次修编城镇总体规划，均未能利用经济快速增长的契机，跳出老城发展新区，使城镇仍然局限在原有格局基础上被动地向周围扩展，古镇风貌受到极大破坏。2004 年 7 月 9 日，杭州市委书记亲临塘栖，查看历史遗存古迹，指出“应该给子孙留下一点东西”，意在强调历史遗存不能再破坏，应认真对待“一保护，二修复，三开发”的方针。于是，余杭区政府开始重视，对塘栖的古街、古桥、古弄、古宅、古井、古碑等一切有历史价值的遗存进行了全面清查，登记造册，把塘栖历史文化保护工作列入法律保护的工作程序。2005 年 4 月，区政府委托我院编制《杭州市塘栖历史文化保护区保护规划》。

为保证规划的可行性，我们不仅做了保护规划，还跟踪参与了塘栖镇综合发展规划。我们秉承“积极抢救，综合整治，保护运河文化”的理念，努力做好保护规划。根据塘栖历史原物保存的实际情况，实事求是，采用以条块点状保护的方法。重点保护区为水北街历史地段、太史第历史地段和市南街历史地段，重点保护区总面积只有 10.14 公顷。同时“有机更新，梯度发展，延伸运河文化”，即构筑水上新都市。运河既古老又年轻，它将永远活在我们的生活中，千秋万代、流向未来。传承历史是我们的责任，延伸运河文化也是我们的责任。调整镇区往南发展的旧观念，转向往东北发展新运河文化水上都市旅游区。结合水空间特征，以恢复历史文脉为运河之灵魂，创新提升，构思塘栖新十景：永明晚钟、横潭渔火、长桥月色、北塘夜市、天桥香市、乾隆行宫、柳堂春晓、溪口风帆、翠湖秋色、运河天门。

三、核心景观——“天园”创意设计

旧时塘栖水系十分密集，拱桥、檐廊、美人靠成为镇区的特色风貌。因此，在古镇、水北、三文村三区块交接区，设计一座巨大的圆形廊桥，横跨在三河之上连接三区块，使其成为一个很有特色的水空间。圆心处可做些音乐喷泉，廊桥上依美人靠可以休息，廊柱上挂名家对联供人欣赏，展示塘栖历史文化。圆形廊桥所连接的三地块设计的目标为“可游可娱可商可居（养老院）”，并命名为“天园”，进一步体现“杭州天堂”的概念。圆形廊桥所连接的三地块设计为北塘夜市、天桥香市、乾隆行宫三个“塘栖新十景”。

2.15《桐庐县城滨江区块修建性详细规划》（2007-2008 年）

一、创意要点

从桐庐最重要的入城口和江北沿江观景点的视线角度来控制沿江立面，并且融入《富春山居图》和《春江花月夜》名画名曲的意境。

二、项目故事

2.1 跨江发展 20 年，新城初具规模

这个规划与一个美丽县城的打造密不可分。20 世纪 90 年代，桐庐县城市建设跨江向南发展，城市形态有了很大的改变。桐庐县江南新城以迎春南路为南北轴线，白云源路为东西轴线，呈东西两翼发展，城东发展居住和产业开发区，城西发展居住和商贸行政新区。中心地带已建县政府和市民广场，围绕市民广场已建行政服务中心、法院、建设局、剧院、电信、烟草等大楼。新建规模小区 10 多个，已从老区迁移人口 3 万多人。建设用地已超过老城，居住人口数量与老城区相持平。

2.2 滨江区块规划一时滞后，建设情况良莠不齐

现在的富春江已经穿越了城市的中心，富春江作为桐庐的景观形象水系，也是城市的重要资源，如何利用这一资源，充分发挥其城市旅游、文化娱乐、商业休闲功能，成为一项重要的工作。然而桐庐县城滨江区块的规划一时滞后，受各种政策影响，滨江区块长期被地方村镇占有，无秩序的建设势头迅猛，成为典型的城中村，沿江除临江景园、山水花园和滨江花园等少量有统一规划的小区外，其他都是侵占江堤空间的无秩序建设，浪费了沿江良好的环境资源。因此，要通过规划将滨江区块功能予以优化，以适应社会经济文化发展的需要，使之成为能充分体现富春山水文化和地方特色的“人居佳境”，即融市民休闲、商贸旅游、文化娱乐、高尚住宅和城市防洪等为一体的城市活动空间和滨江绿色长廊。这已成为今日桐庐县委县政府有效组织滨江地区开发的管控依据和任务。

2 .3 多轮规划、精心策划、打造山水新城

《桐庐县国民经济和社会发展第十一个五年规划》中提出，新城区以春江路、迎春南路结点为中心向四周拓展，建设四条专业特色街：迎春南路现代商业街、滨江路观光休闲街、瑶琳路夜市街、春江路休闲娱乐美食街。滨江区块无疑是最重要的版块。21 世纪初，县委县政府就开始重视滨江区块的改造建议，但由于拆迁量较大，在城市品位要求与市场操作平衡存在严重矛盾的情况下，迟迟不能明确规划定位。

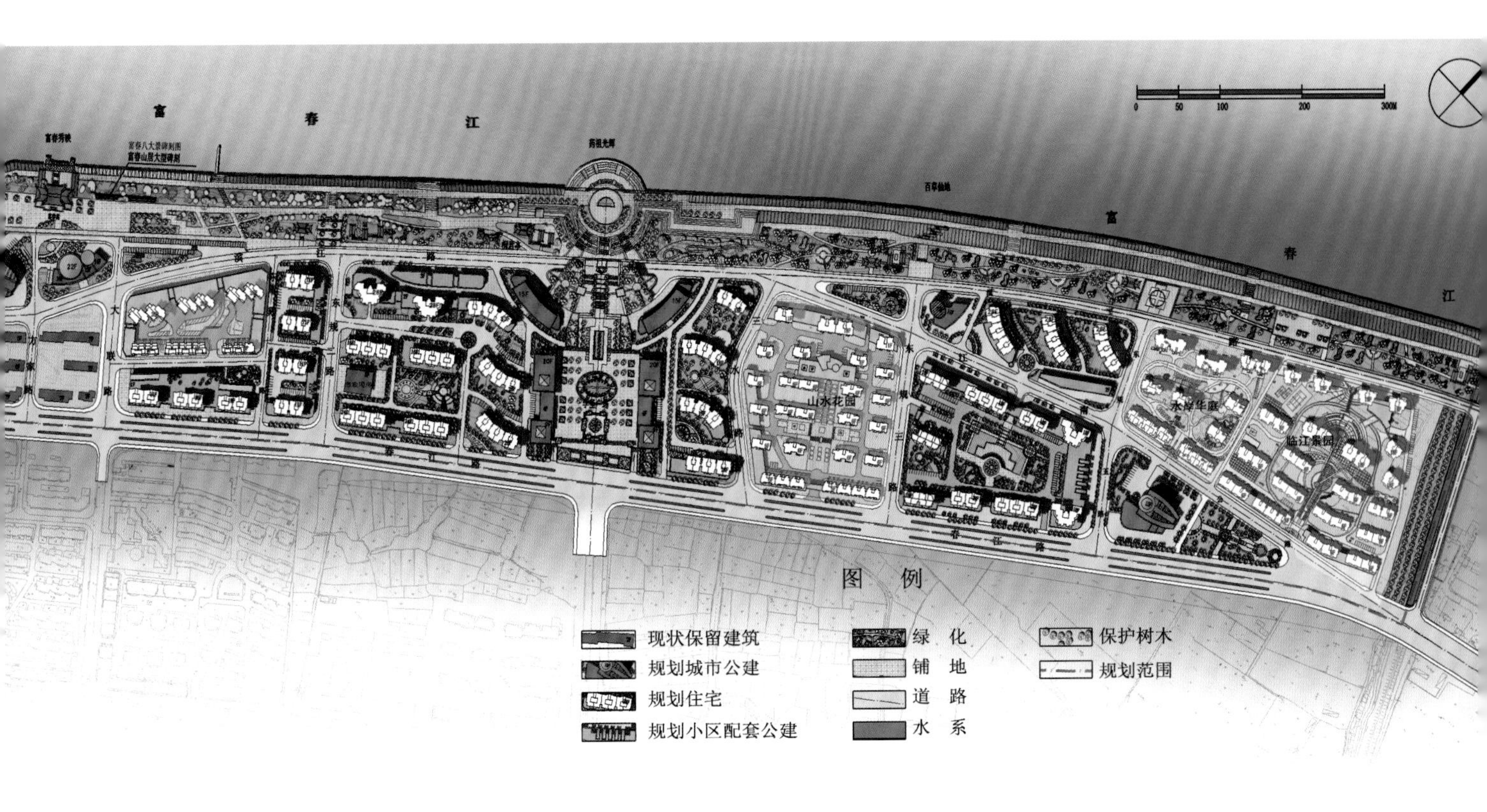

为了对富春江这一城市品牌资源加以有效利用，县委县政府不想盲目启动，而是从长计议。

2004年，委托同济大学编制的《桐庐滨江发展轴城市设计》规划对本规划区进行了详细的分析，提出了一些较好的规划思路。但是其规划指标的市场操作性不足，这么好的地段还要县政府贴补资金开发。政府财政上力不从心，因此规划需要重新定位。2007年委托我院编制《桐庐县城滨江区块控制性详细规划》，该规划虽然也有一些城市设计效果图，但是县政府仍觉得规划不尽人意。

2008年，县政府又委托我院编制《桐庐县城滨江区块修建性详细规划》。我院对城市设计方案的可行性进行了调整，提出了“三高一低”的开发思路。新的规划从市场运作的方法入手，正确理解“可持续发展”的理念，在经济、社会、环境三者综合效益平衡的基础上渐进开发，有序发展。

规划一直是在与领导博弈，县委书记算经济账，要求开发强度从2.5提高到3.5，我则关注保护山体与沿江立面天际线的空间效果，互相“讨价还价”。滨江区块的改造不仅不贴钱，还要生钱，补贴迎春南路商务区的建设，最终放弃一些地方控高，以保留或放大廊道来取得空间效果。这个规划的实施，虽然使得沿江立面有些偏高，但是，从另外一方面来讲，让更多的居民享受到了江景，又促进了桐庐商务区的繁荣，使得桐庐成为第一批全国最美县城。

三、规划手法

3.1 空间组合：讲究大疏大密、大气开放，采用组团中高度的变化起伏，以及滨江路建筑空间的退让蜿蜒设计，实现沿江空间景观的丰富性。

3.2 空间美学：让水融入城市，让山映入城市，体会《富春山居图》的山脉轮廓构图，又用《春江花夜月》的音乐意境去营造沿江建筑高度的节奏，使得空间过渡十分和谐，具有乐感。布局中重视群体组合的和谐感。

3.3 城市视觉：从高速互通到 320 国道，建议两岸均为自然生态景观带，不做任何人工景观。并且建议把高速连接线东侧的一个村庄尽快拆迁，填平谷地，把山脉连接起来，形成连续的绿化带景观。

3.4 灯光规划：以二桥桥头为高亮点，分两翼展开，强调纵深，形成三个高潮，分别是二桥桥头、一桥桥头和学圣广场。灯光除透视建筑必要的轮廓外，还与时间互动，与江水互动，与北岸灯光组合在一起，形成“春江华夜”的恢宏图景。

四、景观主题策划

本次规划通过研究自然与人文的特色，初步提出了沿江绿化带分段分主题的设计概念，作为今后详细设计的参考依据。沿江休闲设施中，把茶室、餐饮、文化墙、雕塑、花架、亲水平台、健身游步道等要素与绿林生态组合成可憩可观的公共场景，并与沿江街坊空间有机互动起来。园林景观须充分结合地形地貌，首先要保护和梳理现有树林，巧妙运用地形竖向标高。再是保证重要节点与城市空间走廊相对应，挖掘地方文化，形成文化、休闲、生态、健身的长廊。从上游至下游，由信步闲情、山水滔光、春江帆影、富春秀映（类似于杭州城隍阁 + 富春山居壁画）、药祖光辉、百草仙地等文化主题公园串联而成。通过文化立意深化细化园艺场景，避免景观过分采用小区性手法，从而呈现出疏朗大气的城市性园林景象。

规划实施（2014 年）

规划控制（2005 年）
规划实施（2014 年）

2.16《浙江天亿温泉度假村规划设计方案》（2009年）

一、创意要点

融传统村落风水、创新庭院空间、经济功能布局为一体；每一块景观用地都赋予文化内涵。

二、项目故事

2.1 做什么：接触此项目时，甲方对这个地方怎么开发想法还比较模糊。通过现状调研，对比思考，与甲方和当地建设主管部门对接后，思路开始明朗起来。总的来说，是希望以温泉疗养为主题，兼有地产、会议、度假、宾馆、旅游开发等功能。如何塑造这些功能的形象，不仅仅是他们关心的事情，也是对规划设计人的考验。

2.2 怎么做：大部分规划项目，不是规划者自己理解了项目的开发意图就行了，还要让甲方理解项目真正需要的东西。这是比较困难的事情。所以，我们的文本有时候要做得很厚，整理出来龙去脉，说明我们的规划是可行的，必然的，创新的。但是，由于规划的内容常常很多，容易堆叠在一起，文案东拼西凑，规划者有时候自己也把握不了项目的核心，只能是甲方说几点就改几点，被动地反复修改。这种时候，把规划功能分层来解释，效果会比较好，好似西医看病，做CT、血常规、B超，等等。最终该项目通过3次交流，甲方基本认可，还点赞我们，说他们从中学到了怎么去综合开发房地产项目，也了解了环境文化是怎么回事。

2.3 可行性：规划中为什么要有经济指标？就是要考虑规划的经济可行性。我们提出，地产项目中赚到的利润，要能够把温泉宾馆、旅游环境基本建好，这样以后的营业收入除了经营成本、物业维护外，就是股东的红利了。如果资金不够，需要再投入，也要在可承受的范围内。有这么一个经济指标，他们心里就放心了。

2.4 持续性：甲方又提出，如何保证今后能够持续红火？我们说地产靠自己营销；旅游可与旅行社合作；旅游温泉区设计表演舞台，可以与外地文艺机构联合，如浙江鸿艺文旅、杭州宋城；会议宾馆可以与政府签订优惠协议，聚人气、作宣传；古街里展示武义传统的五店十铺的美食，使其成为现代人纾解乡愁之地。要吃地方菜肴，就去武义人家！关帝庙有民间民俗的人气。有如此策划，还愁经营？

三、探讨市场，定位功能

3.1 温泉：锁定“温泉养身一族”主题概念，以“时尚休闲 + 洗浴环境 + 自然意境”为内容，营造与时尚同步的郊区化、人本性俱乐部型休闲环境。设计有宾馆配套的、VIP客户的、大众一次性旅游体验的温泉泡池。

3.2 地产：通过市场分析，借鉴当今一些类似项目的成功经验，我们把房产开发分为高、中、低三个档次，有别墅区（50%）、排屋（30%）、公寓（带有集体宿舍20%）。公寓部分的建设，既能满足中产阶级休闲式的度假居住，又能解决“温泉小镇”就业职工的居住问题，使本地区能够得到持续发展。

3.3 旅游：把矿山遗址改造为健身公园；把温泉废水利用为景观用水；把新农村改造中收集起来的老建筑物件布置成一条古街——武义人家；在宋窑遗址外建一个关公庙等。具体的措施是环境的空间推进、文化策划和景观艺术设计。

3.4 配套：宾馆兼有会议功能；一部分别墅改为旅游度假产品。建设生态景观型停车场，规模尽可能大。

四、整体设计，推进开发

通过对休闲文化的深层次探讨，采用软件硬件兼有的思路，对总平功能、度假方式、建筑风格、场景设计等环节提出一整套的设计理念，以期从物质和文化双重层次上指导项目的实施，达到时尚休闲品牌定位的统一。我们在做好概念策划的基础上，作出详细规划，先解决功能分区、交通组织、总体空间组织以及自然环境利用等先期必须解决的问题，然后再完善建筑风格、色彩、造型、肌理乃至环境家具、小品的创意设计。最后，为甲方的后续经营出谋划策，稳步推进项目的开发运作。

五、匠心独运、精心布局

5.1 利用环境，优化环境

本案几乎把所有零星用地都予以文化景观的创意设计，使规划区内每一块土地均得到适得其所的利用。尤其在旅游策划上，动足脑筋，延展或扩大了主题功能，进而增强了项目的可持续性发展维度。

5.2 进退有致，巧妙布局

为体现山水特色，总体布局中，让度假村主体建筑尽可能远离武丽公路，留出大片广场作为停车、景观用地，使度假村前区呈现开阔、舒朗的景观效果，广场南北两山对峙，吻合了传统风水“左青龙、右白虎”的环境效果。

5.3 枕水而筑，依山而置

利用山水资源设计核心景观区和核心功能区块，借鉴了传统村落的景观体验，强调开阔的水景空间与庭院空间之间的对比与互补，加深地块的中式格局，同时突出景观中心给使用者带来的环境印象。环顾四周，是一幅幅由山体、水面与建筑群组合的完美图画。

5.4 环境节奏，组群意识

没有空间的层次，就没有空间的深度，缺乏空间过渡的整体感。通过空间的开合设计，层层深入，增加环境的趣味性。规划中注重聚落环境营造，把住宅、温泉、宾馆、场景与地形的自然特征相结合，因地制宜予以布置，有机地整合在一个理性的江南“类村落”的结构中。

5.5 空间意象，街巷模式

中国传统村落十分注重理水，活水穿村，依水而居，山因水动，水因山活。一脉水系或成瀑布、或成溪流、或成池塘，来灵动空间。空间层层递进，符合中国人“天地有序，内外有别”的传统心理。通过空间的围合穿插，增加空间的层次感。

5.6 村街水口，自然亲切

武义的古村，首推郭洞，其村落布局值得借鉴。传统村落常在入口处设置水口，喻意人丁兴旺，财源丰盈。本项目在场地规划中，通过水系的引导，配合自然的布局形式，以线性场景的处理手法将整个地块的景观串联起来。规划中把南北水系、东西水系都沟通起来，通过环境艺术的处理，从北到南是青龙含秀、黄龙跃金、碧珠涌泉、十二生肖雕塑喷泉组景、天恩桥、忆乐亭、知一湖、知二泉（天井），至西面自然溪流，形成水悬成瀑、水动成溪、水缓成渠、水静成湖的奇景，不同的水面衬托场、路、山、树、门、楼等要素，形成一幅幅生动的画面。度假村不同的入口、不同的视角，都呈现出“村街水口”的传统村落意境，让人处处感到自然亲切。

2.17《桐庐儿童公园(少年宫)工程设计》(2010-2014年)

一、创意要点

将富春江故事“金牛开富春” 融入环境；规划设计既考虑红线内，又考虑红线外。从规划、建筑、园林到工程实施，全过程把控。

二、项目故事

2.1 超出红线，综合考虑，一举中标

2009年底，我院受邀参加了《桐庐包山儿童公园工程设计方案》招标活动。当时，桐庐老的儿童公园在江北老城区，县政府计划在江南新城建一个具有儿童主题的生态公园作为互补。我觉察到，桐庐江南在不久的将来会成为十分热闹的主城区，儿童培训娱乐功能一定要加强。仔细考察了现状后，我觉得空间发展有很大的可能性。于是我们发挥规划院的优势，把公园所在的整个街坊都做了改造规划设计。为未来预留少年宫用地和空间对接，又策划设计了儿童用品一条街。这一方案因考虑到了未来，对接城市发展空间，场所大气开放，构思比较新颖，建筑风格也比较合适，最后一举中标。中标后与主管部门简单对接后，就让我们做施工图。这是少有的由中标方案直接做施工图的项目之一。2010年完成施工图设计，下半年开始施工并完成一期工程。

2.2 项目搁浅，时隔三年，要求提升

2010年后，桐庐县城市建设的重点放到了迎春南路商务区和沿江区块的改造建设。随着这两个重要又美丽的功能区的崛起，城区的中心真正转移到江南来了，桐庐新区人口急剧增加。到2014年县政府找我们修改设计时，要求将原规划区域改为一个名副其实的儿童公园，并增加青少年宫的功能。这应验了四年前的规划设想。然而用地指标却没有增加，因此要把少年宫挤进儿童公园内。

2.3 巧妙构思，保持结构，立体发展

为保持景观规划结构不变，空间效果不变，修改后的方案把南面入口广场下面的停车库改为少年宫培训教室，而在北入口开挖一个更大的地下车库。把东西两个山头部分削平，用作娱乐项目用地。可惜砍了不少树木，生态空地比例有所减低。

2.4 总结经验，保持理念，延续设计

做一些政府项目时，往往开始时规划设计目标比较模糊，还需要我们深化策划，不似企业的地产项目，有严格的用地红线，以及容积率、高度等明确的法定指标，几乎没有弹性。所以，做政府类的公共项目要发挥城市经营的理念，要有前瞻性，对未来发展要有所考虑。当然，要能够做到这一点，还需要扩大知识面，领会相关专业的技术要领。本项目是我多年工作经验的综合发挥，不仅有规划、建筑、景观三个专业的高度融合，还有城市经营、城市策划的考虑，尤其是规划结构“以不变应万变”，对未来发展采取了相当有弹性的设计思路，应对了多次调整功能的计划变化。

2009 年年底招投标中标的具有儿童娱乐主题的生态城市公园方案。

2014 年年初县政府决定在儿童公园里要兼有少年宫的功能，修改的方案。

2014 年年底，因为有杭州市少年宫的投资和管理，增加了小火车、摩天轮等一些娱乐设施，又修改的方案。

实施效果集萃

公园南门（上）

中心科普广场（中）

生活配套用房（下）

中心广场科普馆（上）

碰碰车馆（中）

培训教室（下）

公园南门广场

公园整体鸟瞰

公园北门

2.18《浙江省农业科学院本部整体规划方案》（2011 年）

一、创意要点

把传统风水理念运用于建筑功能布局之中；融五行、太极、气候微循环于空间环境之中。

二、项目故事

浙江省农业科学院建院以来一直处于自发性、非系统性建设中，因历史原因及资金条件的限制，用地在功能组织上系统性不强，土地利用率不高，交通联系不便，缺少统率全局的形象区域，致使科研大院的形象没有得到应有的呈现。现东部新增约 200 亩土地。从发展的角度出发，大院需要统筹规划，在空间上进行整合，当时特邀两家部级设计名院来竞标。而我院作为原控规设计单位受邀陪标，竞争对手比较厉害，我们只有通过创意和特色，方可出奇制胜。结果如愿以偿。

三、创意设计

3.1 创意亮点：本次规划最大的创意是把穿越中心的河道中部扩大为一个湖，挖湖堆山，在西侧铁路、南侧快速路的边上堆土坡、种密林、塑景观，以阻挡噪声；改环境为“左青龙，右白虎”，创造出湖景、河景、山景。中心湖与岸线有意设计成太极状，又通过建筑群的疏密布置，产生风道，增加地方小气候的微循环。

3.2 功能结构：以人工湖——白石湖景观为核心，主干道环路为圈层，沿湖的景观节点以及由节点放射到各功能组团的轴线，环环相扣，形成“核心 + 圈层 + 节点 + 组团 + 轴线”的空间框架。

3.3 景观文化：为强化湖景的文化性，做了 5 个景观小节点，分别代表“金、木、水、火、土”。土在中央，结合行政中心和会议中心，通过会议中心的植物发芽状造型，表达“农业”的主题。同时还把农科院的重要历史事件，如“毛主席视察双轮双铧犁”“周总理视察农科院”等设计为壁画、雕塑，摆布在绿化环境之中。

3.4 景观设计：规划强化人和环境的对话，通过对景和轴线视觉，与其周边建筑空间相互渗透，不仅供人观赏，还为人们提供公共活动的平台。绿地与节点广场上可搭建帆布天篷、木质观众座椅等，以吸引人们前来休闲，增强娱乐性；使人、建筑、环境等不再孤立，彼此间得到了密切的交流与沟通。

一期工程实施效果

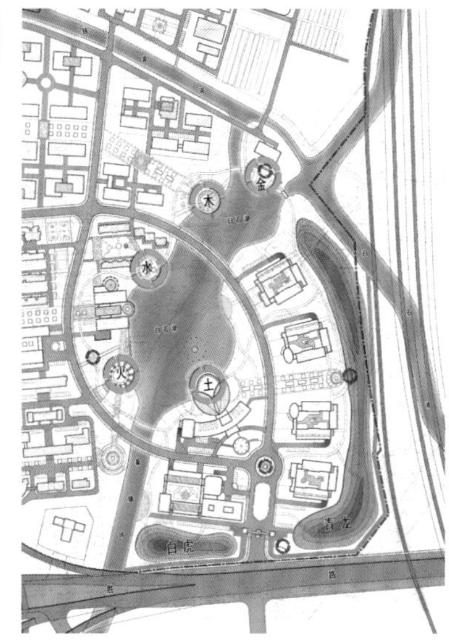

东北鸟瞰图

2.19《赣榆县琴岛天籁片区城市设计方案》（2012 年）

一、创意要点

修改原控规，调整商务功能位置，扩大内海，创意设计城市大景观；从城市经营的角度出发，增加海岸线，提升土地价值，提高项目实施可行性。

二、项目故事

该项目的初衷，是因为赣榆县沿海没有海景，都是滩涂泽地，所以希望在海边围筑一个人工湖，增加一些人工沙滩，让游人体验海岛风光，提高赣榆的旅游知名度。凑巧城市东西轴线的东头，有个琴状的小岛，距离海岸线才 2 公里。于是规划造两条水上道路，连接琴岛南北两头，形成一个内海，并把该片区命名为琴岛天籁片区。本次是在原控规的基础上作城市设计和景观设计。

开始接触项目时，就按照甲方任务书中的要求，按部就班地做。但是深入以后，总觉得不对劲，于是我们修改了原控规的部分内容：东西向主路（黄海大道）在省道交叉处转折；把沿路商务区移至湖边。这样商务区中心广场便与湖景渗融起来。凭此特色，我们的方案进入了前三强。到此我们开始思考项目的外因，这些小修改不足以改变项目的可行性。赣榆县城市东部目前是城市发展的冷角，若没有良好的策划，造好了也是个“鬼城”。从常规的角度出发，做不了如此大的填海工程。既然要做，就要有惊人的创意。这不是一般的规划师所能解决的问题。就此我们提出，希望当地政府能与我们一起探讨一下人、海、堤的问题，探索项目的竞争力和差异化的可行性。

2.1 解决好“人”的问题

做这个项目时，我已有 25 年的规划经历，已能站在政府经营城市的角度来看待这类项目。该工程要落地，首先要引进 100 个企业家，给他们建造带有私人游艇码头的豪宅，其次是面向 10000 个中产阶级的海景住宅或酒店式公寓，再次是接纳 10000 人就业的商务办公楼，另外还有可容纳 40000 人的大众化住宅。如果这个“人”的计划实施起来有困难，那就缩小规模，只把两条海堤连接一个琴岛，做些旅游产品——欢乐岛（地区级的游乐园），而把内海留得大一点，少填海，少投资。因为市场是残酷的，很多情况下舍得了孩子，也不一定套得住狼。

2.2 处理好“海”的问题

在解决“人”的规模的前提下，内海的规模能大则大，因为海岸线是很宝贵的资源。让富人拥有还是让大众拥有？我们的观点是共同拥有。具体方案是，富人豪宅岸线占 30%，商务岸线占 20%，大众开放公园占 50%。从本项目来看，扩大内海的规模、增加海岸线，是提高本项目可行性的具有发展眼光的好思路。

2.3 设计好“堤”的问题

海堤与湖堤要贯通，作为旅游休闲的景观大道，沿线还要有一颗颗创意的“珍珠”。规划布置“航海之神”大型建筑物，作为伸向大海的观景平台（因为近海不好看），在船头可设置望远镜，细看秦山岛风光，时空上与秦山岛联系起来；琴岛北面设计游艇和游船码头，景观上是把琴岛设计成更像一把“琴”，内容上是为未来游艇俱乐部打好基础。游船码头北接海头渔都，中接秦山岛，南接连云港，游览花果山……总之，要站得高、看得远，以充分增加项目的差异性和竞争力。

我们的美好设想，虽然专家的认可度比较高，但是没有说服有关领导。在规划项目的背后，我们还面临着错综复杂的社会关系。

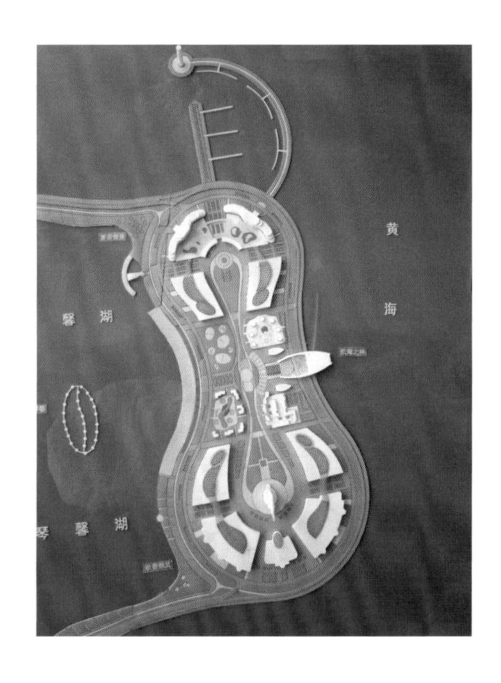

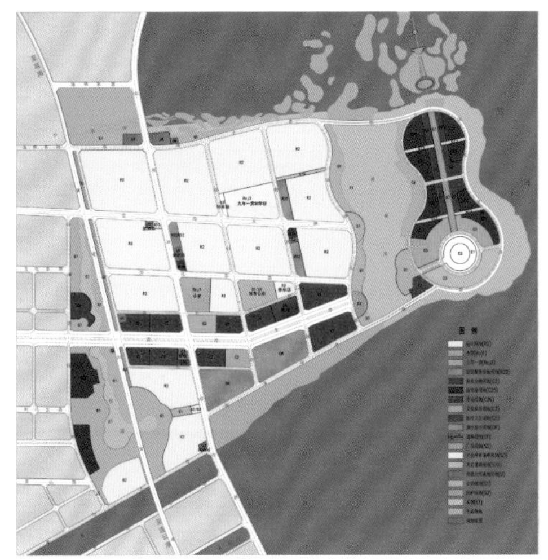

城市主轴在省道交叉处转折才有标志感，沿路商务区移至湖边，才可利用湖景，塑造场所景观。

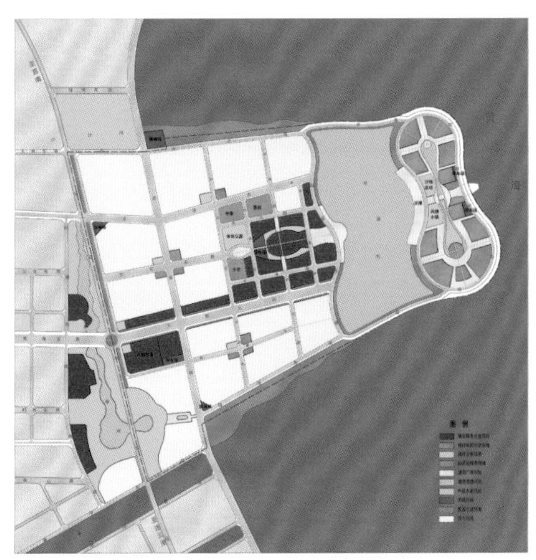

扩大海的规模，增加海岸线，增加海景房，提高土地价值，以提高项目开发的可行性。

三、景观塑造——能否达到“眼前一亮”的效果？

规划超高层建筑“赣榆之星”，并与市场需求相结合，以极其优惠的市场政策支持大厦的运营。这一超高层建筑具有唯一性，是城市的象征，是让市民增强自豪感的标志性建筑。空间上，布置在黄海东路与省道的交叉口地段，使其能够引领主城区和天籁片区的空间格局。

我们认为，早先的方案过于平和，这是因为规划用地比较规整，内海的形状也比较方正，难以塑造奇特的视角景观。因此我们打破原用地结构，将内海面积放大 550 亩，岸线设计多个半岛，进一步增加岸线长度，并且把 7 个半岛采用“北斗七星”结构来布置。同时建议把内海命名为维多利亚港湾，建设一个北方的“小香港”。

在“北斗七星”对岸，也对应黄海东路，设计一个圆形广场，作为商务区的核心区。在商务区再设置一条南北轴线，通过架空走廊和平台有机地组合起来，通向大海，使商务区与内海外海有机地渗融在一起。

规划把黄海明珠与大竖琴造型相结合，形成造型独特的“天籁琴音”观光塔景点。把儿童乐园改为徐福故里传统商业街，与渔人码头、海岛风情小镇一起作为电影电视拍摄的外景基地，并辅以大型的摄影棚。借鉴一部《让子弹飞》使广州的碉楼名闻天下的经验，要让琴岛天籁片区成为有一定知名度的旅游区，通过拍摄电影电视来提高琴岛的知名度、开拓影视产业，也许是一条捷径。

2.20《济源市三湖新区城市设计方案》（2013年）

一、创意要点

调整原控规的路网，在三湖片区整体上勾画出一条城市景观轴线，并且把景观轴线设计成腰形，以期引发弄堂风，产生风道效果，改变小气候，使得湖与城不仅景观融合，空气也能回旋渗透。这对于北方的工业城市相当有益。

二、项目故事

踏勘了项目现状，了解了上位控规后，我提出三个措施：修改控规中的主路网结构；策划三湖文化景观节点；打通南北视觉走廊，塑造"山—湖—城"的景观轴线。这样大刀阔斧地修改原控规，一般年轻人是不太敢做的，原控规编制单位会有意见。我有理有据地说服了当地领导，最后控规编制单位非常配合，和我们一起修改完善了控规。

在这个项目中，对于三个湖的景观利用是相当重要的，湖边的生态用地不能太宽，而应注重节点的延伸和交融，以利于改善环境的均好性，提升土地的价值。作为规划设计者，一定要有城市经营的理念，要通过设计创意创造价值，真正体现"以人为本"的规划理念。

本项目既然叫三湖新区城市设计，三个湖的景观性、文化性、亲民性就是城市设计的重点。街坊内部的布置相对来说是次要的，还是街坊与公共空间的协调来得重要。从当地历史文化的挖掘、市民休闲心理的需要出发，我们策划了10大景点、30多个景物，营造了浓浓的城市旅游氛围。我考察了当地的资源环境和产业特征，发现第一、第二产业比重较高，空气污染也比较严重。于是我们引入了风道的设计概念。我们还了解到，当地居民对南方四季常绿景观十分向往，于是在设计中提议，将土壤改良为弱酸性，种植比例约30%的樟树、珊瑚树等耐寒常绿植物。

如果说规划有捷径，那无非是对这些因地制宜的规划特色所给予的肯定。

三、规划特色

3.1 扩大范围：本次规划的核心是三湖的景观和由三湖景观所带动的周边区块的城市开发用地的功能策划。因此，为保持曲阳湖组团主体功能的完整性，至少济邵路以北600米，即万阳湖北第一条城市主干道范围内的用地功能和景观要统一设计，目的是形成一个完整的景区概念。

3.2 路网优化：本区块北有思礼镇，南有承留镇，中有景观湖新区，需要有一、二条比较通畅的南北交通线。原规划万洋大道与"曲承桥"相交，要拆老桥、建新桥，不是很合理，不如保留老桥、再建新桥，把万洋大道东移350米，使万洋大道变得更为通畅。从水系防洪角度出发，河道不宜太曲折，还要保证合理的泄洪断面。

3.3 空间布局：规划布局上采用现代城市设计方法与传统园林构景技巧相结合，通过视觉通廊来集聚空间的整体性。有节奏的楔形空间，也是利用了流体力学原理，使空气流动起来，增加组团内部空间的通风效果。通过生活组团间的轴线对景布局，一者与三湖景观渗融起来，二者增强了通风回风效应，改善了该地域的小气候，使生态环境能够真正融入生活环境之中。

3.4 塑造轴线：规划考虑，本地区要预留设立"三湖行

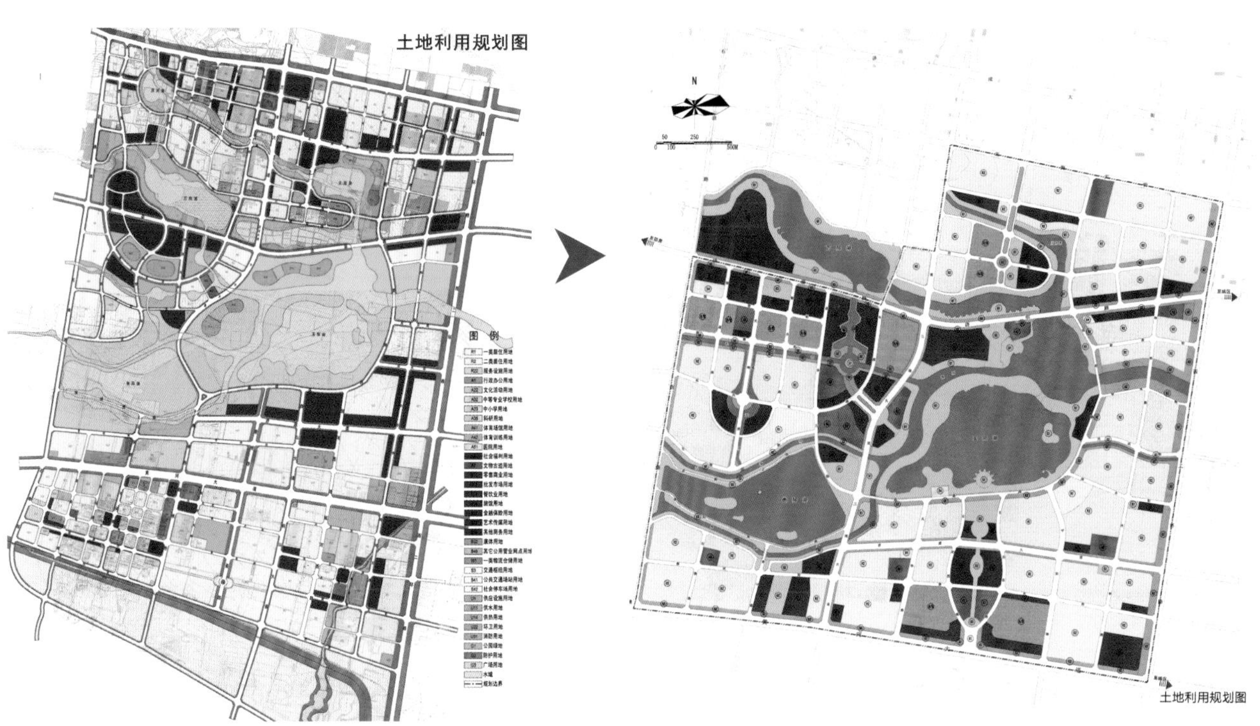
土地利用规划图
土地利用规划图

政区”的用地。本次城市设计将开发区管理中心用地与一条南北向的主景观轴线相结合，主轴、主湖、主景合在一起，引领整个片区。

3.5 景观设计：规划形成“指状渗透、点轴布局、群组相生、风貌和谐”的景观结构体系。为达到提升旅游的功能，设计了三湖十景和玉阳湖小六景。十大景点命名：万阳紫光、九龙菡秀、虹波长吟、三湖流翠、双塔映波、玉龙环碧、玉阳圣景、麻姑献寿、曲水仙岛、曲阳秋月。其中的双塔映波，是把玉阳湖泄洪道闸门设计为双塔状廊桥造型，是新区的一个新景点。

3.6 景观系统：建筑风貌、天际线、道路景观、植物景观、主导色彩设计、夜景照明设计统属于一个系统的规划设计。在方案效果的表现上，因为济源是四季分明的地区，效果图表现有春景、夏景、秋景、冬景，还有夜景，体现了规划的全面性。

2.21《临安市湍口风情小镇规划设计》（2014年）

一、创意要点

用"去丑美容"法塑造乡村园林，把最不起眼的荒芜杂地塑造为文化景观。

二、项目故事

该项目的导因是湍口有温泉，并且已经引资开发建造了一个四星级的温泉宾馆。但小镇的环境与宾馆反差强烈。临安区政府和宾馆企业都希望能对小镇加以改造，并且申请到了风情小镇的名号。中国画讲究"道法自然"，景观设计也以就地取材、因地制宜为上选。我一向认为，乡村的景观规划其实就是把不美的地方改造好，没有资金可以先用绿化予以遮盖，创意简单，花钱不多，施工方便，使其既美丽又显得自然。若能够增添一些文化内涵，那就更好。我们因地就势的"去丑美容"设计得到当地政府和专家的一致认可，方案也就中标了。

三、方案特色

本案的特色是因势利导的景观体系策划设计，把最不起眼的杂地废地，赋予文化内涵，塑造为乡村园林景观。总的创作主题是"四水涌泉、四季沐春"，形成"12348"的景观结构体系："1"是湍泉街改造为商业旅游风情街。"2"是湍口老街和芦荻街两条特色街。"3"是三处温泉，形成三种风格、三种文化、三类服务对象的温泉宾馆，"众安温泉"：高端商务，绿色度假；"芦荻温泉"：禅宗文化，中医疗养；"凤凰温泉"：大众消费，动感娱乐。"4"是四条绿道的建设：昌文绿道是连接湍口的县级绿道系统，桐山绿道、凉溪绿道、湍源绿道是湍口镇区扩展到周边八山和乡村的旅游健身游步道。"8"是湍口八景：温泉晨曲、七彩龙口、温泉之恋、湍泉万润、双桥临泉、湍口一览、众安天地、温泉流彩，也是体现"四水涌泉、四季沐春"文化主题的重要载体。

风情小镇也罢，美丽乡村也罢，其实新农村规划都离不开产业规划。本规划虽然没有产业规划要求，但我们还是把温泉产业进行了定位，除了三个温泉宾馆外，还规划了温泉农家乐，惠及普通百姓。为充分发挥温泉资源的优势，把湍口建设成为以泡浴特色为主题，集会议、休闲、度假、疗养于一体的综合性旅游区，规划对三个宾馆进行功能定位：

众安温泉：高端会务、绿色度假，采用"温泉养生 + 商务休闲 + 绿色度假"的高端模式，打造面向高端消费人群，以温泉为特色，餐饮、休闲、娱乐一体化的私密性商务会所。

芦荻温泉：禅宗文化、中医疗养，把温泉与禅宗文化、康复疗养结合起来，结合现代理疗手法的应用，把温泉的健康养生价值与日常的体检、医疗、诊断、康复、疗养、健身等一系列内容深度结合，打造温泉康复疗养基地。

凤凰温泉：大众消费、动感娱乐，体现"健康、放松、休闲"的理念，未来发展为集理疗、食疗、体育、保健以及美容于一体的度假保健中心。

四、实施与管理

两年来，通过对湍口八景和绿道系统的建设、村庄的整治，湍口已基本成为可游可居的美丽风情小镇。但是由于中间领导更换，思路也随之更改，方案修改较多，使得建设效果有点不系统、不协调，管理也没有完全跟上，最后小镇的风貌还是显得有些杂乱。作为规划者，颇有些无奈。

文化

2.22《铁岭国际生态养生居住城规划设计》（2014 年）

一、创意要点

用“华夏五岳、五湖四海”的意境景观体现全国性；以城市旅游来带动养老产业。

二、项目故事

这是一个很有意思的项目，是南方的一位开发商在东北开发的项目，其雄心勃勃，要打造全国性甚至国际性的生态养生养老居住区。我们北上铁岭县，看了现地，一望无际的麦田，绿油油的，煞是好看。铁岭县计划在此建设新的行政中心，并在县行政中心用地旁边建设一个生态养生养老居住区，面积达 6 平方公里。这个项目由一个公司来操作开发，请我们做规划，同时也请了一家英国的设计公司来竞标。一开始我们觉得有些悬，但在接触了县长及一些部门的领导后，又觉得有些靠谱了。他们要求有国际性、全国性、先进性、生态性，要打造中国首个规模最大、品质最好、功能最完备的休闲养生养老城，使之成为全国养生养老事业发展的示范性的生态居住城。我们顺势而为，干脆就把它作为一个城市旅游试点来规划设计。

三、创意设计

3.1 目标明确，收集资料，开始动手：在规划实践中，我们发现很多项目都是上位规划缺少城市设计的创意，因此在城市设计时必须要修改路网，才能够体现一些特色，否则很难营造有特色的景观。这个项目即需要调整一些路网，以保证主干路的顺畅接通；若是基本方向不改、内外节点不改，那么就将支路稍作修改，有意识地使其形成环路，同时在环路边布局一条 100 米宽的绿化景观带。通过规划调整，在“一心三翼”的城市规划结构中，本区有“两环多线”主次干道系统与主城区相连接。内环交通则设计有电瓶车公交线路，将每个功能区块连接起来，可游览城市公园的五大景点，丰富养老人群的休闲生活。道路名称，南北向的以山岳命名，东西向的以江海命名。县行政中心东为泰山大道，南为黄海大街，西为华山大道。黄河、泰山都是具有全国性的名称，体现了本项目的定位意识。

3.2 整体布局：规划从铁岭县“一心三翼”的规划结构出发。核心区是新的行政中心的综合建设区，东北翼是汽车零配件产业，东南翼是现代工业开发区，西翼是本项目的养生养老区——也是近期城市居住区发展的方向。

3.3 规划思路从整体出发，构筑“一环、二轴、三湖、八山”的大景观系统，东有太阳湖，西有月亮湖，南有蝴蝶湖，寓意“日月同辉、蝴蝶呈祥”；环线上布置浓缩“三山五岳”

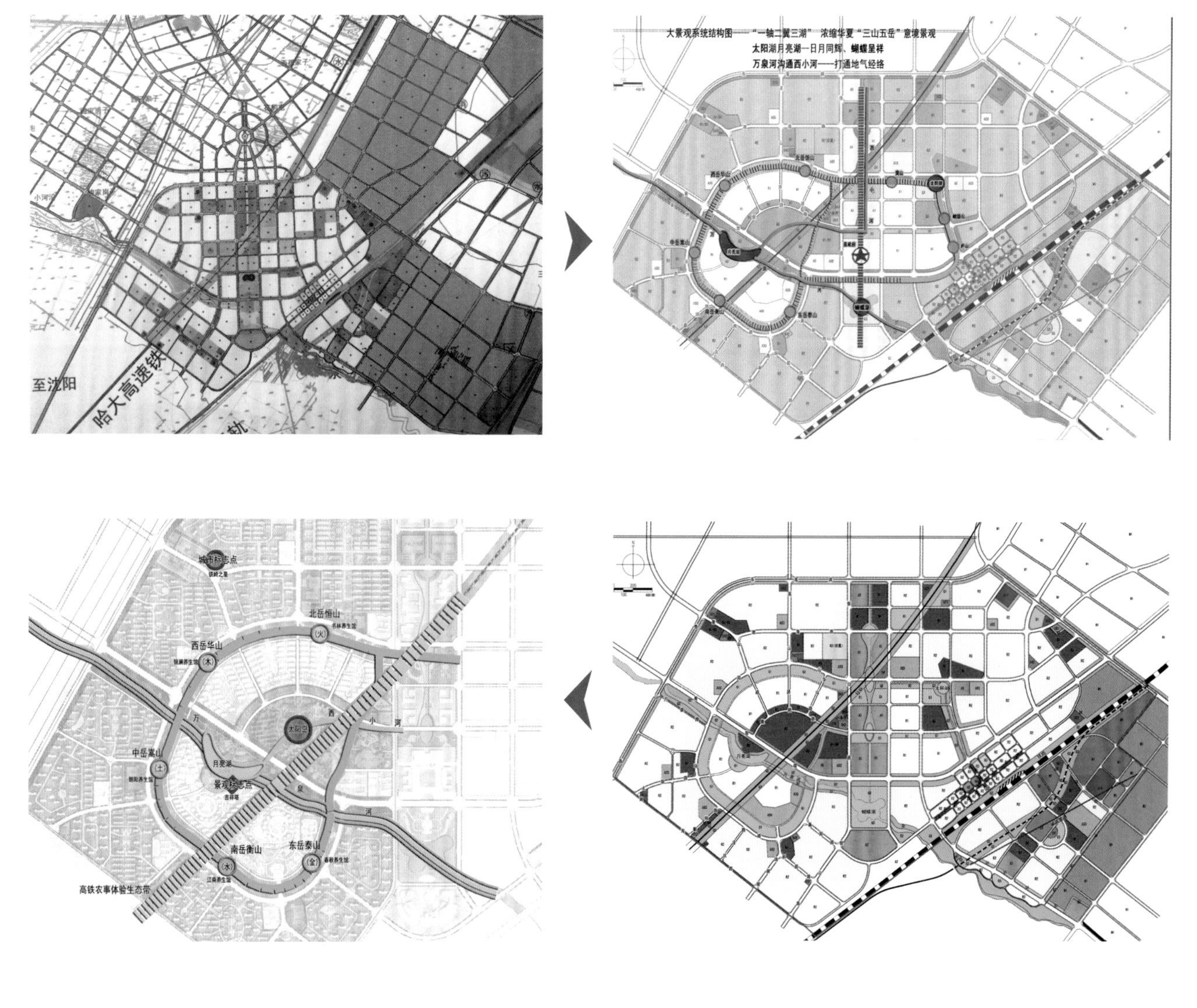

意境的 8 个景观节点。

3.4 为体现整体性，规划把县行政中心用地通盘考虑，强调行政中心功能的开放性，从南到北依次是文化娱乐中心、蝴蝶湖市民广场、县行政中心、县属行政单位、市民公园、老年大学等社会机构、县级商业中心、关怀医院等，以整体性思维引导城市发展。

3.5 景观旅游设施：规划结合县行政中心一线的公共景观轴，塑造三山五岳大景观带（包括五岳景观园）、万泉河景观带、农事体验生态带。沿线配建风格各异的养生会馆、热带雨林馆、婚庆广场、吉祥塔、温泉度假村、亲子乐园、农事体验耕耘乐、观光电动车站等，既能够为当地居民提供休闲服务，又能供外地游客参观游览。规划还建议在县行政中心北建设老年大学、国际老年研究中心、关怀医院等，为老龄化社会的到来预作准备。

新铁岭赋

为休闲今人游铁岭，为生计昔人闯关东；
三山五岳聚在城中，五湖四海皆在苑中；
中式欧式老年公寓，温泉度假宜居养老；
五行会所风格各异，三湖呈祥日月共辉。

春夏

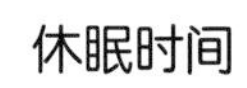

休眠时间

秋季

休闲时间

冬季

节日时间

2.23《浙江健康系统研究院环境概念设计》（2015年）

一、创意要点

“养生景观”的新概念：巧取中药之名命名环境；把“五脏、六腑、七径”开辟为健身路径，又按照中草药之药理进行绿化组合配置，营造养生环境，在此行走既可学到药理知识，又能得到药养的调理。

“养生景观”在此只是小试牛刀，若能够把此理念应用到规模较大的养生苑、中药庄园，也许会有很好的效果。如果再按风水原理，通过山丘、湖水、河流、树林与中药路径融合，则可营造一处“天人合一”的养生天地。提升“养生景观”的新概念，也许会成为养生时尚的新风暴。

二、项目故事

这是一个意向性比较明确的项目，一个中西医养生研究机构选中了西溪24#、25#基地，计划建设浙江省华夏健康系统工程研究院。其有四个目标：(1)提升国民生命质量；(2)建立中西结合的现代养生理论；（3）宣传健康养生理念；（4）致力于研究健康人士的交流沟通。目标如此远大的一个健康养生研究院，让我们来规划一个户外环境，设计出一个能够行走数公里的健身环境方案，就不能只是普通环境设计而已，它应该是一个科学的养生文化园。

人类总是不断地寻求各种方法，以让自己更健康、更长寿。常人道：佛家养心，道家养生，中医治病。无论中西医，无论官员学者还是民间人士，都在通过不同的途径探索人类健康的奥秘，这就需要一个平台来交流，共同面对人类的疑难杂症。华夏健康系统工程研究院的目的就是为医学界和养生界人士搭建交流平台，其环境设计以道家文化为灵魂，中医草药为载体，集山水之精华，道法自然，集学、养、治、休、补于一体。在现代生活的紧张节奏中，不少人都将养生之道等同于养生之术，其实这两者是完全不同的。中医将养生的理论称为“养生之道”，而将养生的办法称为“养生之术”。养生之道，基本概括了几千年来医药、饮食、宗教、民俗、武术、心理学等养生文化理念。而养生之术，通常指太极拳、五禽戏、易筋经、八段锦等拳术及各种气功和武术运动，以此来炼形、炼气、炼意，使身体形神皆具。不过对于本项目规划来说，则要因地制宜，将传统的养生之道与养生之术结合起来、呈现出来。

三、营造养生文化环境

环境形态，心理构想：任何一个环境都有生命，无不以生命的形态存在，所以保护自然、呵护自然，因势利导，就是对环境的提升和绝佳利用。西溪湿地的河网、池塘如同人体的五脏六腑，规划用地可视作一个生命体。

“一堤”——百寿堤养生文化走廊。基地北面小径是基地内养生健步的最大环线，路面将镌刻百位书法家写的“寿”字，与福堤的百个“福”字遥相呼应。路边设置道家名人、中医名家的雕像和养生语录，使之成为一条养生文化长廊，可让人受到道家养生理论的启发。

“二岛”——太极养生岛、水北运动岛。通过对基地的合理规划，在25号楼东面小岛设置太极馆，掩映在树丛中。建筑面积约100平方米，采用玻璃钢结构，内设蒸药炉，微火烘焙养生中药材，因人而异开具药方，通过吸闻得以调养。小岛南侧临水设置八卦形亲水平台。基地最北有一孤岛，建议筑拱桥予以连通，命其名为“水北运动岛”，岛上建网球场、小木屋等，小木屋内设器材室、休息室、盥洗室、会客室等，共150平方米。两岛一静一动，以实现动静相宜、阴阳调和的健康功能。

“四口”——春阳紫苏、夏露佛手、秋葵薄荷、冬菱银花。休闲步行系统形成“纲举目张”的网络系统，均与百寿堤连接。北区段纲目交接，路口相似，难以区别，不妨在四个路口上置石刻文，涵春夏秋冬之意，且每处都有两个中药名组合：春阳－紫苏、夏露－佛手、秋葵－薄荷、冬菱－银花。时意、诗意、中医，相得益彰。

“五台”——四季和风、惠风和畅、绿谷丹心、水木合和、阴阳双修。路成网、通经络，于是在基地内部设置多处休息静养平台，且都视野开阔，利于身心放松。

“七径”——七条中草药养生路径。基地滨水路成网络状，按中医调养七情（喜、怒、忧、思、悲、恐、惊）分为七径。补气径：种植茯苓、人参、党参、黄芪等；补血径：种植当归、熟地、桑葚子；温阳径：种植茱萸、桂枝、丹参、甘草、赤芍药等；活血径：种植薄荷、风草、蛋子草等；化痰径：种植半夏、甘草、麻黄、枇杷等；清热径：种植银花、黄芩、板蓝根、野菊花等；泻下径：种植甘遂、芫花、巴豆、牵牛子等。身行其间，闻其气、吸其味，调养身心。

“十一墩”——步行系统。如同人体的动静脉，与身体的五脏六腑相关联。五脏：心、肺、脾、肝、肾；六腑：大肠、小肠、胃、胆、膀胱、三焦。在其交接处（穴位），放置一石一墩来调和七情，平衡阴阳；从环境角度言，又是点石成标，刻书载文，引示路径，激发体结，让人体与自然气息相通，生性、身性、心性三性和谐，达到养生的最高境界。

2.24《永康市里麻车村村庄建设规划》（2016 年）

一、创意要点

巧妙地把村街设计为影视街，建设独具魅力的美丽乡村。

二、项目故事

这是一个村庄的建设吗？简直就是一个影视基地。是的，就是一个影视美丽乡村。这里是永康市龙山镇、西溪镇一带，与东阳横店影视城有较大的联系，有许多影视外景基地。里麻车村借村庄改造之机，结合老街建成了一段影视街，是很好的创意。所以，规划定位以新农村为基础，在满足村民建房和居住需求的前提下，充分挖掘历史文化和村庄特色，营造影视风貌，突出养生养老产业，发展特色旅游，使之成为新时代新类型的美丽乡村。

三、创意设计

影视基地风格多样，建议按照民国时期上海周边许多俗称“小上海”的江南富裕小镇仿造，如嘉定、松江、同里、南浔、周庄、湖州、海宁等。利用农民安置房做影视街，有些难度，因此设计中把户型进深加长到 14 米，前 4 米空间立面做出老街特色，通过巧妙组合，达到可拍影视的效果。影视街以外的村路住房结合绿化洁化来整治，如在街头绿地展示影视文化小品，把所有花坛护墙都做成胶卷形状，这样活脱脱的一个影视乡村就展现出来了。

是村街也是影视街

《永康里麻车影视乡村规划构想》

横店影视好莱坞，乡村影视里麻车，城东石塔映溪塘，古桥古树村南头，
古朴老街展民俗，铁匠木匠行行有，民国风貌影视街，宜居宜业宜文游，
贾氏祠堂园林幽，土房石屋君怀旧，影视苑中故事会，农业果园群山秀，
松涛清溪养老居，村庄村街换新颜，文化不丢生态优，影视乡村一日走！

祥福里
茶

2.25《济宁革命烈士纪念园（陵园）规划设计方案》（2018 年）

一、创意要点

把枪林弹雨，千疮百孔，先烈英魂的抽象概念变为可视的文化体验。

二、项目故事

随着城市的发展，该项目的位置已处于比较繁华的市中心地段，作为烈士陵园的功能比较尴尬。有识之士提出，如果烈士陵园和休闲功能能够统一起来，也是一个好的办法。对此需要在规划设计上作些创新，以让人体会到历史沧桑感、先烈的悲壮感，从中得到感悟和启迪。

三、创意设计

3.1 通过皮影艺术把枪林弹雨、千疮百孔的战争场景表现在门洞、墙体上；广场灯采用导弹造型，寓意今天的和平是我们后人以现代化的国防长城来保卫，所以是对先烈的最好祭祀；以图章篆刻、祭文书法墙来点缀纪念主题，发挥传统文化的魅力。

3.2 从主体建筑墙面“千疮百孔”的肌理、战争场面的图影，可以想象出革命历史中枪林弹雨、血雨风腥的场景。稳重方正的造型——敬仰英雄；千疮百孔的肌理——不忘苦难；凝血般的红色——血染的风采。

3.3 导弹形的广场灯和橄榄枝花圈的组合长廊，强化了空间的纵深感，以激发对革命先烈的敬仰之情。纵深的空间布局，让主体建筑中间的门洞产生风洞效果，更加让人联想到战争风云岁月的艰苦，提醒人们珍惜今日的和平与繁荣。

四、规划布局

吸取孔庙的进深节奏感、孔府的文化精致感、孔林的神秘幽深感，融入到我们的规划设计中，做到处处有讲法，只有创新的文化造型，随着时间的推移才会有沉淀的故事。从广场入口、瞻仰长廊、星火台、成人宣誓广场、纪念碑到主体建筑，形成从南至北地形依次抬高，瞻仰心理逐步加强的轴线；以“铭、殇、缅、思”四个大图章点缀中轴线两翼四个园的主题——烈士陵园、抗战殇忆、红军之缅、和平之思，把纪念文化恰如其分地浓缩于场景之中。

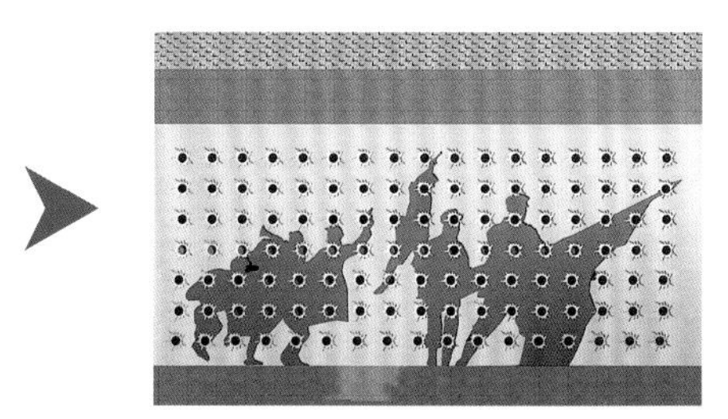

五、功能拓展

5.1 在纪念碑与星火台之间规划一处成人宣誓广场，在烈士陵园举行成人宣誓仪式，具有很好的教育意义。

5.2 烈士纪念主馆东侧设置一个廉政宣誓堂，分期分批组织干部瞻仰烈士事迹后，在此进行廉政宣誓，作为济宁廉政教育常态化活动。

5.3 在南大门东西两侧设置两个街头休闲小公园，并且把公园场地抬高，做半地下停车库，使得陵园门口无车可见，体现陵园的严肃性。

5.4 在英烈展示馆中注入现代科技元素，有立体电影，VR 体验战火纷飞的场景，还有战争游戏馆等，让市民在寓教于乐中，增强爱国热情、民族自信心。

2.26《宁海航空小镇规划概念提升方案》（2017 年）

一、创意要点

设计标志性景观"航空湖"，并且以此为中心往两翼发展，聚散为整。

二、项目故事

一看到宁海航空小镇的概念规划方案，就觉得两边的两个功能区不呼应，体现不了航空小镇的整体气氛。既然是航空小镇，就要找出航空的文化特色。我们的调整方案，是利用中部湿地开挖一个"航空湖"，湖中垒一个飞机形状的"航空岛"，开发旅游、娱乐、度假等功能。作为航空小镇，最宜从天上俯瞰其大地景观，"航空岛"给飞行人员增添了一个标志性的导向景物。东面的飞机跑道和西面的河道又是两翼的轴线，使得东西两头在功能上和视觉上可以充分联系起来。一岛 + 两翼的设计，使得该旅游产品具有标志性、唯一性、独特性。同时，路网的调整也有利于分期开发，有利于航空小镇潜在功能的进一步实现。

一期开发项目

序号	项目名称	用地面积		注解
1	小镇客厅	11.499	172亩	
2	华中科技大学（宁波）航空航天学院 宁波国际通用航空职业技术学院	54.327	815亩	[illegible]
3	华中师大附属中学	13.526	203亩	[illegible]
4	华中师范大学教学院	6.125	92亩	
5	一期机场	49.156	737亩	[illegible]
6	RUSS旋翼机 无人机	5.169	78亩	
7	机器人智能激光打磨装备制造项目	4.753	71亩	
8	镍合金产品项目	16.757	252亩	
9	三阳集团项目	11.694	175亩	[illegible]
10	航空贸易4S企业	5.757	86亩	
11	航空会展中心	7.692	115亩	
12	游艇俱乐部	11.104	166亩	
13	航空俱乐部	2.051	31亩	
14	企业会所	4.714	71亩	
15	房地产地块	15.616	234亩	[illegible]
16	商业配套	5.003	75亩	
17	综合医院	7.506	113亩	
18	行政管理服务	5.961	89亩	
19	冰立方	13.306	200亩	[illegible]
20	飞行培训基地	10.164	152亩	[illegible]
21	国际会议中心	5.718	86亩	[illegible]
22	中心公园	1.20	18亩	
23	飞行岛	13.071	[illegible]	[illegible]
24	航空湖（湿地） [illegible]	土地租赁		[illegible]
	合计	282.87	4257亩	[illegible]

二期 居住用地 71.65Ha 工业用地 132.8Ha 机场用地 [illegible]
二期合计用地 273.02 Ha

2.27《包头小白河旅游规划概念提升方案》（2018 年）

一、创意要点

切合时代热点，设计“黄河谣、中国梦”主题公园；开发浓缩“一带一路”文化的旅游景观带。

二、项目故事

一看到包头小白河文化旅游产业园区的规划方案，就觉得路网密度不够，交通有问题，同时缺少核心景观，环湖景观利用不够。黄河是中国的母亲河，本项目设计为一个“黄河谣、中国梦”主题公园，非常合适。方案以微缩中国地图为广场，立 56 个民族图腾，中间竖立中国梦标志柱，周边设计旱喷。

再是围绕广场布置环路，穿插 3 个主题文化场地：和谐社会、和谐社区、和谐家庭。以广场为中心，强调南北中轴线，从北至南是入口景观、景观商业广场、“一带一路”展示馆、爱情广场、中国梦主题公园、黄河水车摩天轮、小白河、黄河。这些带有主题的景观给产业园区提升了休闲观光的效果，助益了包头城市旅游和城市经济的发展。

2.28《西安 HY 柳泉湾旅游综合体概念性规划方案》（2018 年）

一、创意要点

挖掘“秦岭是太阳和月亮居住之地”这一文化，以及当地的“泉”文化、西安标志“大雁塔”文化，再融入现代的互联网文化。

二、项目故事

这是一家西安的房地产公司想开发的工程项目，但这家公司却想打个“擦边球”，开发一些别墅区。我们马上提醒他们，此做法违背中央的政策。果然到了 2018 年 7 月，在政府的严格监管下，秦岭有上千栋违建别墅被拆除。于是公司问我们，能不能真正从旅游角度做出一个可以长效运营的方案？我们提出，通过挖掘地方文化和地方资源，与西安的旅游市场错位发展，注重当地市民的休闲旅游需求，建设轻开发，文化大开发，可以实现旅游时尚化的效果。具体的规划思路，一是开展乡村空间评估活动，激活资源和潜力，引入工商、金融、国有和民营资本，采取出租、合作、合资、合股等方式，让闲置农房成为可租赁、交易的市场资源，让更多的艺术家、返乡创业者、城市退休人员、高校师生等怀有乡愁的人带着城市资源要素来到乡村，推动产业发展和乡村振兴。二是推动农业与旅游、教育、大健康等新兴业态深度融合，提升生活空间，打造规模适度、设施完善、生活便利、生态环保、管理高效的新型农村社区，将乡村改造为适合现代生活居住的乐活乡村。三是通过规划创意，迎合当地城市市民的休闲心态，设计农业大地景观，建设原汁原味的乡村休闲大公园，活化山区里的传统村落，建设村落景区，让乡村承担起西安旅游新空间的功能。

三、规划创意

这是一个农业主题的旅游综合体，与许多项目一样，遇到建设用地的限制。其出路，一是整合散乱的山村，腾出一些建设用地；二是靠文化创意，挖掘地方文化。地方文化不单单是地方传统民俗、地方名人，一个地名、一座山，也是地方文化。秦岭山麓的柳泉湾，一个“泉”，在太平时代，可以是幸福之泉、日月泉、中华泉；一座“山”，秦岭是太阳和月亮居住之地，引领三山五岳。HY 区又是西安的一个区，融入大西安的文化也是理所当然。由此策划生态型的八大景观：（1）华夏乾坤——中国 83 个王朝，408 位皇帝轨迹展示馆；（2）科海春秋——在入口处东部设计一片陕西院士林；（3）绵绣中华——种植全国 34 个省级城市市花的景观走廊；（4）幸福柳泉——塑造中华泉、HY 四泉、12 生肖喷泉景观，辅以草坪＋人工沙滩，成为婚纱摄影基地；（5）雁塔时空——把西安最有特征的大雁塔与象征互联网的剪影构架设计到轨道式魔天轮上，成为网红景观；（6）日月神泉——利用一处杂地，塑造有秦岭日月神主题的叠泉景观；（7）HY 秦味——把旅游线上的一个村庄改造为旅游配套商业街；（8）秦眼论道——开辟神秘天坑，形似眼睛，一睁一闭，令人遐想，成为旅游线最高点的收尾景观。

日月神泉

雁塔时空

秦眼论道
鄠邑秦味
日月神泉
雁塔时空
幸福柳泉
锦绣中华
科海春秋
华夏乾坤

2.29《四川筠连县川南茶海综合体规划设计》（2018 年）

一、创意要点

特色来自地方文化，把当地的背篓和茶叶形态提炼后，设计为度假设施和旅游景观。

二、项目故事

这个方案最大的特色是找到了创作基因：背篓和茶叶。我们用四川山区背篓和茶叶的形态作为设计元素，以意象的背篓建筑作为茶园里的度假设施和旅游服务中心；茶叶造型的度假客房如一棵棵小树直立在绿色茶园里，充分体现了地方文化和茶文化。在这里度假，心情犹如梦一般飞翔在绿色茶海之上。

三、创意设计

3.1 在茶海里选择一处茶园，种植心形茶田，其茶苗可以从浙江省茶叶研究所引进太空茶，再把茶园边的杂地变花海，并开发热气球项目，使其成为一个婚庆婚纱摄影的好基地。

3.2 巡司镇银星村桃园有一定的农家乐基础，但缺少一个亮点。规划创意设计一处太阳谷大地景观，具体是在村头湿地里开挖出一个圆形水池，在池中央设置太阳神雕塑和四季图腾。太阳池周边放射状地种上桃花，像太阳的光束一样，往四周放射。

3.3 据报道，我国 2025 年将在成都上空发射一个人造月亮，代替夜间照明。受此科技新闻启发，我们先在茶田山顶安装荧光膜气球，晚上发光，产生奇景，引人眼目。

2.30《丽水四都半岛康养小镇概念性规划设计》（2018 年）

一、创意要点

1.1 站在政府角度，通过以地换房、以房换人，达成城市进一步发展的目标；

1.2 以直升机为交通枢纽，形成民宿联盟，把分散在丽水各地的民宿联系在一起，打出丽水民宿品牌；

1.3 筑坝围湖，创意“佛手湖”景观，把“丽水 1 号”打造成项目的核心产品。

二、项目故事

这个项目的缘起，是一个地产公司（带设计团队）前来咨询我，当时项目的用地还没有拿到，需要一个有相当水平的方案去谈判。这个项目对我们来说，是难、也不难。地块规模不小，约有 4 平方公里，事实上它不是一个项目，而是一片城市，需要有城市经营、经营城市的理念。

三、创意设计

3.1 改造环境，提升土地价值（城市经营）

总量控制，降低平地开发强度；缩小房产，提高康养度假产业；引水上山，优化景观深度开发；提升价值，提高产品开发档次。在保持建设用地不变的基础上，在平地区域增加 50 公顷水域生态用地，开发旅游、康养、度假产业。山区造一个水库，刚好水面状如佛手，命名为“佛手湖”。从而提高环境档次，优化环境质量。湖边用地开发房产或度假产品，将“丽水 1 号”度假功能区设计为“秀山丽水，养生福地”的标志性品牌。

3.2 设立民宿联盟基地（经营城市）

在此建立丽水生态民宿联盟，设置直升机停机坪，通过航空和互联网把丽水所有的民宿都联系起来。以此地为起点，可以今日住云和民宿、观云和梯田，他日住松阳民宿、骑行茶园绿道……

3.3 以地换房，以房引才，以房留人（经营城市）

造城就得引人，建议政府不采取以往一次性土地买卖的做法，而是用部分土地款以比较优惠的价格，回购 100 套度假别墅，奖励给高端投资人（如投资 10 亿元以上者）；1000 套公寓，作为人才公寓，引进精英人才；10000 套经济型蓝领公寓；另外，在安置区设计有出租房的户型，留住 10000 名工人。

3.4 打造小镇客厅特色，开发城市旅游（经营城市）

把有水系条件的房子设计为“两栖”住宅，家家配置游艇。天湖度假区的水上表演、婚庆城、婚庆用品一条街、游艇俱乐部等与大水面有机渗透。儿童综合体与丽水冒险岛错位发展，建设为学习未来科技、艺术、技能的智慧岛。把江边的防洪堤建设为文化休闲带，设置爱情堤、小火车、石雕灯柱、环保雕塑等，让少年儿童发挥艺术创造力。总之，通过文化业态的种种创意，提升城市空间价值。

J 建筑设计方案创意 4 例

J-01《长兴太湖博物馆概念设计》（2015 年）

当年浙江省人大代表中心组在长兴县视察时，得知长兴拟建一个太湖博物馆，县领导说我也可以出个方案，供他们参考。我认为，作为一个地方具有标志性意义的文化场所，必须能够反映出多重的文化内涵，建筑本身最好是标志性的旅游景观，体现城市经营的理念，同时还应该是低碳建筑。临近的湖州月亮湾喜来登酒店具有强烈的标志性，其设计思路值得参考和借鉴。

◆长兴有什么？太湖、贡茶、金钉子、青山、绿水。

◆太湖有什么？湖水、波浪、帆船、鱼类、珍珠、飞鸟、水生植物。

◆太湖岸边有什么标志性建筑？湖州喜来登酒店、无锡太湖广场、无锡蠡湖之光、苏州东方之门。

由此，采用帆形、叶形、蚌形、珠形、飞翔、地壳运动等元素，勾勒出有机、生态、动态、均衡、新技术结合的建筑形象。尽管目前的方案还不是很完美，但是在设计上设法让建筑的审美功能发挥出更大的价值，是设计师应有的社会职责。

通过无边游泳池的原理，让馆边池水与湖水在视线上连接在一起。

2014 年 整体改造方案

2021 年 分期改造方案

J-02《杭州士兰微总部新大楼设计方案》（2014—2021 年）

六年前，建设单位为这个项目该整体开发（需要与人合作）还是分期开发（影响整体性）犹豫不决。后来经济形势发生了变化，决定自己分期开发。由于分期开发要保留一些现存的建筑，这使得一期、二期的空间关联性较难处理，于是我们采用科学的城市设计手法，强化了项目与城市之间的有机联系，肯定了总体形态。在总体设计中，采用工业造型、芯片、集成电路等图案来设计室外环境和建筑立面，以反映企业的核心文化，塑造电子数字科技园的氛围。并通过一条与杭州主风向一致的“斜轴”来组合空间，使得城市道路、街头绿地、建筑内院绿地十分和谐地贯串起来，找到了方案深化设计的最合理途径。

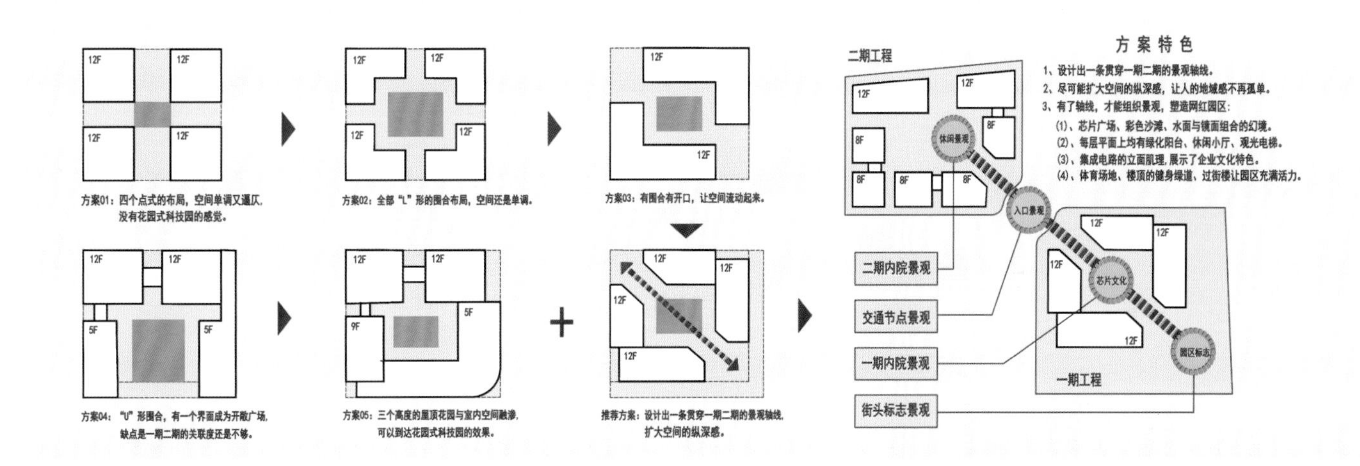

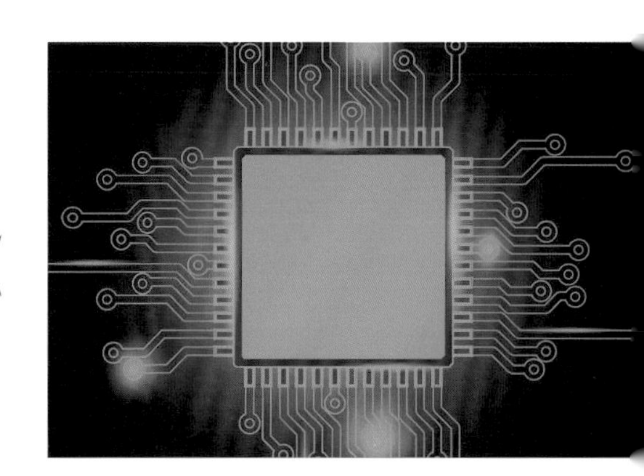

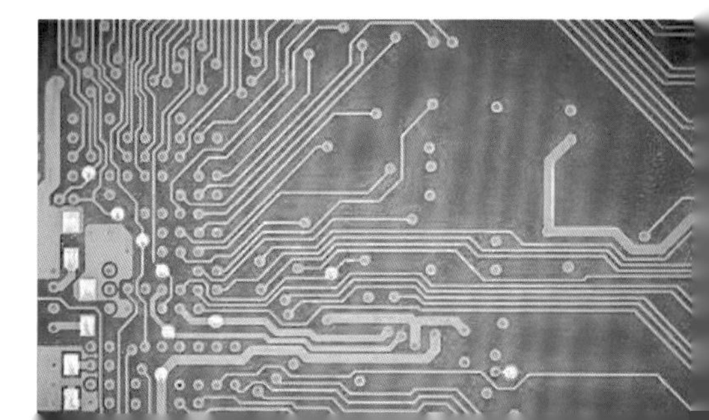

方案A

方案B

J-03《T 县法律文化馆设计方案》（2019 年）

该工程选址在市民广场的一角。在这么敏感的地方，设计一个精神文化场所，有一定的难度，既要让大多数人能够接受，又要有引领未来的概念，不容易兼顾。我们先是做了四个不同类型的方案，供甲方挑选，结果大部分人赞赏 C 方案。在此基础上，我们从思想上、立意上加以改进，从时空上来提升设计的概念。我们认为，法庭是庄严的，但法律文化馆应该亲民，气氛也不能太凝重。法律是治国的根本，澄清事实的法宝；不忘初心，牢记使命，又是我们的使命。这些能否体现到环境之中？最后的设计方案，是在架空层上做蓝色磨砂玻璃饰面吊顶，表示朗朗青天，寓意公平法治；东南角立柱底做一处涌泉，刻上“不忘初心”四字；最中心的一根柱子，上有火把或火炬造型的灯箱，底下有休息椅，游人静坐沉思，时时“牢记使命”；四个立面上均有一块蓝色竖线条 + 水泡泡造型墙，寓意清泉清水、澄清事实的法律本义。另外，把所需功能与空间设计巧妙地组合在一起，使空间妙趣横生。小项目、大立意，“不忘初心，牢记使命”的政治语言，也可以创作为环境语言。

方案C

方案D

J-04《H 县越剧艺术馆设计方案》（2021 年）

该越剧艺术馆选址在 H 县新区溪水公园景观带中的一个节点上，也是为城市增加文化品位而规划的一个小型文化建筑。内设越剧名家工作室、戏曲培训教室及交流空间等。没有固定的面积要求，但希望有开放式的优美舞台，使之成为戏曲爱好者的网红打卡点。

设计从古时戏曲音乐行云流水、不绝如缕、余音绕梁的意境出发，以越剧代表作《梁祝》化蝶为文化基因，构建流水动态形的立面，或者是音乐键盘与码头墙的组合意象。仿似余音绕梁的构件，与动态蝴蝶状的水池浑然一体。整体造型又可以用破茧化蝶的思路进行再创作。戏台屋顶则以一组红色斗拱表示承接传统文脉。总体设计构成如优美的舞姿，体现出越剧文化的内涵。叠水喷泉与灯光的设置则进一步增加演出的气氛。

提炼

创作

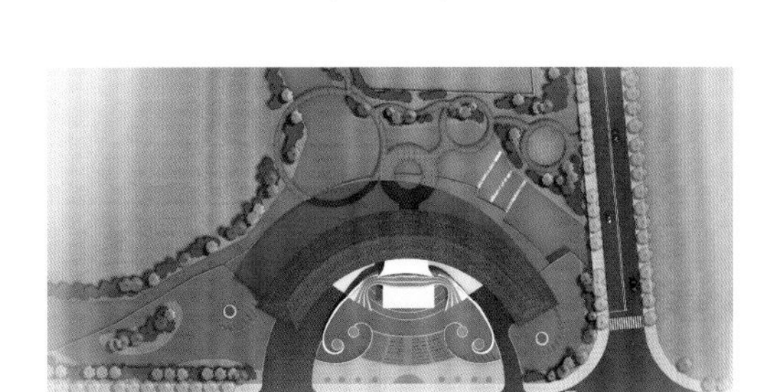

再创作

建筑是凝固的音乐，环境是固化的戏曲。设计师的追求就是让抽象的语言变为可视的形态，用无声的语言，给人讲述一个个文化故事。

A 说说未来乡村之点滴

一、今日乡村，喜忧参半

自从党的十九大提出乡村振兴战略以来，美丽乡村建设已是一部鸿篇巨制。放眼今日中国之乡村，凡有较好的产业、规划良好的村庄，都发展得比较好。近十年浙江的美丽乡村建设如火如荼，经济、社会、生态同步发展，人民的生活正变得越来越美好。但是仍有一些村庄，产业定位不准、规划创意欠佳，一直没有发展起来。然而这个问题还真不是我们规划师一时能够解决的，还需要从中央到地方，从制度到市场，从规划到创意来共同探索。乡村之美，从根本上来说，美在自然，美在可持续发展。但是，在讲政绩，树样板，拼速度的今日，总有一些急功近利的规划设想，不可避免地给乡村建设带来破坏性的“美容”。典型的做法有：（1）生搬硬套，把城市搬到乡村去。如滥建亭台楼阁、牌坊假山。（2）千篇一律，把徽派进行到底。一提到村庄改造，就是粉墙黛瓦；四层五层的房子，硬加马头墙；不古不今，比例不协调。（3）不接地气，花海湿地到处克隆。乡村规划设计力量投入比较弱，不顾产业发展，此花海彼湿地，养护成本高，回收成本难，农村经济靠资金输血维持。（4）移花接木，破坏乡村园林。历史上也没有出过什么名人，却无端建造牌坊、楼阁、仿古街，缺少文化底蕴。（5）画蛇添足，遮盖乡土味。墙上壁画过多，许多内容没有主题；溪流、沟渠、驳岸过度硬化，自然的泥土房、卵石路、草坡河滩消失殆尽。

二、乡村园林，找回乡愁

乡村要有王维“人闲桂花落，夜静春山空”的山水诗意，才会吸引人去看，去住，成为城市人休闲旅游的目的地。诗意存在于真实原始的大自然乡村之中。我们要提倡乡村园林的概念，就是不要在“宾馆门前摆粥摊”，而是要“贫家多扫地，贫女勤梳头”。修复祠堂、老街、石板路，保护古树、山丘、树林、湿地、溪流、……这些自然景观要素，其实就是乡村园林。陈从周先生在讲到苏州园林时云，“虽由人作，宛自天开”，西湖景观“虽是天开，酷似人作”，就是崇尚自然美。现代工业往乡村发展，环境污染，建设性破坏日趋严重，把乡村变得不伦不类。我们的目标就是要努力修复被破坏的乡村自然环境，再提升其文化内涵和艺术氛围，让现代人找回渐渐远去的乡愁之梦。乡愁，乃人心灵之皈依、精神之归宿。

三、一村一品，创意乡村

振兴乡村要攥住“一村一品”，还要寻找“一乡一业”。乡村规划要提倡尊重自然，因地制宜，通过挖掘地方文化，发挥地方特色，延长产业链。关键是要通过创意策划找到可持续发展的动力源，达到景美、业美、人美的三美目标。创

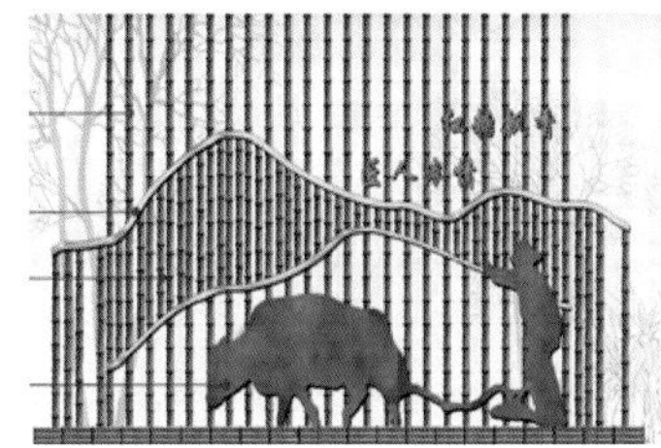

意乡村，无穷无尽，有法可依，无式可仿。我讲几点体会，供大家参考。

3.1 精心策划，塑造村口文化。村口往往是激起旅游兴趣的引子，其景观要反映村镇的文化和产业特征。如雨伞产业村用雨伞造型做凉亭，稻谷之乡用稻草人讲故事，篮球之乡用“篮球”垒村头小品，毛笔之乡用“笔头”做喷泉，高山蔬菜之乡用“大白菜”做雕塑，竹编之乡用“大竹网”做造型，红色之乡把红色故事做成皮影墙，柑橘之乡用“柑橘娃”做形象，红糖之乡用“甘蔗”形象做灯杆垒小品，酒村用“酒缸”做花池，名人之乡用名人的雕塑和他的诗词格言的意境塑造环境。总之得挖掘其历史文化、地方特产，提炼糅合，符号再生，形成环境文化基因，创造一村一品的景观，作为乡村旅游的文化引子。人未进村，便知该村文化特色。

3.2 整合梳理，发挥民族特色。中国有 56 个民族，浙江少数民族就达 53 个（仅缺德昂族和保安族），少数民族人口总数达 40 余万人。浙南地区的景宁畲族自治县是全国唯一的畲族自治县。每个民族都有独特的民俗文化，有特色村居、生产生活、嫁娶婚丧、节庆活动和音乐舞蹈等，可通过民族性设计和专业团队的组织广场排演，呈现为一个个民族风情的旅游乡村。

3.3 深度挖掘，开发历史遗迹。近代中国屡次遭受战争的创伤，乡村不少有特色的遗址、传统建筑和文物遭到了劫掠或破坏。乡村旅游可以充分利用侥幸尚存的古迹，也可对以前遭到破坏的进行修复，来发展复古怀旧的乡村旅游。例如余杭山沟沟的新四军被服厂遗址、舟山双屿港抗倭遗址等。恢复开发历史遗迹可极大地吸引具有怀旧情感的老人或对历史感兴趣的大学生、学者等进行乡村旅游与探索。

3.4 传承发扬，彰显历史特征。祖国大地，山川钟灵，蕴藏着深厚的文化内涵。浙江省已经收录的历史文化名镇有 27 个，名村有 44 个，例如富阳的龙门镇、建德的新叶村。它们得到了法律的保护和政府的补助，开发中充分发挥历史人物和民俗风情的特色，沿袭传统的风土人情、农耕文化和乡土文化，有了一定的旅游市场。但是，传统不都是白墙黛瓦、祠堂故居，同质化的仿效必然很乏味。最关键的是能否通过创意思考，把传统元素发酵为新景观，把非遗保留起来，把工艺传承下去，在古街小巷里存活，使之成为特色的乡村旅游产品。

3.5 因地制宜，发挥地理风貌特征。中国地域辽阔，乡村旅游资源千差万别。浙江省就有山区、丘陵、平原、湖泊、溪流、海岛等不同地形地貌，如绍兴的江南水乡、西部山区山村、杭嘉湖平原纵横的河网。还可利用村的形状做文章，如太极状、虎形牛状、龟形鱼状等，可打造太极村、龙虎村、太阳谷、月亮湾等。

3.6 因势利导，发挥产业特长。乡村有农林牧副渔，特色加工业比较好的，成为政府鼓励扶持的特色小镇。农林牧副渔通过重新组织，游客看得到摸得着。鼓励村民开办乡村旅社，外形可采用乡土的茅屋石材，别具一格。并且提供特色交通，马车、牛车、人力车均可。引导游客去指定的菜地、园地或鱼塘里种植、养殖，获取新鲜食材，自烹自尝。传教游客翻土耕种、禾田插秧、锄草施肥、放牧挤奶、割稻采摘、农机体验、科技农业操作等，让游客置身于草地、果园和成群的牛羊中，体验当地的乡村慢生活。

3.7 没有特色，创造新特色；失去特色，再创新特色。许多乡村没有很明显的特色，可以空穴来风，注入产业，改造新风格。例如当地政府通过分析市场，拾遗补缺，开发新品种果树，果园里养鸡养鹅，把家禽包装为“诗鹅”“凤凰鸡”“幸福鸭”等。

总之，美丽乡村的发展离不开特色产业，在此基础上再加上独到的景观创意。规划时一定要厘清概念、准确定位，切忌徒有其表，照猫画虎，雷同发展，失去特色。

自然的田野、树林、草墩、湿地、溪流、池塘、河湖……都是乡村园林

乡村道路要疏林开敞，看得到田野、村庄、山丘，具有王维的山水诗意

植物迷宫、开心牧场、果园采摘、农机体验、古村风物……都是乡村迪士尼

乡村的浪漫不仅仅是花海，还有稻草人、竹木亭、彩色植物、农活体验等

带着乡愁的，亲近自然的，独具创意的民宿会是乡村吸引城市人的重要亮点

四、激活乡村，走向未来

4.1 评估乡村，整合资源

乡村要发展，先要展开评估，整合乡村空间，激活资源，通过三权分离的经营之路，引导乡村发展。我们把村庄划分为三种：一是有活力、有资源、产业强的富裕村庄；二是有一定资源、活力不足的发展中村庄；三是缺少发展要素的衰退型村庄，根据村庄实际明确战略与优化标准。分别制定乡村发展的重点和时序，合理迁并衰退型村庄，加大农居点集约化建设，缩减粗放型建设用地，让乡村空间发挥更大的作用。

4.2 创新概念，激活乡村

旅游乡村：今后的乡村要成为城市发展功能互补的空间载体，其也是魅力中国的重要组成部分，甚至可承载国际旅游休闲功能。建设原汁原味的乡村休闲公园，使之成为国家大公园的组成部分。活化山区、平原、海岛的传统村落，建设新概念的村落风景区，让更多的乡村承担未来休闲养老和旅游度假的功能。

联盟乡村：我国乡村数量众多，同一地区的资源差别不大，一时找不到一村一品，或者可开发内容不多，则可建设区域乡村旅游品牌，通过联盟改变低小散推销困难的劣势，通过组织旅游精品线，与风景区连线、互联网联盟、旅游交通联盟（例如可以通过空中直升机把山顶民宿联系在一起）。还可以搞品牌联盟，例如可以共同打造黄山民宿、富春民宿、千岛湖民宿的专业品牌经营公司。总之，通过联盟乡村的概念，发挥各自特色，差异互补，实现品牌化。

创意乡村：规划要强化乡村的创新功能。激活乡村闲置农房，提供低成本的乡村创新空间，让乡村成为自由人联盟、网络作家村、艺术村、时代创意村、民宿酒店等创新功能区。例如杭州西湖区的外桐坞艺术村落。

乐居乡村：未来乡村要提供未来多样化的旅居空间，设计智慧乡村，与未来城市接轨。可以设计乡村高尔夫、人工滑雪场、茶马古道、农机体验场等，以及多样化的民宿，如果园民宿、房车（基地）民宿、鸟巢民宿、水上民宿、山顶民宿、茶叶民宿、舟楫民宿等，让未来的人旅居在山林、水岸、茶园、果园、云顶的乡村空间里，把衰退的山村变成一个个健康的养生营地。

五、未来乡村，未来社会

未来可持续发展的乡村要解决的三大问题：一要有可持续的产业；二要有生态化的美景；三是往往被忽视的人才问题。要把乡村资源的所有者、使用者、经营者的权益合理分配，走专业化、品牌化的经营之路。2003年浙江省政府提出“千村示范，万村整治”的计划，是美丽乡村 1.0 阶段；2005 年至 2016 年在安吉形成“美丽乡村”概念后的 10 年里，把生态文明贯穿于新农村建设的各个方面，是美丽乡村 2.0 阶段；2016 年后开始转型升级，提出风情小镇、特色小镇，开始进入注重产业发展的美丽乡村 3.0 阶段。现在要跨入美丽乡村 4.0 阶段，那就得把党的十九大报告中的 20 字方针——“产业兴旺、生态宜居、乡风文明、治理有效、生活富裕”作为总的要求，健全城乡体制机制和政策体系，本着“乡村园林”的概念，让乡村再生，以文化和艺术为内核，再续乡村梦。展望未来，我们要抛弃过时的价值标准和评价体系，通过不断的再设计、再规划，把未来人的需求真正提炼出来、激发出来，引导到一个生态、智慧、和谐、富裕的社会体系，到达城乡功能互补、和谐共生的境界。到了那个时候，中国才算实现全面富强，我们的终极目标才算真正实现，并且开始引领世界。

B 说说未来城市之点滴

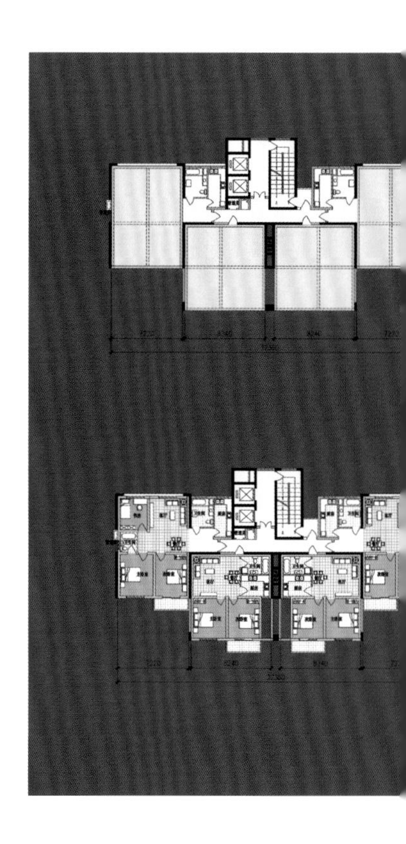

一、城市与乡村

说实话，科技越发达，城市越背离乡村；乡村越发达，与自然就越来越远。今日的规划，企图让城市与农村和自然形成一个有机的共同体，难！实在是难！在没有充分形成和谐的社会关系之前，不可能形成和谐的城乡关系。如今我们探讨未来城市、未来乡村的概念模式，就是试图去解决内在的矛盾，实现这个目标。但是，面对当今的人工智能，最可怕的是：时代已经不是那个时代，人还是那样的人。我们无法改变科技的潮流，因此我们必须改变自己，以及我们的知识结构。目前城市化还在不断地前行，乡村也面临着前所未有的机遇。数亿人走出乡村，却又离不开乡村，大多数还是离乡不离土。现代化的目标不是城市消灭乡村，城市在发展，乡村也在变化，当前，乡村的空间没有缩小，而生活的容量在急剧衰退，但是我们还琢磨不出乡村的未来结构。振兴着衰退，衰退着振兴，城市与乡村一样，都是一个历史的动态的概念，从原始、古代、近代、现代到未来，目标是比较明确的。但是，形势总是那么扑朔迷离。

仅凭乡愁能振兴乡村吗？乡愁只是对乡村青少年时代生活的一种怀念，随着社会的进步，乡愁也必将成为历史，没有条件还原过去。就像古希腊哲学家赫拉克利特说的，“人不能两次踏进同一条河流”。所以，我们必须持着动态的理念，去探索未来的模式。现在很多规章规范，只能限制现在不合理的行为，却不可能十分清晰地决定未来城市的发展模式。所以，我喜欢感性地去追求一些能够利用当今科技来解决的生活方式，给我们城乡生活带来新奇的有效的生活方式。

二、未来社区面向未来，但不是未来城市

当今浙江正在探索未来社区的理想模式，并已理出九大场景：邻里场景、教育场景、健康场景、创业场景、建筑场景、交通场景、低碳场景、服务场景、治理场景，来营造交往、交融、交心的人文氛围，构建“远亲不如近邻”的社区气氛。其实未来社区与特色小镇，两者都是面向未来，基本目标一致。特色小镇在产业融合、功能适合、资源整合、统筹整合、系统集成、跨界打通等方面，对未来社区的建设有借鉴意义，此外，两者都体现了小空间大集聚、小载体大创新的特征，以实现生态、文态、形态、业态的高度融合为目标。两者本质的差异是，特色小镇注重特色产业，未来社区注重生活品质。现在的“未来社区”概念试图指向未来城市，但它不可能是城市，只是对未来城市的小区域的探索而已。

三、未来居住方式设想

未来城市究竟如何，其实没有一个固定的目标，只有一些努力的方向。随着科技的发展，各种新概念、新形态一定会层出不穷。居住、工作、休闲是城市的三大功能，其中对生活来说最有现实意义的是居住功能。因此，对住宅设计新概念的探讨，即是对未来城市形态最重要方面的探讨。

3.1 抽屉式住宅：随着城市快速扩张、越来越大，一个在城市中栖居的人，他可能安家在城西，若干年后又会去城东创业，他将为一个固定的家不能移动而烦恼。每天开车从城东到城西，像杭州这样的城市，总得要花费 1 个多小时。若能有一个可移动的家，那该多好呀！对此，我们可设想、设计一种抽屉式住宅，每个小区配建几幢固定的房屋构架，安装好电梯、供水、供电、网络等接口，设计几种模块式住宅户型，整体采用轻质环保材料制造，搬家时可以如抽屉一样抽出来，然后用直升机吊到想要去的地方，再像抽屉一样装进去，连接好水、电、气、网络等，适当整理后，一个新家也许半天内就搞定了。这种抽屉式住宅还有一个大好处，用户可以按照自己的意愿整体搬到工厂里去装修，可免去装修时期对同一楼道住户的影响。这种工业化批量生产的住宅，还符合现在政府推行建筑工业化的政策导向。

3.2 水上自动驾驶住宅：这是一种水上自动驾驶的可移动的家，住户星期五下班后，带着蔬菜牛排上船，烧菜吃饭赏夜景，第二天早上一觉醒来，也许已经抵达桐庐、梅城、新安江，或往下游至余姚、宁波、舟山，或沿运河至湖州、南浔、苏州等地。当然，此住宅只适合作第二、第三居所。

3.3 山顶住宅：有野史传说，刘伯温预测过，500 年前住水边，500 年后住山顶。现在已经有不少别墅、民宿建造在较高的山顶，视野开阔，空气新鲜，休闲惬意。如果小飞机交通能够普及，住在山顶也许是一个美好的选择，也可能成为一个普遍现象。这一前景的实现，也许要等到自动驾驶飞行器普及以后，而随着 5G 技术的快速发展，这一天的到来或许不会太远。

3.4 邮轮社区：未来还可以把自己的家安装到邮轮上，到海南岛、太平洋、大西洋、地中海，去旅游、去度假、去养老、去探亲。技术上和抽屉式住宅基本一样。

3.5 生物住宅：有没有人探讨过，住宅里卧室的空气、温度、湿度等环境因素，经过特殊处理，晚上入睡如冬眠、不减寿？那样的话，人活 100 多岁就是寻常事了。

3.6 海上城市：据科学家研究，海平面以每年 2.8 毫米的速度上升，那么 1000 年以后的钱江新城是否要考虑设计为一艘巨大的社区航母？

3.7 空中社区：随着新材料技术的发展，未来住宅会不会像鸟巢一样筑在空中？据科技动态报道，现在已经能够在实验室合成一种新材料，它的质量只有钢的 30 万分之一，强度却高出几百倍。这或许提示我们，空中住宅在技术上不再是遥不可及的事情了。

四、未来城市之宣言

了解过去，分析现在，前人的经验已经用足，未来城市渐成全社会关注的焦点。邻里单元、15 分钟生活圈、智慧社区、未来社区……人们一直在提出新概念。随着科技的发展，机器人不断智能化，许多工作在消失，我们无法想象未来的工作形态。我们也无法想象，未来的教育是什么样的，对世界会有什么样的影响。前面已经指出，制约城市发展的根本要素，还是社会生产力的水平和形态。以互联网等为主要代表的新科技，必然带来生活方式的巨大改变。昨天还在研究充电桩的设置，今天又要考虑氢气站的布局。基于 5G 技术的自动驾驶车辆、自动航空飞行器会是什么模样？时速几千公里的真空管道列车出现后，飞机场是否都要改成超音速高铁站？明天我们的城市究竟会是什么模样？

城市的形态主要取决于交通方式和社会的管理模式。我认为，在不久的将来，国际、大区域间会普及真空管道列车，城市之间是高铁，城区与城郊是地铁，城乡道路则遍布自动驾驶的新概念车。通过交通方式的变革，城市的空间在放大，时间在缩短。然而这些还只是外在的形态。更重要的是未来城市的内在形态，这就是中国正在追求的城乡一体化的和谐发展模式。未来城市不是一堆样貌怪异的建筑群，更不是美国好莱坞式的科幻片。我认为未来城市应该是：生产力高度发达，机器人取代绝大部分人力劳动；生态和谐，数字化生活；劳动成为精神需要，创意成为时尚；工资货币趋于消失，被数字货币与个人创造力结合的一种知识财富所取代；城市公园化，乡村智能化，全社会处于低碳生态。城市街区处处是多样性的办公楼、开放式的楼层、灵活渗透的“非领地型”空间，人与人之间亲切自然的交往，自由浪漫的休闲，将不断激发创新的思维，创造新时代的价值。

近未来也许令人担忧，但是，最终未来一定会很美好。我们将迎来一种物质和精神都极其富裕的“数字化共产主义”生活！

人生答案

有人问我：
你规划工作做得也不少，
为何还能画画、写诗、作文，
又能当好人大代表、政协委员？
我的答案：
我用我的艺术小聪明，
梳理好人生节奏，规划好生活，
从而提高工作效率，
生命有限，人的潜力无限。
在有限的生命里，
要发挥更大的人生价值，
需要拜好师，看好书，交好友，
提高自身技艺，多快好省地工作，
才有时间休闲，干自己喜欢的事情，
休闲又能创造灵感，促进工作，
如此循环，提升人生的价值。

3

规 划 修 养

我以诗文书画铺垫人生

3.01 国画 & 规划设计

中国画历史悠久，远在 2000 多年前的战国时期就出现了画在丝织品上的绘画——帛画，比这更早的，还有原始岩画和彩陶画。这些早期绘画奠定了后世中国画以线为主要造型手段的基础。两汉和魏晋南北朝时期，社会由稳定统一到分裂的急剧变化，域外文化的输入及与本土文化撞击所产生的融合，使那时的绘画形成了以宗教绘画为主的局面，描绘本土历史人物、取材文学作品的亦占一定比例，山水画、花鸟画亦在此时萌芽，同时对绘画自觉地进行理论上的把握，并提出品评标准。

隋唐时期社会经济、文化高度繁荣，绘画也随之呈现出全面繁荣的局面。山水画、花鸟画已发展成熟，宗教画达到了顶峰，并出现了世俗化倾向；人物画以表现贵族生活为主，并出现了具有时代特征的人物造型。五代两宋进一步成熟，更趋繁荣，人物画已转向描绘世俗生活，宗教画渐趋衰退，山水画、花鸟画跃居画坛主流。而文人画的出现及其后世的发展，极大地丰富了中国画的创作观念和表现方法。元、明、清三代水墨山水和写意花鸟得到突出发展，文人画成为中国画的主流，但其末流则走向因袭模仿，距离时代和生活愈去愈远。自 19 世纪末以后，在近百年引入西方美术的表现形式与艺术观念，以及继承民族绘画传统的文化环境中，中国画出现了流派纷呈、名家辈出、不断改革创新的局面。（来源：360 百科“中国书画”）

一、书画创新与城市创意

中国画贵在创新，会画画、画得像，只是画匠；达到了一定的造诣，是美术师，这当然是很不容易的事情，传统美术也需要大量的人才来传承；画画风格个性强烈、技法高超，又博学多才的美术师（了了无几），则为画界泰斗。我们的城市发展到今天，也需要个性来彰显竞争力。规划设计工作虽然大多数是法规规范、经济指标、专业技术的内容，但是在经济全球化的冲击下，城市间的竞争更加激烈，城市为了获得良好的投资，也需要推销自己。而城市个性的彰显，可以通过创意途径，帮助城市在竞争中获胜。城市创意还可以增强国民经济的综合竞争力，提高人民的生活质量，同时赋予城市以新的生命力，解决一些未来发展中的问题。杭州市从“西湖时代”到“钱江时代”，从“跨江发展”到“拥江发展”，在地域扩大的同时一直在追求质量的提升和个性化的彰显。因此，杭州市提出“独特韵味，别样精彩”的城市发展目标，乃是因应时势的智慧之举。

二、艺术价值与城市经济

规划有时候如在一张白纸上画画，可以无中生有。你可以请名家画，也可以请画师画，可以画山水、花鸟，也可以画人物、风景。名家画价值几十万、几百万元，画匠画只值几千、几百元，有的甚至一文不值，还浪费一张宣纸。所以，规划策划相当重要，规划师可以匠心独运，空穴来风，充分发挥想象力，心中有多少笔墨，就可以发挥多少思想。资深规划师还可以在没有任务书的情况下自己去选择地方，划定规划范围，进行策划。有些地方，周边发展形势不明朗，政府为拉动经济，就想建一个新城，这时规划师面对的是一片空白，造什么景观、做什么功能，全凭规划师的想象力。像这类项目，对规划师的挑战就比较大，其成功与否，与规划师的水平、领导的眼光很有关系。但有一条基本的方法原则是可以明确的：通过策划公共配套工程，可以带动新区的发展，规划师要做的，是因地制宜利用当地的自然景观要素和文化脉络，通过提炼创新，策划景观文化，塑造景观轴线，设计共享景观，多多产生城市正效应，以提升城市综合价值。

三、书画技法与规划启发

艺术是相通的，这主要是指创作理念，其不一定直接产生作用，但有许多地方可以互相启发。例如《杭州市塘北小区详细规划竞标方案》，在设计住宅组团时，以三排二列为一组，有别于常规的两幢成院落，若干院落成组团的程式化模式，其灵感来自于山水画的皴法。中国山水画的风格，就是体现在不同的皴法上，如劈斧皴、披麻皴、米点皴等，形成个性鲜明的画风。

画画可以凭空想象，项目的规划也可以空穴来风。规划师要善于发现城市的一些节点和敏感地带，通过创意设计予以提升，良好的地方可以让它好上加好，消极的地方也可以化腐朽为神奇，让城市越来越美，迸发出城市的个性。

我的山水画艺术，追求人与自然的和谐，社会与自然生态的和谐，探求人类发展的原动力，表达原生态与科学之间的完美结合。所以，我一直乐于参与杭州市科学美术协会的活动，许多作品的创作灵感都来源于杭州市的城市风貌、自然景观和人文遗存。2017 年，经过十多年的策划、准备，我完成了长 11.4 米、高 0.8 米的《杭州三江两岸一湖胜景图》。该作品的构思来源于我在三江两岸一湖区域长期的规划工作经历。随着自己山水画技艺的提高，创作这么一张从青翠淳安千岛湖、清凉建德新安江、美丽桐庐富春江、阳光隐秀金富阳到雄浑杭州钱塘江的长卷，我觉得是一件很有意义的事情。于是利用规划工作之便利，速写 100 余张，尽收两岸奇峰，在 2017 年上半年杭州市委市政府提出“拥江发展”决策的感召下，满怀热情地画出来了。这幅画，画技虽然还不够成熟，但却是把现代城市融入山水画的有益尝试，更是一种 “笔墨跟随时代”的新探索。

大学一年级的素描作业 1984-1985年

大学二年级的水彩作业 1985-1986年

大学三年级时赶时髦创作的抽象画 1986-1987年

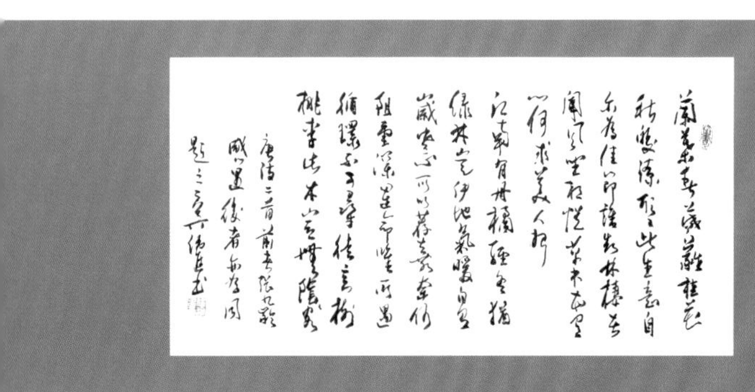

学书法，学花鸟画，博采众长 2006年 >>>

画艺探索之路 >>>

生活有阅历，创作有底气 >>>

大学时期的国画　1984-1988年

基本功不足，就想创新　1988-1995年

向方增先和吴山明等大师学人物画　1995-2004年

学而思之，找到自己的路　>>>

《寒江归舟》46cmx68cm（2008年）

王维·诗意《过香积寺》 46*cmx68cm（2008年）

皎然·诗意《咏小瀑布》138cmx68 cm（2011年）

徐凝·诗意《庐山瀑布》46cmx68cm（2009年）

孟浩然·诗意《过故人庄 》46cmx68 cm（2009年）

《花雨晴江落》 138cmx68cm（2018年）

李白·诗意《东鲁门泛舟》60cmx100cm（2008年）

《高山流水》 60cmx100cm（2008年）

《翠绿千山》60cmx100 cm（2008年）

《一江风雨 》60cmx100 cm（2008年）

汪涯·诗意《江帆》68cmx138cm（2019年）

《青山逾千里 江城尽春晖 》68cmx138cm（2019年）

《峡江图》68cmx138 cm（2015年）

《巫峡行舟》68cmx138cm（2019年）

《泉》79cmx189cm（2018年）

《溪 》79cmx189cm（2018年）

《山高流水长》189cmx79cm（2018年）

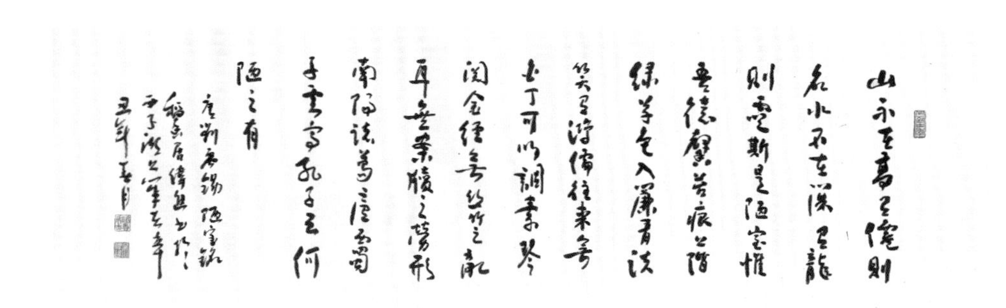

书法《陋室铭》110cmx40cm（2017年）

《飞流 》189cmx79cm（2017年）

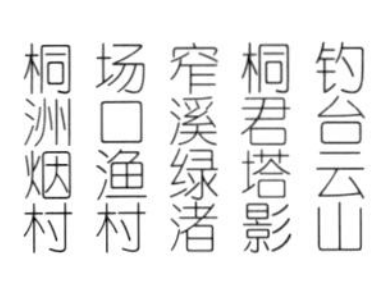
钓台云山
桐君塔影
窄溪绿渚
场口渔村
桐洲烟村

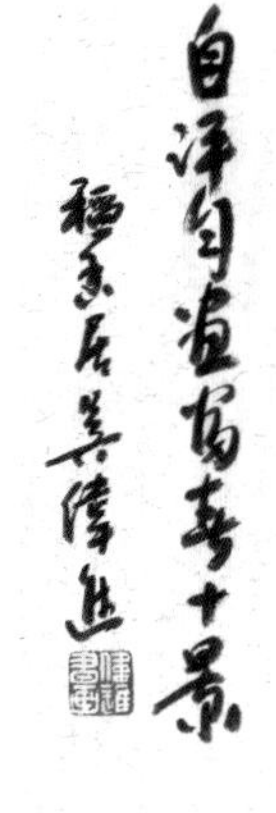

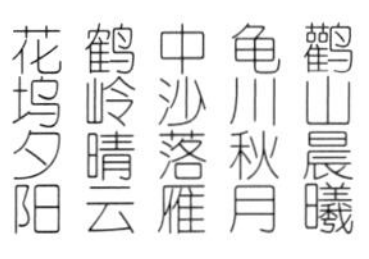
鹳山晨曦
龟川秋月
中沙落雁
鹤岭晴云
花坞夕阳

《秋江帆影》68cmx138 cm（2014年）

《雁荡山 》180cmx70cm（2019年）

《清江秋帆》 360*cmx145cm（2018年）

《华夏五岳图》360cmx145cm（2015年）
此画悬挂于浙江大学紫金港校区图书馆一楼大厅

双西合璧赋

西湖，西溪，乃杭州灵秀之双修也！杭州自依湖而居，至伴溪发展，绵延千年，越千万人矣。西湖之秀，在水；西溪之灵，凭水。每每樟柳梅竹，绽放翡翠，桑芦菱莲，抽发枝蔓，因水。水乃西湖之命脉，西溪之经络，城市之灵魂也。

西湖为杭州之“目”，以颜值取胜；西溪乃城市之“肺”，以吐纳见长。两者唇齿相依，水系相连，文脉相接，意气相通也。千百年来，湖韵溪吟，湖歌溪唱，相生相伴，相得益彰矣。

“双西”，乃大自然之恩赐，人世间之福泽，凝结了世代能工之匠心，浸透了江南文化之韵味，为老祖宗之馈赠也。

“双西”，方百许里，桃红柳绿，鸟语花香，芦白草翠，雁栖莺欢，实乃杭州生态之本根，山水城市之基底。“双西合璧”乃民生工程，添市民之福惠，强杭州之自信，利景区之运营，让市民共保共赢，共治共创，共享美好生活之绿色空间，其功至伟，利国佑民，意义深远矣。

今以“去景区化”推动自然文化遗产之保护，以“景城一体”推动城市公园化之建设，真可谓利在当下，惠及子孙，其乐融融矣！

时双西合并一周年，西湖入世遗十周年，予以绘画赞之，以作文颂之，实乃美事一桩，不亦快哉！

《双西融合 溪上云城 》170cmx100cm（2021年）
此画由杭州双西风景名胜区管委会西湖博物馆收藏

3.02 散文 & 规划设计

散文格式无常，重要的是“形散而神不散”，通过一个主题凝聚许许多多的事件和感想。规划设计也是如此，要聚集方方面面的内容，为一个主题服务，尤其是城市设计，有核心主题景观，通过景观轴线，道路或绿廊环线，贯穿各个功能区块。散文是一种常见的文学体裁。由于它取材广泛，摇曳多姿，艺术表现形式丰富多样，如同五彩斑斓的风景画。我们的城乡环境更是如此，风景优美，让人陶醉，让人留恋。所以，环境有了文化主题后，就有了旅游价值，环境文化一要靠我们去挖掘当地历史文化，二要靠我们去创意设计。大多数散文源于触景生情，有感而发，没有时间和空间的限制。但是，规划设计一定要有一个核心主题，这个亮点主题有时很难策划。城市规划设计人员不妨多读点散文，写点散文，以寻找设计的灵感，进而将灵感聚拢于一个主题。散文与规划设计通常有四个切合点。

一、时空切合点

散文于时间，上下五千年，可涉古及今讲未来。于空间，高山流水，天南海北，无所不容。如我写的《江边的梦》，以江为主题，贯穿了我出生的壶源江，县城边读书的浦阳江，上海读大学的黄浦江，到最后工作的钱塘江。通过“江”一根线，又提升到“城市梦”的灵魂，差不多把我的大半生的生活与工作都写出来了。所以，虽然散文时间跨度长，空间跨度大，但却紧紧围绕作者的主题展现，娓娓道来，挥洒自如，富有感染力。

二、主题切合点

散文离不开事件，尤其是叙事散文，事件是散文的“硬件”。规划设计离不开功能区。许多好的散文有一个中心事件，以及烘托连带的一些与之有关的其他事件。规划设计要理出主题功能，有时候要靠想象力设计一个核心主题，带出一些副主题。我在 1995 年、1996 年两年里游了普陀山和海南岛，写了两篇赞美大海的文章。一篇以“海平面”为主题，描写大海相对静止的“海平面”和旦涨夕退的海潮，赞美其永不停息的运动精神。一篇以“生活的缝隙”为引子，去海边听海浪拍岸，观海潮拥抱沙滩，作为生活中一条条美丽的缝隙，来述说人生感怀。同样的大海，差不多的沙滩海浪，却道出不同的主题。

三、整合切合点

散文的取材，可谓“杂乱”有章。五湖四海，大江南北，思路开阔，包容无边。但是，紧紧围绕作者的意图而不“越界”。秦牧说写散文最不能丢的是“思想的红线”，即用一个醒目深刻的中心思想，把看似散乱的一大堆材料，贯串成文。若把这一个个事件比作“珍珠”，那就是“红线穿珠”。例如《钱江潮魂》这篇文章的结构是“一线四区”：潮之初、潮头赞、潮人颂、潮之歌四大部分，通过潮的一线连接起来。潮之初：潮的形成、历史、传说；潮头赞：以“站在历史的潮头”排比句，把杭州城市建设的一次次巨变串联起来；潮人颂：以“回望历史”排比句引出杭州主要历史人物和历史文化事件，又引出现代潮人——杰出企业家的精神；潮之歌：以“我歌颂钱江潮”排比句，写出钱江潮的精神和力量，抒发中情不自禁地联想到自己与杭州的情结，并以对城市未来的畅想来结尾。这里的“潮”是历史故事、城市事件、社会潮人企业家、自己的人生，也是城市精神和城市的未来。一根“潮的红线”使得文章引人入胜，气势浩大，摄人心魄，揭示出浙江潮的深刻内涵。再如我写《规画人生》这本书，也是通过规划人生、规划故事、规划修养、规划年轮四部分，把我工作中的感悟、特色项目的介绍，业余爱好和参政议政的经历都归结到“规划”的主题上去，把我看似散乱的一生用“规”与“画”二字概括出来了。

四、描述切合点

散文是用记叙、说明、抒情、议论、描写等多种方式表达作者的思想。《远去的乡愁》从清明节回家路上风景的描写，回家之路的变化、家乡的变化、父母的变化，回忆了自己与父母之间的感情经历。从小到大，到送走父亲，边走边想，插入多组镜头，事件虽多，文思不乱，综合运用了多种表达方式，使文章富有感染力。

所以，散文与规划设计是一回事，都要先构思立意、形成主题框架，再收集资料、充实有关事件，来增强内容的丰富性和多样性，散文是使文章多姿多彩，规划则是使活动功能多样，来吸引读者和游人。至于语言丰富性、规划手法多样性的养成，需要长期的读书、生活的阅历、孤独的思考。孤独是人生的绿地，是版面的留白，是一种最美好的休闲，人栖居于中，能够思考生活的本源、人生的真谛，养出敏察的素质，悟出创作的灵感。其实人生也是一篇散文，有抱负的人为了心中的理想，勤勤恳恳，平凡或不平凡地操劳一生、奋斗一生，虽然大多数人没有成名成家，只是坚守着一份职业，但平淡的日子也是一颗颗珍珠，也有高低起伏，只不过起伏的浪花有高有低而已。每个人都在努力写好自己的散文，为自己的一生增光添彩。

写作释放心情。在我大学刚刚毕业时期，冲动、寂寞、惆怅，一直困扰着我。后来有一位前辈指导我，要我多看点书，写点随笔散文，于是，便开始写日记，写杂文，记录着自己的心情。惆怅时写，把情绪释放出来；病痛时写，把痛苦给忘掉；成功时写，快乐加倍了。有一句话：看了文学作品，才知道世界上不只有你一个人在思考，在惆怅，从而找到了寄托心情的知音。也许这就是文学的魅力。

荷之梦

在杭城满城丹桂飘香之秋，有机会下榻于里西湖边的一家饭店数日，服务于第一届全国控制性规划研讨会。每天夜幕降临的时候，我就不自觉地独自走向湖边。对着那朵朵荷花而默然的时候，一天的会务之劳累便随着丝丝缕缕、若有若无的幽远清香，消失在静静的湖中。

我将近而立之年，我不羡慕雍容华丽的牡丹，也没有学会欣赏牡丹，只觉得她富贵而难以接近；我也不青睐清高的幽兰，因为她有些孤芳自赏。我偏偏钟情于荷花，是因为她有“出淤泥而不染，濯清涟而不妖”的咏莲千古绝唱？不是的，当语文老师教给我这句绝句的时候，我不甚理解，没有因此对荷花产生特有的感情，因为家乡四周的野塘里，随处可见她的存在，她实在太平常了。

也许是此刻此景此情，我看到了荷花的更多方面，对她有了更多的联想。她长叶、育苞、开花、结莲与繁衍，有着极强的生命力；她在水下泥中默默地发出肥藕，却从不自豪地冒过一个气泡，这是何等谦逊的秉性，何等伟大的自然创造力。她美则装点自然，她清香则净化空气；她谢而结莲，枯而留藕。凭她的生命去追求与奉献！

荷花的秉性是恬静的，对于旁人的指指点点，论长道短，从不计较。她素来自珍自重，对她无论是赏之、赞之、羡之还是妒之、过之、毁之，总是恬静地微笑着。有的人信口雌黄，有的人过于偏爱。他们也许不知道或者忽视了荷花之美的整体，美的和谐。因为美的本质是多元和谐的组合，多维整体的悦感序列。

荷花是多情的，她素妆本色，一旦悄然出水，一露风姿，来不及解释与辩白，便招来了无数目光，无数话题，还有无数是非。有人抒怀：“红花全靠绿叶扶”。这并不是褒叶贬花，温馨的荷叶，依花亭亭玉立，确实使花与叶相得益彰。有人吃着鲜美的藕丝，慷慨而言：“不为水上花，宁为泥中藕”。这也不是褒藕贬花，在生活中有无数不喜出风头的人，他们总是重奉献轻名利。有诗云：“留得残荷听雨声”。请你不要联想到凄凉的景象，那脱胎于残荷的莲蓬顶着风，冒着雨，傲着霜，撑着雪，一股傲然正气，给人以冬天既临，春天不远的新希望。

有人爱看“映日荷花”，因为阳光下的荷花“别样红”。我却喜欢雨中之荷。她红而不火，玉而不重，冰而不冷，凉而不阴，碧而不翠，艳而不媚。在朦胧的丝雨中，她披着轻纱，浴着波光，凝神沉思；她依凭微风，洗露战栗，是因为兴奋？还是因为厌恶？也许是我太多情了。

一阵风过去，雨早就没有了，迷朦的天上，结集了许多云块，那圆圆的月，一旦钻出云层，就射出万道浩光，它喷在荷叶上则更显风姿，射进水珠则晶莹闪光，洒到湖面上则波光粼粼。

对于月亮的赏赐，荷花并不受宠若惊，而是投桃报李，于是她在水中托出一个更加玉重的月儿，同样放出万道浩光，洒向驳岸成行的杨柳，射向西湖的整个上空。在这清静的月色世界里，我遐思翩翩，不亦乐乎。然而朱自清先生在《荷塘月色》中为何会有淡淡的哀愁？难道北方清华池的荷花不同于江南西湖的荷花？不是的。只是我和朱自清先生也有相同的心情，在这朦胧的月色之中，什么都可以想，什么都可以不想。我在浓浓的喜乐之中，没有哀愁，却有一点寂寞，因为我不知道还会有多少人痴情于平常的雨中之荷，月中之荷？

不知道什么时候，我嗅到了“曹素功”的芬味，把我思绪的野马从遥远的梦想里猛然按回到了一个平常的早晨。我揉揉半开的眼睛，把目光投到桌上的画毡时，顿时心花怒放，只见画纸上面，荷花朵朵，绿叶垄垄，托着一弯明月，微笑着。她笑得那么自然，那么自信，那么富有深意。

她是雨中之荷、月中之荷、风中之荷，更是我心中之荷！

（1989 年秋写于古荡斗室）

白色的静默

人说三十而立，我却三十而倒。进大学前没有好好上过学，不到十岁就为生产队放牛。除草种田，夏收夏种，早早成为家里的大半个劳力。“文革”结束，学业结束，中学未毕业，就去学做铁匠、泥水匠，走村串户吃百家饭，筑炉锻造镰刀锄头；参与建造了人民公社的供销社、卫生院、信用社、邮电所等。懂事早懂人生晚，当我学会思考人生的时候大概是 19 岁了。1977 年后，高考的东风吹到了我们村寨，姐姐妹妹先后考上中专和大学，让我深受鼓励。于是，我开始自学初高中知识，又去县城中学旁听英语，立志报考建筑设计专业。连续考了 4 年，总算如愿考入上海同济大学建筑系。

一个从小做乡村泥水匠（建筑施工）的人，学建筑设计、城市设计算是最好的专业了。同济大学建筑系也是我向往已久的理想学府。于是，我学建筑，学规划，学园林，三个专业都学。一种追回青春的动力，始终驱动着我的每一个细胞。工作后也是拼命地画图设计，虽然感觉身体还棒棒的，可是一种潜在病毒侵袭着我的健康，医生说必须住院仔细检查，接受治疗。

焦虑不安的我进入了一个弥漫着福尔马林味道的白色空间。白墙壁、白被子、白大褂、白口罩，白色的药片，一切都是白色的。有时候仰望白色的天花板，呆呆地望着旋转的电风扇，如同戴望舒撑着油纸伞，独自一人彷徨在悠长又寂寥的雨巷。好动的我却要默默地走近清寂、冷落又惆怅的幽谷，像噩梦一般地凄婉迷茫。日复一日，一分一秒，如同和尚念着“阿弥陀佛”，入定再入定。吃药、输液、打针，慢慢地接受，恢复平静，忘了工作，忘了繁忙，与病友打成一片，学会打“双扣”，接受了一个与世隔绝的白色世界。

在这白色的“雨巷”里，思考过去，思考未来，如何安排未来的生活。

在这白色的静默中，我开始学会沉着再沉着，思考再思考，自己的能力究竟有多大，自己的意志有多坚强，多少事何必又何必。慢慢地我觉得日子不一定要风风火火，应该多一些空白。闲适，有节奏，有进又有退，才能鼓足干劲。坦然平静地接受这白色的静默氛围，从被动变主动，从焦虑到庆幸。生命中难免要遇到病痛，没有病痛，就没有这休息的机会，感恩上天安排的一切。

这白色的静默，让我忧虑也让我储能，做好未来的畅想，展望未来的光辉。于是，我用画画来打发寂寞，画出希望、画出勇气，忘掉病情，把病痛的心情变成一张张有温度的画面，珍藏记忆。白色，意味着可以任意挥彩，憧憬美好，让生命活出最好的自己，爱生活、爱家人、爱自己。病愈后，一切可以重来，依然可以全力以赴。跌倒了，拍拍尘土重新起步。

这白色的静默，让我学会耐心，学会更深的思考，让日子的脚步慢点再慢点。心中有感，无聊也会变得有诗意，春天来了，去苏堤看花开花落；夏天来了，去植物园听雨打芭蕉；秋天来了，去满觉陇赏桂喝茶；冬天来了，去断桥看雪飘西湖。愿所有的情感，无须假装，无须做作，岁月无怨无悔，但是有痕有迹，留下诗意般的痕迹。

这白色的静默，让我想到了仁爱、坚强、健康、喜乐、温柔、善良、忍耐、节制的人生符号。病痛也是精致丰盈的午餐，病痛中依然有梦，静下来也是一种努力。依旧可以读书，每周一本好书，品赏几本画册，挂着吊针，依然优雅淡然。晚上愉快地入睡，早晨有所期待地醒来，这不就是我想要的生活吗！

这白色的静默，让我学会借药水当杯盏，敬自己一杯，敬时光一杯。感谢自己不曾消减对生命的热忱，感谢命运赐予我生命里的诗情画意，更祝岁月波澜不惊，敬我对生命从不伤感。留住向上的心态，相信坚持的力量，相信一天天的忍受会有奇迹。心中燃烧着希望之火，虽然现实和理想差了十万八千里，但是，只要马不停蹄，毅力终究鞭长“能”及。

这白色的静默，让我学会静静地等待。一切的粉白，不是单调，而是素宣，可以描绘大自然的一切奥妙，也许以前的生活工作太紧张了，每天都匆匆忙忙，连偶尔抬抬头，穿越蔚蓝天空中朵朵的白云，望一眼彩色风筝的时间都没有。回想呀，仔细回想，五彩缤纷，各式各样的风筝，正是孩提时的梦，孩子们高兴地喊啊、跳啊、跑啊的身影依旧在浮动，那风筝里装满了希望，所以才会飞得那么远那么高。

这白色的静默，虽然飘走了心中的白云，割舍了江南的小雨，但是，它不一定是空白，不一定是一无所有。只有留白才是色彩的原始、色彩的屏峰、色彩的飞梦。她是老师，让我学会宁静、学会理性、学会思考，平衡虚空和实际。白色是希望、是回味、是储能、是调节，是人生的节奏。只有空白才可以描绘更美更绚丽的图画。岁月不能重来，人生可以复写，一次病痛就是一次心灵的游走，一次精神的沉淀，一次灵魂的洗礼，一次人生的升华。

（1992 年 10 月写于病后康复期 ）

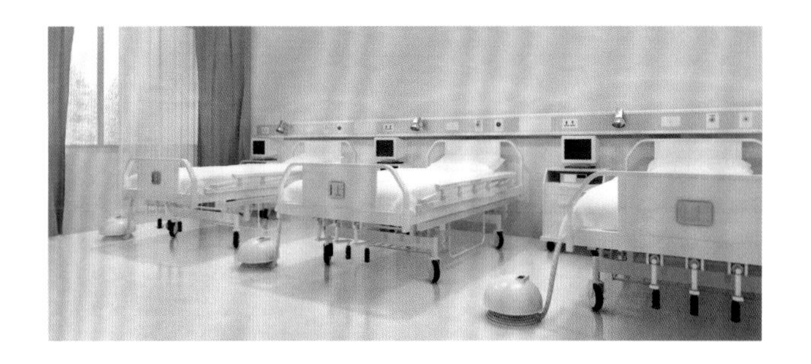

爱情与婚姻。年轻时困扰着的，主要就是爱情与婚姻的纠缠，会困扰一个人好多年。随着工作面的展开，从自我走向大我，觉得爱也是一种责任，婚姻更是一种社会职责。爱情和婚姻一致是幸运的，求同存异的婚姻，也可以慢慢规划幸福。文学里的白马王子和浪漫公主的爱终归是虚幻的，他们没有生活的负担，而一般人都有生存的压力。为筑一个爱巢，双方都得努力付出，然后，谁也带不走。把自己的故事写出来吧！历经岁月，回望重温，也许会明白怎么去爱，怎么去生活。

四月的雨

双休日逢佳节有三天休闲，快哉！然数天霏霏的细雨才换来一天的艳晴。也许是五月的薰风别离四月的冷雨吧！“片心高与月徘徊，岂为千锺下钓台。犹笑白云多事在，等闲为雨出山来。”（宋·范仲淹诗《寄林处士》）四月的雨是西子的映影，不急不匆，似断似续，宛如娟娟的静女，低眉垂袖，仿佛有万千种语。如丝的梦乡，像水的愁绪。这雨帘蒙上我的窗台，隔离了一个纷纷扰扰的世界，好似万念俱断的纱帘。此时有什么样的感觉呢？似有幽感，又未能大彻大悟，似有忏悔，又无法祈祷。倚枕捧书，回肠凝想，字字行行是往事中的雨丝点点……

四月的雨飘飘洒洒，不留恋云的孕育，不感动巧遇山峦，不感叹回归江河，缠缠绵绵，不割舍生命最初的信念和感觉。那怕五月六月的路还会是宁静、简朴、重复。只要有初衷的班车，我会依然努力，依然投入。天晴未必美满，天雨更有诗意，聚也好，散也罢，凭我一身的纯真，虽不能扭转冥冥之中注定的缘份，但我始终拥有一份最初的感觉，不为他人的闲言碎语搅乱我的信念，不为别人的聒噪喜怒哀乐，举棋不定。胜也是我，败也是我，迷惑于周遭的指指点点，无异进入没有航标的茫茫大海。

我要像云像雨，飘飘洒洒，顺其自然，把半生沉沉的相思，默默的企求，融入一次次相遇中，如释重负的坦率，心底宽慰的微笑，清清淡淡的问候。世事时态依旧是“人面不知何处去，桃花依旧笑春风”。（唐·崔护《题都城南庄》）

四月的雨是梦，五月的风还是梦，好梦难以成真，成真必有好梦，“情知梦无益，非梦见何期”。（唐·元稹《江陵三梦》）梦是希冀，路是追寻。天地之悬有雨的牵连，梦与现实之距有感觉系连。我嗜睡又好梦。连月为设计一幢百米高楼有些疲劳，更无奈与无梦的人相见而怅然。

梦竟别我好久好久，是眼前静静的雨重回梦的故里，在梦里我便是小雨，无拘无束，默默地体验大地，领会江河，领略山川。心境宽了，天地是园林，江河是水景。

四月的雨固然有些酸酸涩涩，别离吧！我不尴尬，五月的薰风娇阳，固然令众人迷醉，但我依旧清朴淡雅，月明风清，任命运的自然顺其自然，让自然的命运因别离而有章有回。各适其天，道法自然，才是最大的快乐。

窗外雨丝轻轻落地，如生命的自生自灭，我会在平平淡淡中，从从容容中，拥有一分相知相属的自在自得。

（1995 年 5 月于古荡斗室）

秋雨琴声

有一种莫名的感觉驱使我到小区里的幼儿园去走一走，好像只有如此才能打消今晚的空寂。打开窗户，瞧着地上是湿的，下雨吗？没有淅淅沥沥的雨声，更没有乌云雷鸣。仲秋的雨悄悄地走来，温柔地静静地润湿着院子密密的草丛、葱绿的冬青绿篱。

这秋雨点点滴滴，又疏又细，不用撑伞仍旧可以蹒跚地往前走。步入幼儿园的大门，就见里面有一条深深的走廊。两旁房间的灯光是暗的，鸦雀无声，不再有孩子们的喧哗。走廊尽头亮着灯光，明亮而不耀眼，引人而不神秘。终于走近灯光，终于听到灯光中传来的钢琴声。

宽敞的音体教室里，一架黑而发亮的钢琴对角放着，一面对着粉墙，一面对着落地玻璃幕墙。是小苏在练琴，她是一位本园的孩子王。她用眼神示意我的到来。我也不想打扰她继续练琴。我好似一个乖孩子坐在一只木椅上默默地听着，看着这立体的琴声。

琴弹得也许不算十分娴熟，但是时而悠悠的，时而欢欢的，时而涓涓的，时而热烈的旋律，平静着我的心境，梳理着我的神经。

我伫立在玻璃窗前，室内的灯光照在户外的草地上，更远处是新村里斑驳的户灯。平静的夜伴着这不知是谦虚、娇嫩还是隐秘、虚荣的秋雨。

琴声呀！此时此景此情中的琴声，那么令人遐思连连。你飘渺但不虚幻，你充满希望，但没有空洞的幻想；你不可触摸，但可以体会理解；你短暂又回味无穷。你是虚空的，却可以充实我的心灵，你的温情可以热烈我的情感。

你是白云又是蓝天，你是飞鸟又是归巢，你是鲜花又是绿叶，你是……。总之，你可以描述人类一切的情感、愿望、高尚、骄傲、美好……。

此时的秋雨不是雨，是琴声。

此时的琴声不是声，而是秋雨。

此时的我是秋雨又是琴声……

我是一株秋雨和琴声里的小草，藏在绿油油的草丛里，满足于自己的命运，等待着自己的机遇。秋雨使我安闲、谦逊、耐心、安贫，只求生存中多一点宁静和享受。我不知生活的奥秘有多深，我也不知道一个人的希望可以有多大。从老人那里归来，我可得抑制一些愿望，走进生活的万花筒，又觉得有更多更远更高的东西去追求。

秋雨令人沉默，琴声又叫人慷慨激昂，超凡脱俗。

秋雨悄悄的来，不知何时悄悄回去。是琴声留住秋雨，还是秋雨在留恋琴声。秋雨是凝固的琴声，琴声是流动的秋雨。这琴声敲开了秋雨的沉默，沉默中的思索是永恒的追求，永恒的希望，永恒的微笑……

（1993年9月于古荡斗室）

观其画，品其神，规划师的形象神经比常人应该更加敏感。中国画讲究画实求虚，品画要看形悟神。从画中的人物，可以探出风物场所。从人的表情，可以判断他的职业。画看到的是表象，理解的是内涵，慢慢看，慢慢品，探究画外的感觉，由此培养寻找规划设计创意的灵感，或者人生的感悟。艺术真可以陶怡心情，提高设计想象力，也能提升休闲的质量。

再品宋《斗茶图》

茶入书画，即有关茶事在画中反映，是民众的茶风茶俗通及雅文化后，作出诗情画意式的艺术表达。茶入画就如同茶入文学一样，反映了人与人、人与自然的和谐相处，情趣丰富生动的展现，给人以美的效果与联想，它真实地反映了茶文化渗透于社会生活的方方面面。到唐代后期，由于茶叶种植技术的推广，饮茶得到士大夫阶层的推崇。至宋代，饮茶品茶成为高雅之举，尤其是北宋晚期，由于宋徽宗的推崇与参与，点茶、斗茶成为举国上下的一种社会风尚。建瓯茶乡向有"斗茶"活动，每当新茶制成后，茶农便将新茶拿到公共场合，各自把新制茶饼碾成细末放在茶盏内，沏以初沸开水，比试茶水的汤色、汤花(盏内水面沸起白沫汤花以白色为贵，搅动后以青白色为佳)；次看茶汤，茶汤在盏周围沾水痕为负，惯称"胜负几水"或"相去几水"。这种品评茶质优劣的聚会，参加的茶农可多可少，围观者众目睽睽，指划评论，十分热闹。

在此我以一个规划师的眼光来欣赏这张宋代《斗茶图》，解剖宋代社会生活的一个界面。从宋代的斗茶图看，中国画发展至宋代已相当丰富多彩，技法也比较成熟，该时代主要的特征是描述生活场景，如民间的民俗庙会，官宦的朝拜祭祖，还有市井街巷等，均在画中有全景式的表现。宋《斗茶图》相当生动，其画艺优于《清明上河图》，只不过其内容表现为单一的斗茶一幕。但是，从这样一幕生活场景中，我们若细细品赏，也能够发现许多社会背景和生产力因素。

首先看茶艺用具：有瓷碗、铜器、锡器、竹器、竹木混合器、油纸伞，也不乏铁艺配件，说明宋代的手工业相当发达。

其次看人之动作表情，出神入化，每人均携带雨伞，断定均为远道而来，且是约定每年某时在某风物场地相聚斗茶，说明当时的民俗活动有规模、有组织。这些人腰宽手粗，想必为做茶高手，也有品茶能人作为裁判。也许斗茶是一种形式，交流切磋茶艺才是斗茶的实际目的。日行数十里，能一聚而欢，茶因人娱，人因茶乐，其乐融融。宋代的茶艺文化尽显眼前矣！

再次观画面技法，流畅的线条加上淡彩渲染表现宋代的宽松服装，赭石的矿粉颜料表现肤体脸面，虚实对比，恰如其分，尤其那胡须线染结合，使人物显得格外生动。茶艺和画艺相得益彰矣！

观画犹如品茶，细品才觉其味甘甜悠远。今观斗茶图，更觉茶香扑鼻而来，观其景、其神、其情、其态，可想象之处实在太多，多少画不可言，多少意不可传，仁者智者朋友，望你用心眼品出更深的画中意境。

（2015年12月于绿园稻香居，2016年02期《茶博览》刊用）

宋代建安（今建瓯）《斗茶图》

读潘天寿《旧友晤谈图》

历来文人画家与茶几不可分。其所作“品茗图”，皆心境超脱，清新雅致。其绘人多仙风道骨、僧人居士，或坐或聊、或书或谈、或棋或琴，恬淡自得，其乐融融。其状物多为紫壶瓷杯、寒梅蒲扇、文房四宝，明窗净几，素净典雅，斯雅何极。然观毕潘天寿诞辰120周年纪念大展，别有感悟。这位出生贫家，坎坷一生，凭倔强个性刻苦自学终成大器的国画大师，其遗世精品绝作，令人赞叹不已。不知大家是否注意到，画展中无一帧以“茶”命题之作，仅有一幅《旧友晤谈图》。图中绘有一壶二杯二老。先读款识：“好友久离别，晤言倍觉欢，峰青昨夜雨，花紫隔林峦。世乱人多隐，天高春尚寒。此来应少住，剪韭共加餐。戊子樨謦里，作此自课。大颐寿者指墨。”此画作于1948年，时值社会混乱，杭州还未解放，民生凋敝，潘老借老友晤谈之题，抒发对社会失望而又无能为力的避世思想。

《旧友晤谈图》尺幅40.7cm×90.7cm，浆矾纸，设色指墨。图幅上为款题，中绘芭蕉绿荫，下有二老，粗布旧衫，心情沉重，虽有茶水，无心细品，虽有千言，欲说无语，默然对座石几。画中之人，也许一人为己，他人是“白社”挚友吴茀之、张书旂、张振铎、诸闻韵，或是……

潘天寿的用笔简洁明快，雄健刚直，但不蛮横粗野，笔线宽达自有分寸，并且落笔很有力量。仔细地慢慢地一帧一幅地品赏潘老的画，可以体会到他在运笔过程中对提、按、使、转等变化的把握与控制。他用墨着眼于大处，一贯追求的是奇崛大气、生涩凝练的艺术风格。生涩指运笔过程中似乎在克服阻力，艰难行进的感觉，即古人所谓“屋漏痕”。凝练指圆韧凝重，含蓄精练，不草率，不随便，一笔一墨都很有质量，即古人所谓“折钗股者，欲其折，圆而有力”。中国文人画十分讲究笔墨，笔墨是指用笔和用墨，一种内心冲动下的形态符号，诸如线、点、块、面、干、湿、浓、淡等因素的排列、组合与结构。说到中国画的笔墨，潘天寿是开拓者，他的笔墨有相对独立性。笔墨的相对独立性是指笔墨与缩写的自然对象不是简单的呼应，而是再创造。对象的形态真实感减弱了，笔墨表现的独立性就增强了。作画时笔线勾勒，笔线本身就具有了独立的美感，其体现的力度、速度、形状、枯湿等等因素均与作者的情感有关联。高层次的水墨画，要求笔线画在纸上，笔笔清楚。笔线两面的边缘，要与纸有明确的分界。湿笔画在生宣纸上会洇化，但洇化的痕迹，也要清晰明确，笔笔不含糊。随意叠加，会产生死墨脏墨。水墨落纸所形成的浓淡色泽与融化效果，是画家一生的追求。潘老的画秉性天赋，勤学苦练，驾驭感情，达到了炉火纯青的地步。因此，潘老的画是有感情的，且强烈沉静。画牛牛劲，画树苍翠，画石如山，画草青葱，画花孤芳也有情。他不以卖画为生，不必投买主所好；他亦懒于应酬，故不必追随时流。他作画的态度是“偶然睡醒抹破纸，墨沈滞宿任驱使。兴奋飞雨泻流泉，飒飒天风下尺咫。……漫言一点一划不在规矩中，不足相绳丑与美”（王国维《人间词话》）。潘老的性格和思想是自然的流露，不勉强，不做作，深远开阔，坚实厚重，大气磅礴，雄浑奇崛，是继吴昌硕、齐白石、黄宾虹后的又一画坛泰斗。

艺术品是一个整体，既有外在的形式语言，又有内在的精神涵蕴，二者互为表里，密不可分。唯有认真细读，才能在大师的作品中获得精神的升华和超越。在潘老诞辰120周年之际，读罢《旧友晤谈图》，我们在悠然的品茗中，也应该多一份对他的怀念与崇敬之意。

（第一稿写于1997年7月，发表于《茶博览》。2017年12月修改后发表于《杭州日报》副刊2018年1月）

吾解“休闲改变生活”

生活品质尚休闲，然休闲为吃喝玩乐乎？是乎非也！许多人问我，何为真正的休闲，却很长时间理不出一句话、可以说个明白，反反复复后觉得，休闲应该是怀着美好的心情，在美好的环境中休息、娱乐、健身、创作文化、享受文明。所有这些或可用一句话说：“休闲改变生活”。此话说来简单，然而其含义很深刻，深刻在“改变”二字。“改变”意味着生活品质的提升，这个目标是动态的、由低往高渐进的，虽然其中要改变的方面很多很多。

对于社会而言，休闲是建立在较高的生产力、较为发达的经济基础之上的。生产力高，效益也高，人们生产工作的时间可以缩短，劳动力与知识财富价值也高。于是社会福利事业发达，城市环境美好，新农村建设完美，第三产业、休闲经济就大大发展起来，其规模比例甚至可以达到所有产业的一半以上。

对于个人而言，则是通过努力学习，勤奋工作，掌握生活的主动权，在提高了人生的价值后，有充分的自由支配时间，可以娱乐、旅游、创作……去做所有自己喜欢做的事情。休闲的最高境界，是自己努力奋斗和生活品质完美结合的生活状态。但根本而言，休闲首先应该是一种心态，能体会美好生活的心态，它与个人财富没有很大的直接关联。更重要的是社会富裕、社会文明、社会保障体系完善，人人拥有休闲的权利、条件和环境。权利由我国优越的社会制度保障，条件和环境要靠自己和大家共同创造。社会主义初级阶段虽然也讲商品经济、市场竞争，因为能力的不同、机遇的不同，人们的收入必然存在高低差距，因此多劳多得依然是要长期坚持的原则，政府和社会还要通过二次分配，让人人拥有生活的底线，享有基本生活的保障。财富的差距将永远存在，但这个“差距”是要激励大家去努力，其也是社会发展的动力。成功者、富裕者固然可坐在豪华游艇上喝鸡尾酒，每小时消费上千元；普通人也可坐自划船游玩，每小时支出几十元，甚至就坐在湖边，享受绿荫、沐浴阳光，抒发美好思绪，不化一分钱，同样身心愉悦——只要你的心是休闲的。每个人都有相应的付出、相应的生活、相应的休闲。只有那些为财不择手段、为富不仁的人，和那些具有仇富心理、嫉妒心强烈的人，由于其不良的心态，与休闲总是无缘的。

休闲能够活跃思想，当你的生活理念超越城市发展、超越社会经济节奏时，你就会从容自在。休闲，是小区的公共绿地，不是空无一物，而是更美的景观；是歌曲里的过门，没有唱词，却有更好的旋律；是国画里的留白，没有笔墨，却有更加美好的想象。心情好了，工作是休闲，休闲是工作，人生的价值于此中倍增。

有了休闲的心态，闲适之心可漫于八小时内外。在八小时之外，可以琴棋书画，吹拉弹唱，健身健美，上茶馆下酒吧，游西湖赏西溪，夜游钱江运河……；于八小时之内，把我们工作的环境改造得干净整洁，厂区里绿意盎然，小桥流水，办公室里盆景鲜花，名人字画，文化雕塑……在美好的环境之中得心应手地工作本身也是一种休闲。健康的休闲调节身心，增长见识，融洽人与人之间的关系，调谐上下级之间的关系；助人为乐、见义勇为成为社会风尚，社会充满关爱。尤其是创意经济产业，更需要在浪漫闲适的环境中，产生灵感之花，写出精彩剧本，绘出动漫图画。一定的闲适生活还有助于发明创造，提高社会科技创造力，其成果又推进了生活品质的提升。

休闲改变心态，休闲改变环境，休闲提升文明，休闲追求更高层次的和谐。休闲是境界，也是一种艺术，休闲的理念是以热情去实现自我，用创造性的方式表达自我。有了休闲的心态，即使金钱没有增多，生活也会变得美好。如果人人都学会了休闲，那么我们的社会将充满情趣，充满关爱。“休闲改变生活”！

（2007年9月于绿园稻香居）

旅游最能够提高规划师的修养。旅游是调节人生情绪的最好医生。同游的人，路上碰到的人，一定会有故事。对一处处景点的描述，以及背后文化的探究，往往与规划设计的现状调研报告相当一致。但是与不同的人、在不同的时间，带着不一样的心情去旅游，写出来的故事，却也会不一样。

大美青海游

西藏和青海一直是心中的一个谜，好像是一个久远的传说。这次应朋友邀请，去青海德令哈基地参观学习太阳能储能发电。时值孟秋，正合我意。从西宁至德令哈，去时过海西蒙古族藏族自治州的茶卡盐湖，回来走315国道，北上青海湖，在青海的中心绕了一小圈，也算领略了青海的主要风光。青海有着绚丽多彩、波澜壮阔的画面，有的地方好像梵高油画的重彩，有的地方又有着莫奈作品的印象。

青海不美青海碧！

一直以为青海省除了“青海湖”，其他的就是戈壁、荒漠、雪山，走进青海才知道“青海湖”只是青海的一个高原湖而已。青海湖泊很多，一查有439个湖，占全国湖泊总面积的15.8%。著名的还有可可西里湖、太阳湖、酥油湖、情人湖等。种类上有盐湖、咸湖、淡水湖。青海山连着山，草原外面还是草原，水却不连着水。所以，青海的水是雪山融化的，是天上飞来的，白云带来的。一泓泓，一池池，一湖湖，在蓝天白云下，碧波荡漾，与湖畔的草原山峦构成一幅幅壮美的图画。久久难忘的是青海湖的万顷碧色，那正是无与伦比，我们亲临时，恰是风和日丽，那柔美的碧、温和的碧、馨雅的碧，何人不迷，何人不醉，游艇泛于湖上，如同翔于蓝天。

青海不美青海彩！

青海湖畔总是有开不败的黄花，那田田垅垅的黄色，夹杂着紫红的花朵，在皑皑的荒漠里格外倔强而艳丽。还有那多彩的经幡，一条条一簇簇在风中飘逸，偶尔有穿着华丽藏袍的牧人，来湖边取水，望着她的刹那间，不禁魔怔般地去追想她的生活，她的远方，那碧蓝碧蓝的湖水也更加迷人，把我的魂魄融入湖里、云里和梦里。

青海不美青海白！

让人感叹的青海的白，不是雪山雪景，而是在海西州的茶卡盐湖，平静的湖面似一面白色的镜子，没有一丝波澜，与远方连绵的、圣洁的雪山白云几乎融为一个白色的世界。旅游策划上命名为“天空之境”一点都不为过。在这一望无际的空旷中，坐着小火车，缓缓驰向湖心，越来越白，又有虚虚的淡淡的倒映着的蓝天白云，如同立体电影一般神奇，分不清是真实的白盐还是虚幻的白云。火车停止，声音停止，极致宁静，白色淹没了微微的风声，还有自己的呼吸声。我迷倒在一个如此立体的白色世界里。在这里盐是大地，盐是大海，盐是沙滩，盐主宰了一切，盐也成了文化的载体。青海艺术家以古老的昆仑神话和西方童话为素材，用了120吨的青盐雕刻了《盘古开天》《美人鱼》等主题盐雕，雄伟壮观，堪比舟山的沙雕、哈尔滨的冰雕。

青海不美青海迷！

青海迷就迷在诗人海子。《姐姐，今夜我在德令哈》，在德令哈有诗人海子纪念馆和海子公园，为纪念20世纪80年代一个北大多情浪漫的学子而建。海子的诗也许解不开青海的神奇，诗中海子的师姐也许是虚构的，因为海子道不出魔幻青海的神秘，情愿卧轨殉情，是为青海还是为师姐？也许海子想用灵魂去追逐青海的蓝天白云，追随巍巍山魂。青海湖是大地的明眸、神的慧心、上帝的遗梦、山岳的情侣。山水总是相依，山水总是相伴，江河湖海溪无不因山而灵动。青海离天空很近，如果穹宇间真的有黑洞，让时间倒流，重写人生篇章，但愿海子进了时间隧道，来世有更多精彩的诗篇。

青海不美青海神！

记得明代有位诗人咏温州江心屿，“江山如有约、云山暂为家”。其实前一句是写我，后一句是写青海的藏民蒙民。今天来青海，正如江山有约，我之来也！是为生活告一个段落，清一下心灵，静一下心境。然而青海的藏民蒙民的住所何其简单，生活何其原始，却虔诚地信仰神，信仰佛，他们才是以云山为家。他们把一身的财富都贡献给了班禅和达赖，也把自己的灵魂融入了天和地。

因此，青海寺庙之壮观，举世无双，有名刹15座之多。我们只是游览了位于西宁市西南25公里处的鲁沙尔镇的塔尔寺，该寺就有9300多间房，占地45公顷。该寺得名于大金瓦寺内为纪念黄教创始人宗喀巴而建的大银塔，藏语称为“衮本贤巴林”，意思是“十万狮子吼佛像的弥勒寺”。三世、四世、五世、七世、十三世、十四世达赖及六世、九世和十世班禅，都曾在塔尔寺进行过宗教活动。寺内珍藏了许多佛教典籍和历史、文学、哲学、医药、立法等方面的著作。寺内还有三绝：酥油花、壁画和堆绣。看看无边无际的草原山峦，又看看飞檐重重的寺庙和庙里陈列，这种对比不就是神的力量在魔化！

人来自父母，又回到江山灵土，如果不敬神，岂可上天堂！所以，今天看似临时决定一游青海，也许是神命中的江山之约，久违大自然的宁静，在都市里行车匆匆，为国为家，没有想到在此还有一个灵魂的家，一个思想的天国。两个家的虚实相映才有辉煌人生，也许海子早早把它糅合在一起了，也许不小心颠倒了，先虚后实，追逐他那个想象中的姐姐去了。

青海不美青海高！

站在青海的高原上，心境开阔，思绪万千，极目远眺——是天空、是蓝天，还有雄鹰，是宇宙、是穹宇，白云会在身边飘过，云飞云起处，是云之家、梦之源、湖之魂、心之恋。人生际遇种种，天壤之别，历史蹉跎岁月，精彩纷呈。比海洋大的是天空，比天空大的是佛，比佛大的是自我，自己的胸怀，因为，佛在每个人的心中。

青海湖处于高原，青海湖是距离天空最近的水，湖大如海，所以叫青海。来一次高原之旅，是与天空对话，白云交心，山川对歌：

云淡风轻千山越，披星戴月青稞酒，
牛羊不知海子诗，青海不美青海神，
万朵白云吻青山，万顷碧湖群峰涵，
游湖好比上蓝天，大美青海天地观！

我不是海子，更没有浪漫的情绪，也不想进入海子诗里的时间隧道，五十已知天命，开始学会放弃再放弃。山体草原尽情沐浴阳光，荒漠上漫长的日照给了她太多的元气。所以，浙江的能源科技公司选择青海作为研究太阳能储能发电的基地，给我们以绿色的能源，绿色的希望，改善我们的生活环境。只有辛勤工作后的休息才是休闲，才能体会到草原之绿、湖水之碧、白云之悠，生活还是生活，生活里有诗，但是，诗不是生活。别了，青海！别了，海子！青海大美，杭州更美！

（2017年9月于求是路绿园稻香居）

品味天山

天山之所以叫天山，那真是像“天山”。她绵延千里，横跨新疆东西，把新疆分为南疆和北疆。它不仅拥有大片荒漠和戈壁，也蕴藏着雪山、草原、森林和湖泊。她高耸入云，分不清白云和雪峰。夏日里雪山融化，流入湖泊，流入平原，哪里有水，那里就有绿色和生命。水乃是大地的DNA，有水才能使植物发芽变成可能。有水才留得住牛群、羊群和人类。

此行我们十人化了一天一夜的时间，从杭州至西安、乌鲁木齐转换两次飞机到达阿尔泰，又车行2小时到达布尔津，已过深夜12点。但是，那里的夜市排挡刚刚是高潮，啤酒解暑，烤鱼填肚，一下子进入了西部的豪迈风情。第二天梦醒时分，汽车把我们带入了喀纳斯湖，一个坐落在阿尔泰深山密林中的高山湖泊、内陆淡水湖，被誉为“人间仙境、神的花园”。可是，此时除了白云还有浓浓的白雾，在隐隐约约的雾里登上山顶那座造型别致的木楼，等待云开雾散。不到一小时，云在漂移，云在收缩，奇景出现，碧而透亮，碧而玉洁，与远处的喀纳斯云海佛光，构成奇妙无比的图画。耳边呼呼的风声，被咔嚓咔擦的拍照声所替代。下山途中导游说湖中有巨型“水怪”，常常将在湖边饮水的马匹拖入水中，有人认为是当地特产的一种大红鱼（哲罗鲑）在作怪。这给喀纳斯湖平添了几分神秘色彩。

喀纳斯湖不是很宽，但是很长，望不到尽头。喀纳斯湖景区由高山、河流、河滩、森林、湖泊、草原等奇异的自然景观组成。沿途有成吉思汗西征军点将台、古代岩画等历史文化遗迹；还有驼颈湾、变色湖、卧龙湾、观鱼台等景点。这些分明是欧州的油画，地理杂志的照片，不似我以前想象中的新疆！

此行第二站是中国西部最北端的禾木乡，它距喀纳斯湖大约70公里，周围群山环抱，青峦起伏，木屋错落散布在山地白桦树林边，可以想象在秋天这满山黄黄的白桦树和一座座雪山的组景，是何等的美丽，何等的让人心醉。我们骑马蹚过溪流，登上小山坡，俯视禾木村全景，一览图瓦人家。山地阴坡森林茂密，苍翠欲滴，马鹿、旱獭、雪鸡栖息其间。村边绿草满坡，繁花似锦，芳香四溢，蜜蜂在采花酿蜜，牛羊悠闲觅食撒欢，一派迷人的草原森林景色。

离开北疆，南下奎屯。从奎屯出发西走，左望是雄浑的天山，右望是一望无际的戈壁荒漠，间或又有一片绿洲、果园和村庄。在辽阔的平原上车行半天才逐渐走上高原，离雪峰越近，草原越绿。从奎屯、乌苏、精河抵达高原湖泊——赛里木湖，俗称三台海子，大西洋的最后一滴眼泪。赛里木湖，蒙古语意为“山脊梁的湖泊”，古称“西方净海”。赛里木湖水深邃湛蓝，湖畔云杉苍翠，牧草如茵，神奇秀丽的自然风光深深印入我心中。湖畔色彩斑斓的小花，蓝宝石般的湖水，远处的雪山，构成赛里木湖一年中至纯至美的油画般的景色。

为保护环境，赛里木湖周边没有开发任何设施，连一个小卖部都没有。环湖是一条宽约6米的沥青游步道，绕行一圈100公里。你可以时不时驻车，走上湖滩，与清澈见底的湖水亲密接触。你也可以回头望望草地、青山、雪峰的构图。空气是那么的干净，沁人心脾，阳光是那么的强烈，却因湖水的冷却又是那么的温和。

这高原之湖乃是大地的心灵，天山的灵魂。这里的蓝色是大地的音符，天蓝水蓝，心也蓝了。在此情景之中，感觉到生命不再脆弱，辛酸和无奈会蒸发，污浊和物欲会消失，让你学会取舍什么，珍惜什么。在此牧心、洗心，放飞我们的心灵吧!

越过果子沟，山路十八弯，层峦叠嶂，溪流泉涌。我们游览了两个高原草原：那拉提草原和巴音布鲁克草原。在那拉提草原，感受蓝天、白云、大地、绿色带来的美感，感受牧民的纯朴与热情，感受草原部落的原始，体验乌苏民俗风情。骑马游走在草坡溪流和雪峰谷底的森林之中，体验着草原马背上的生活。那巴音布鲁克草原更加宽阔无垠，辽阔平坦，蓝天白云，草原羊群，让你领略迷人的塞外风光。“天苍苍，野茫茫，风吹草低见牛羊”在这里是真实的写照。天鹅湖湿地的野天鹅，九曲弯弯的河道，日落时可见九个太阳。传说后羿射日，九个太阳就落在这里。

看着这无边无际的草原和前面荒漠戈壁的景色，仿如两个世界。这高原草原的绿色，久久萦绕在我的脑海里。

这高原之绿乃是流动的绿浪，流进我们的心灵，让人舒展轻盈，旷达开朗。

这高原之绿乃是大地的一段情感，能够化作万千细雨，滋润天山大地，带给人类生命的祝福。

这高原之绿乃是凝固的阳光，徜徉其间，远离尘嚣，隐去膨胀的物欲，消散心头的愁云，让心灵充满阳光。

这高原之绿乃是大地裸露的记忆，她碧如海、青如黛，日出日落中，异彩缤纷。这里牧民拥有羊群的财富不下百万，但是，他们还是那么实实在在，不求过分享受，没有城里人那么多的匆匆忙忙，而留出更多的时间沐浴阳光，在晚霞中唱歌跳舞。

走下高原草原，迎来的是彩色的田野，金黄色的葵花田、略带泛黄的玉米地、即将飘香的麦穗垄，这就是“塞外江南”——伊犁的风光。翻过天山西南支脉，又是无边无际的荒漠戈壁，还有那千奇百怪、鬼斧神工的魔鬼城。惊叹这大自然的壮观，更惊叹人类的伟大。历经千年沧桑的交河古城，与长城、京杭大运河并列三大古代工程的生命之泉“坎儿井”；方圆百里的克拉玛依石油城，人工铁架森林的风力发电场，还有那最最新疆的葡萄沟。所有这些让我们着实感受到了新疆之大、新疆之美。

匆匆结束七天的天山之行，天山的草原、森林、戈壁、荒漠、雪峰、湖泊……时不时还在脑海里翻腾，又仿佛是一首大地的交响曲在脑间萦回，高潮时翻云倒海，舒缓时平湖秋月。这种戈壁与草原，荒漠与雪山，古遗址与现代城市的强烈对比，启发人生学会舍取，让我们不再迷恋虚幻的成功。没有戈壁的流汗，就没有生命的绿色；没有荒漠的艰辛，就没有绿色的回报。这就是天山之行的收获。

（2012年8月于求是路绿园稻香居）

一题多解，一景多描。“横看成岭侧成峰，远近高低各不同”。我写过两次大海，同样的海浪，同样的沙滩，不一样的切入点。但是，最后表达的都是人生感怀。一篇借大海相对静止的“海平面”和旦涨夕退的海浪，赞美其永不停息的运动精神；一篇以“生活的缝隙”为引子，去海边听海浪拍岸，观海潮拥抱沙滩，当作生活中一条条美丽的缝隙，来述说人生感怀。同类的规划或因创意思路不同，表达的手法大相径庭，但最后解决问题的结果可能相似。

海之品

在初夏多雨的日子里，单位集体组织去东海的佛国普陀山旅游。那天我们坐火车、乘汽车、上渡船，天黑才上岛，晚宿普陀宾馆。第二天晨起，风带着云，云夹着香，如幻如梦。天上的云在此时，仿佛被神佛重新排列过，深处又重又黑，淡处发白发亮，绮丽无比。我们驱车沿着蜿蜒的盘山公路，直上佛顶山的慧济寺。车临近山顶，云雾愈密愈浓，在我们没有领略到沙滩上的海景时，先欣赏到了一个山苍苍、林莽莽、雾茫茫的云海之景。这云海和远处隐约可见的大海拼织成一幅壮观美丽的仙境图。此时周围还播放着观世音念经心曲，佛曲悠扬空灵，我们仿佛真正进入了圣洁的大慈大悲的佛国。我心中的一切杂念，此刻便成了云之曲，海之韵。

从山顶顺阶而下，匆匆游过法雨禅寺，我最急切的心情是去海滨，去领略大海的神韵，体验大海的神力。到达海边的时候，天变得豁亮起来，眼前的景色同山顶迷朦的幽境形成极大的反差，原先朦朦的天空凝聚成一团团一簇簇的云絮，在湛蓝的净空中翻滚。云絮遮掩着太阳光，使得大海折射出银白的反光，似一片巨大无比的明镜。那间隔着的层层叠叠的海浪不急不躁地涌来，又款款地退去，在高低错落的礁岩上形成无数千姿百态的白莲，是大海有情，来探视我们这些远方的来客呢，还是我之心灵与大海的对话?

此刻我若有所悟：大海不仅壮观美丽，更有其独具的神力和灵性。为什么自古以来总有人歌唱大海，诗咏大海，描绘大海，不就证明其有着不可估量的品格吗!

海，来自山川河流，啜取着大地的精华，从它形成的那天起，就确定自己的起跑线——海平面。不对佛国的菩萨有何奢望，不对高山趋势低头。不因为礁石低矮沙滩脆弱而嫌弃，而是与其为友朝朝相伴，一往情深。

海，面对浩瀚的穹宇，认定了自己的高度，确定了自己的理想和追求，不曾企图飞升到云层之上去追逐不属于它的高度，但它开阔宽大，不是隐伏在山峦间一丘平静的死水。它潮起潮落，旦退夕涨，不需要驻地和驿站，拥有永远的征程，日夜兼程。

海，是唯一的，但从不孤傲。它与大地为邻，与太阳为伴。它深信太阳，便升腾出白云，化作万千细雨，滋润大地，带给人类绿色的祝福。星辰间，高歌着迎接太阳的曙光，黄昏时，采撷着最美的夕阳，来蕴蓄自己的力量。海是一位千古不逝的老人，一层层的海浪是你智慧的绉纹。你在思索着阅读世界，俯瞰人生，记载历史，道出海的“品”位。

海，你着实雄伟宏大，黄河不会使你变黄，长江的激流不使你变浊，你总是湛蓝如碧，洁身自好，凝重而豪放，面对人世间，潇潇洒洒。有人生活坎坷，说是苦海；有人为钱财经商，说是下海，所有这些，都不是你的过。有歌唱道，“明月有心，大海无情”，这也许是作者的偏见，你也不曾为此云云，而有委屈之感。

你就是你，你升腾便是云，你翻动便是浪，你不辍的运动便是你永远的高歌。这就是海之品，我将永远赞美你。

（1995年7月写于古荡斗室）

生活的缝隙

刚过新年，从老家回杭，有朋友约我去海南“耍戏”一周。年头事情多，本想推辞，友人说不应该太为难自己，多少应该给自己的生活留点缝隙。

是的，长篇小说要分章回，电视连续剧要分部分集，生活也需要有缝隙。感谢友人给我这一条缝隙，当我乘机飞向南国的时候，一下子感觉到这一条缝隙好美、好大、好宽广。南国的海如碧、南国的天如碧、南国的绿如碧、南国的风也如碧，温暖和煦。骄阳下追寻天涯海角，晚风中徜徉美如夏威夷的亚龙湾，我感受到了大海勃勃生机中蕴藏着的宁静。在这样的氛围里，在这样的缝隙中，还有什么世俗的纷争，得失忧患！名利随海浪退去、淡去，消失在极目浩渺的海平面上！

从壶源江畔为梦夜读，黄浦江畔思梦画梦，到西子湖畔为梦奔忙、彷徨、劳碌，匆匆又匆匆，觉得每天有好多好多的事情要做，必须做，不能不做，努力再努力的压力与日俱增。整天周旋在电话机旁、电梯里，盘桓在电脑屏前，电脑成了我、我也成了电脑，匆匆还得匆匆。久违了乡间的静寂，失去了淡泊的襟怀，飘逸的想象。整天去对付周身的嘈杂、吵闹、拘束、紧张、虚伪、造作，有时还得委屈自己去陪同他人对付一幕幕的逢场作戏。也许安逸同我无缘，也许忙碌将终生相伴，但我要努力给生活以更多美丽的缝隙。

西子湖固然有“淡妆浓抹总相宜”的妩媚，但终归缺少大海的魄力，缺少乡间田野的淳朴。西子湖啊，你养尊处优，吉地享福，却还要作茧自缚，为高档、为时髦、为高贵、为超人一等……把自己的负荷胀至狂妄的地步，从而失去了自己，迷失了自己。

给生活多一些缝隙吧！去海边听海浪拍岸，观海潮拥抱沙滩。在大自然的寂静中，去体会人生的真谛，返璞归真，寻回自己安稳与舒泰的一面，去发现与世无争的安闲，去洗涤患得患失的恐惧，去抛弃竞逐名利的烦恼，求得怡然自得的自我，让古人“人生不满百，常怀千岁忧”的先言不再灵验。

忙乱把生活缝上口袋，几乎密不透气。回归自然，是为生活拉开一条一条美丽的缝隙。每一条缝隙都留给我很久很久的宁静，不为失意恐慌，不为成功自大。抛弃生活中不需要的执着、迷惑、恼怒、牵恋，去聆听大自然荒凉寂寞的声音。天地创化，将沧桑的激越化作雄伟、深沉、感慨的宁静和安详。人，是浩浩沧海中的一粟，茫茫宇宙中的尘埃。

极目凝望海平面的尽头，我宁静中不穷遐想，遐想中凝住心神，远方那条天地相齐的地平线，也许是宇宙的缝隙，我将视你为希望的视点，理解的视线，真爱的永恒，随波涛的热烈争取你的安逸，驾劳碌的扁舟驶向你的平静，寻回生活中多彩的缝隙——那心灵深处永远宁静的港湾。

（1996年3月写于古荡斗室）

我一生当中有三幸：小时候买到一套小人书，高尔基的三部曲《童年》《在人间》《我的大学》，打开了我立志走向城市的理想之门；上大学碰到了著名教授陈从周先生，因陈先生的国画启蒙老师是我家乡张子屏先生之缘，纳我为入室弟子，学园林、文学、书画，提高了规划修养；工作后碰到的数任院长，对我都比较重用，能够发挥我的专长，大大提升了我的人生价值。

不能忘却的恩师——陈从周先生

——写在陈从周先生诞辰100周年

在纪念陈从周先生诞生100周年之际，各媒体和网上有关陈从周先生的文章，如秋叶纷飞。陈先生是我的恩师，我在大学生涯中（1984-1988）师从陈先生的点点往事，终身难忘。我是江南吴姓延陵郡后裔，远祖虽有过元代大学士吴莱、为宋濂之师，现代也有吴茀之（1900-1977）、吴山明等著名画家，但笔者近祖几代均为小农小商，仅以温饱度日。书香清淡，生活却让笔者对中国书画产生了浓厚兴趣，无师半懂，能画出一点模样，并得到旁人称赞。自此我便存了一份以后涉入画坛之心，但生活在贫瘠的农村，很难心想事成。20世纪80年代初，随着高考潮流，我考进同济大学建筑系（1986年改为建筑与城市规划学院）城市规划专业学习，有幸得到著名园林教授陈从周先生的赏识，成为他的入室弟子。深入以后，始感到中国书画艺术之深奥，非一点冲动、一点天赋就能够登上书画这座高山。陈先生说我画上有些天赋，但书法功底太浅，用笔底气不足。他对我说：“墨中分五色，线内有千军万马，点上还有气质修养，孺子可教，但需努力。”

蓓蕾初绽

当初如何识得陈先生，记忆已有些模糊，印象中是在刚进大学不久，因校学生会的策划，要我在同济大学校门口的宣传窗上展示一些我的国画作品。当时我对于我的画能不能展、好不好意思展，心中没底。有同学说，学校里有位著名的园林教授陈从周，他是位书画名家，也是浙江人，不如你去请教他，定有分解。从系里问到陈先生的地址，拿着画作，忐忑不安地去向他讨教，陈先生看了几幅习作，问我是哪里来的，我回答说是浙江，他又问我是不是浙江浦江人，我很惊讶，说是的。这时候他说，他的中国画启蒙老师也是浦江人，叫张子屏，当年在杭州蕙兰中学读书时，张子屏是他绘画的启蒙老师，还拿出张子屏的画给我看，说我的画有一些浦江书画家的遗风。他还嘱托我，以后回浦江，替他多去上上张子屏的坟。张子屏的坟是先生刚刚出资重修的。那天他给我讲了好多好多，可能是想起他老师的缘由吧。他说书画同源，画画要先练好字。他教我在案头放支毛笔放杯水，稍有空就画圈圈，画横竖线条，提高悬腕笔力；再临颜体柳体等各家碑帖，研读诗文，增加社会阅历，渐渐就会悟到画理，画在纸上、功在画外！看过画，讲完话，他给我题写了“蓓蕾初绽”四个大字，算是鼓励，也是给我的小画展题词。临走时还给我一本《中国画学全史》，是我们建筑系郑孝正老师的父亲郑午昌撰著的，要我在3个月里看完，看完要考试。

卖画定价

没想到这次展览给我带来了意想不到的收获，展出十几天后，我们学校留德预备部的外籍专家组组长格尔比斯，带上他的一个学生（当翻译）找到我，说要买我的画，想10元一张全部买下。我又惊又喜，但这个事情我得去问问陈先生。陈先生说不能这么便宜，国画总归是国粹，不过学生作品么也可以便宜一点。他给我定了一个价格标准，小的（四尺三开）30元一张，大的（四尺整）50元一张。学生子卖画了！一下子传得沸沸扬扬。有人提醒我，私自卖画可能有问题，说当时老师卖画要交50%的画款给学校，我作为学生是不是也要上交？还是陈先生说话了，学生么就算了，当作勤工俭学了。这次一下子卖了10多张画，上千元的收入，对我一个穷学生来说，正是旱季甘霖。那时学生的平均消费每月才30元左右。当时我还有助学金、奖学金，得到这么一大笔收入后，读大学的经济问题一下子解决了，既为经济比较拮据的农村父母分了忧，自己也可以不为生活问题烦恼，可以全身心地投入学习了。

新篁得意

后来陆陆续续，常去陈先生家里讨教、交作业，我提出什么时候正规拜师，他说无所谓拜不拜的，有空就来，本科生就带我一个，一点架子都没有。我作为本科生，也可以与他的研究生、博士生一起听课。当年示范书写给我的书法，上面签名称我为弟，我觉得汗颜，他说古代人为表示尊重，要提高一个辈分写的。我也开始抄写他的《说园》一书，又结识了书法家蒋启霆先生。蒋启霆先生是陈先生夫人蒋定的侄子，海宁藏书世家蒋氏后人，住在青云路78号。我拜访过他二三次，他曾写过一幅关于《说园》理论的书法给我。从《说园》开始，我向古典文学的殿堂迈进了一小步，至今受益匪浅。我真是很幸运，在大学四年里，遇上了同济大学80周年大庆。当时建筑系的庆祝活动中有两个画展，一个是樊明体老师的水彩画展，另一个就是作为学生代表的我的中国画展。这次陈先生给我的题词是“新篁得意”，说我的画有些入门了。

悲悯余生

1984年我入学时，陈先生的夫人刚因病离世不久；1987年先生的唯一儿子又在美国遇难，面对这样的双重打击，任何人均难以承受，何况对一位古稀老人。但是陈先生在教学上一如既往地尽心尽责，讲课时还能够妙语迭出，谈笑风生。这是一种何等的精神，何等的心境！然而白发人送黑发人总归是残酷的事，让他的心中一片茫然，我去看他时，常常见他一个人在听昆曲唱片，又在写着什么。我不知道该如何安慰，也不懂得如何安慰。陈先生有时画点花卉小品给我看，常常会用香烟烤一烤过湿的墨，等似干非干时再往下画，说掌握水分的分寸最重要。大三时我的画法作了一些改变，他看了不喜欢，还严厉地批评了我，说我现在的画就像我带给他的浦江火腿豆腐皮一样，没有从前的味道了。他教导我说，看时人之作易犯流行病，要多看博物馆藏品，为自己的画技增加免疫力。自此之后，我再也没有去追求怪戾的、取巧的画风，而坚持用传统的笔墨，去创造新时代的风格。

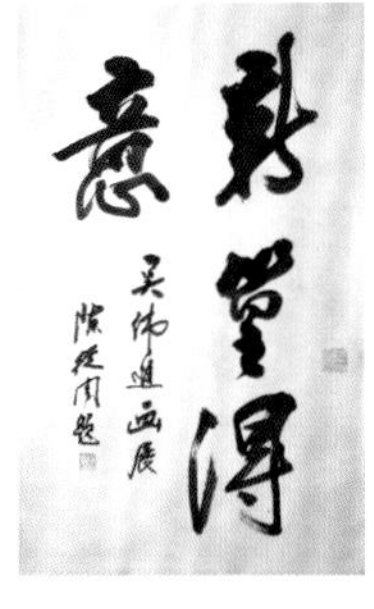

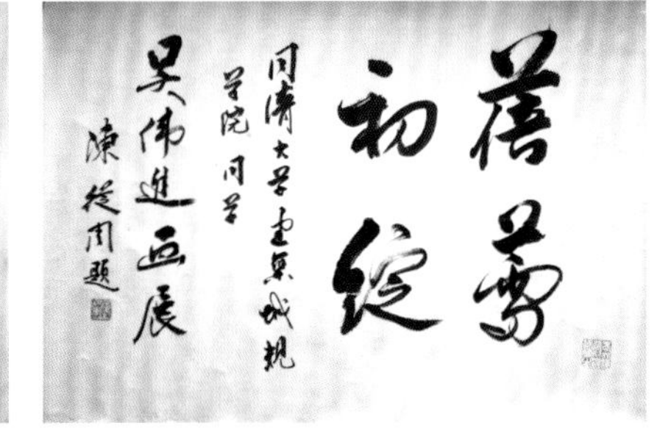

古建意识

刚到同济时，就听说陈先生把中国园林推到了世界的窗口——他主持设计建造的以苏州网师园“殿春簃”为蓝本的明轩成功落户于纽约大都会博物馆，蜚声海外。后来又知道，他主持修复了上海豫园、嘉定孔庙、南翔寺砖塔、普陀真如寺、松江唐经幢，还有上海青浦红楼梦大观园、杭州汾阳别墅（俗名郭庄）等。这些项目与其说是修复，还不如说是在抢救传统园林和文物。期间听到最多的话，是园林工地上的人既怕他不去、又怕他去，不去，有些地方造不下去；去了，他要求很高，怕他发火骂人。

陈先生对于古城、古建筑、古园林、古文物的挚爱、酷爱，不是亲身接触，没法体会。我的毕业设计是浙江海宁的总体规划，陈先生知道后问我，海宁有多少名人故居？徐（志摩）家的故居有几处？有没有调查清楚？我支支吾吾说不明白。他说他是海宁长大的，他的奶妈还健在，一直生活在海宁。又说徐志摩是他表哥，然后把他自费编印的《徐志摩年谱》给我看。他要我回去好好调研，于是我只身一人前去作进一步调查，知道徐志摩的父亲是徐申如，是第一个在海宁建造电厂的早期企业家，徐家还有梅酱厂、绸缎庄、钱庄等，当地人称其为“硖石巨子”；还有王国维、蒋百里、张宗祥、查良镛（金庸）等民国时期的名人一大堆。在当地政协文史委的协助下，我把名人故居一一标记下来，但这些故居多半状况很惨，有的破旧不堪，有的坍塌一半，有的甚至找不到了；还有的被挪作他用，如徐志摩和陆小曼的故居当时是工商银行的办公用房。在陈先生的督促下，我在规划中强化了海宁历史文化保护的专项内容，划定了西山脚下仓基街、市河市区段为历史文化保护街区。规划之余，我画了海宁市河市区段两岸的建筑立面钢笔速写长卷。陈先生很高兴，给我题写了封面“海宁市河传统历史建筑”。遗憾的是，当时学院里要我把原稿复印一份保存下来，让一位上海同学去上海外滩福州路一家文具商行复印，结果原稿一直没有还给我。

在浦江的塔山公园里有个塔影园，其主体建筑是陈先生主持建造的。塔影园的名字是陈先生取的，字也是他题写的。陈先生说杭州变得太快了，若去杭州，除了发火就是生气，不如绕道直接去浦江来得轻松。塔影园的园林景观则是我根据陈先生用沙子撒在桌子上比划的构图（陈先生惯用设计法）照片设计的，当时刚好是暑假时间，于是直接跑去就地放了样，把园路、水池、植物配置、太湖石堆砌等按刚刚学到的园林知识安排到位。

谆谆教诲

我在上大学前没有念过高中，又在建筑施工队干过几年活，全靠参加高考补习班考上大学。到本科毕业时，我已经是研究生毕业的年纪了，没打算再读研究生。临近毕业，去向陈先生告别，那是一个六月中旬的傍晚，天气已经比较闷热，我们在同济新村院子里的石头凳子上坐下，他同我讲：“做人先于艺术，艺术先于技术。技术可以勤奋，艺术发挥天赋，唯独做人要有勇气，做一个正义的人还需要胆魄。一个人要常思人恩，莫记人怨。你去杭州后，要做好古建筑保护工作。有事情可以去找胡理琛、吴非熊、陈樟德、陈洁行、阮浩耕等一些杭州城建系统里的领导和名人。”他又说：“杭州这个城市，市长来时什么样，走时还是什么样，说明这个市长是有文化的；走时大变样，说明这个市长是没有文化的。”当然，他说的不能变的、需要保护的是市中心老城区。那天他对我讲了很多很多，中间时不时还来几句诗词。临别时，他回家里拿出一个大信封，里面装的是四尺整的一书一画，要我带回浦江塔山宾馆悬挂。没有想到，他早就做好了我回浙江的准备，实在是令我感动不已。他没有忘记我这个普普通通的本科生，没有忘记我的老家浦江。望着他有些佝偻的背影和满头白发，我心里有一种说不出的酸楚。

助我成长

刚刚工作时，我是一个无名小卒，碰到一些不合理的事情，呼吁根本没有用。陈先生让我关注海宁名人故居的保护，我去了海宁几次，也没有领导关注我，关注保护古建筑的事。甚至有个别人讲，我们海宁名人太多，吃不消保护的。我四处碰壁，只有和几位搞文史的政协委员一起诉诉苦。但是陈先生直言不讳的精神，一直鼓励着我的工作和生活。在同济时我就知道，陈先生是上海市政协委员、杨浦区人大代表，时常听到他为人民群众发声。对于政府规划中的不合理之处，他总是据理力争，有时甚至像一头愤怒的狮子，直到那些不合理之处得到纠正为止。

慢慢地我也懂得了一些处事方式，提建议的方法也智慧起来。虽然没有陈先生的名气和地位，我还是做成了几件事情。例如，1994年站在运河岸边，透过发臭的河水，我隐隐感觉到运河文化的深厚，一直关注、一直呼吁，到2002年负责完成了《京杭运河杭州段综合整治与保护开发战略规划》，规划了运河文化广场、运河博物馆，抢救保护了小河直街、富义仓等历史街区等，关于成立京杭运河杭州市区段综合整治指挥部之建议也得到落实；1999年敏感地意识到杭州大剧院不能建造在原都锦生丝厂地块内，就与其他专家共同呼吁阻止，最后建在了钱江新城；2004年提出大杭州“一小时交通圈”空间战略研究建议书；2018年在杭州拥江发展的大趋势下提出了“杭州湾时代”的发展战略，等等。这些都是关乎杭州城市建设和发展的大事件，我有幸参与其中，心中甚慰。

从2003年开始，我连续四届当选浙江省人大代表，又是杭州市第十一届政协常委。陈先生的精神和品格一直激励着我，说真话、敢说真话。有时候在某些地方吃了一些亏，但空下来看看他的散文，在惆怅时抄抄他的《说园》，就平衡了心态，找回了自我。一路走来，坎坎坷坷的，但还是十分幸运，领导慧眼识马，给我竞选人大代表的机遇，让我有为杭州城市发展规划说话的机会。

陈从周先生不仅是园林泰斗，还是一位知名词人、散文家，其诗词自成风格，散文堪称绝响。冯其庸盛赞“陈氏文章如晚明小品，清丽有深味”。钱仲联赞其词作“雅音落落，惊为词苑之射雕手”，更称其为“杂文家之雄杰”。叶圣陶先生评《说园》说，“从周兄熔哲文、美术于一炉，以论造园，臻此高境，钦悦无量”。

同济一别，时间过去了30年整，今年又刚好是陈从周先生诞辰100周年。陈先生桃李满天下，是永远不能忘却的恩师。他是一座学术的丰碑，他是一座灯塔，永远指引着我们前行。

（2018年11月于杭州市规划设计研究院北窗）

师陈从周先生写《说园》

——苏州园林游感

华严家言“心如画师，能出一切象”，此谓心犹画也；古佛偈云“身从无相中受生，犹如幻出诸形相”，此谓生亦画也。生者，自然也，师法自然，中得心源，可谓心生法生，文采彰矣，此谓画理也，故智者观世如观画，然予谓观园犹赏画也。赏画者如阅文，为情造文，文以兴游，游者情文兼之，游兴乃起。姑苏城内，古有园林二百许，惜今存十几有余。造园设计者因地制宜，自出心裁，各各不同，然异中求同，园中一物一景，总能入画。任尔立何处，总见完美图。是故，每园皆重亭台楼阁轩榭之布局，假山池沼之配合，树木花草之映衬。今有幸苏州一游，略说其三四者为快。

园林之“门窗”

苏州园林，园必隔，水必曲，小中见大，含蓄不尽。然分而不断，分中有合，有门洞相通，漏窗相渗。开门设窗，并不轻以处之，必搜神夺巧，或为因借，或为构图，或为导向，皆有艺趣矣。留园门口，类似库门，简单明了。入门乃一小厅，过厅东行，犹进甬道，光渐暗淡，空间为之一收也。过道尽头复有方厅，光过漏窗，空间稍敞。过厅西行，又有过道，兼两小院，空间愈敞。至门厅廊下，光亮如常。出门可见“长留天地门”，盖古木交柯门洞也。其东侧，一月空窗，细竹摇翠，若示渐入佳境也。盖开门见山似无路之手法，无异故事之悬念，乐曲之先奏，故云“景愈藏”境界愈大矣。此举非地形布置之巧合，乃造园者之匠心独运也。欲扬先抑，欲放先收，为障景之法，各园处处可见，有法可据，无式可临，游者心慧则会之。至若沧浪亭门外，清波流水湾，曲桥隔水入园，东则粉垣漏窗，花影横斜隐现，西则木格花墙，其下黄石驳岸，水波窗影，“未入园门，先得园景”，一筹三胜也。游者未入园，神情得聚，整看不遗零也。

园林之“假山”

苏州诸园，堆叠假山，必不能少。耦园因黄石著名。留园湖石、黄石杂砌，气势不凡也。狮子林湖石林立，状如群狮，栩栩如生，玲珑剔透，高低盘旋，重重叠叠，远观如宋元工笔云峰，登之若蛇行山门，此趣何及！足见造园者平生之阅历，胸中之丘壑！

情以兴游，文以兴游。园有园名，门有楹联，假山亦有其名也。狮子林最高峰曰“狮子峰”，园亦得其名，昂霄诸峰，含辉吐曜，配其美名，助人游兴。留园冠云峰，集湖石瘦、透、漏、皱之四性，高三丈许，夺峭迎人，临池迭砌，亭亭玉立，何异妙龄少女，临池照镜梳其青丝然乎！另者，朵云峰、岫云峰，皆以云命之，遐思连翩矣。

沧浪亭真山之上复立假山，跌宕有致，古树郁翠，画意浓浓。拙政园，假山凝重稳沉，上者为蹬道，可攀援；下者为石洞，可通幽。登斯山也，则觉身处园中，不知其为园，心旷神怡，其游兴洋洋者矣。

园林之“水”

水者，园中池沼也。“山贵有脉，水贵有源，脉源贯通，全园生动”，“水随山转，山因水活”，“溪水因山成曲折，山蹊随地作低平”（《园林谈丛》第二页）。此谓山与水之关系也。是故叠山必引水。池沼宽畅，则处中心，池水湾湾，则通幽处，无源可寻。水面狭然，则置桥梁，座座不一。拙政园之东园，其水面敞然，间有小岛，曲桥贯之；水缓，罕有齐整迭岸，高低屈曲，顺乎自然。水缓常植树，着眼画意，重风姿，寓情意。高木低树俯仰生姿，落叶常绿相门生韵，簇植孤栽错衬层次，水缓有石，多则为假山驳岸，少则为点石，附树草几株，点缀其间，雅意平添。犹昆曲之乐，一词一调，高低起伏，听者得其意，却难言白也。近水观之，池鱼游哉悠哉；睡莲、芙蓉含苞待放。离水观之，蓝天倒映，一泓池水，扩之无尽，思之无尽矣。

园林之“章法”

古之文人，文化博深；古之匠师，匠心独运。取之自然，高于自然。造就风景，精辟概括。跑马观花，浮光掠影，岂能通之。苏州园林，一角一落，不曾草率，处理有致；宅旁有阶，阶旁则有树带草；开门白墙相对，则有秀篁翠蕉相彰；蹊弯则有竹相迎，径转则有屏相挡，路分则有石相断。网师园西殿春簃，数丈之院，花街铺地，无一石相障，一树相碍，妙在四角处理也。西南一泓“涵碧”水泉清澈醒人；东南一条凹道，左分假山芍药花坛，右分南墙数尊石峰。空间愈见其旷。院中放之则畅，角落收之则敛，有景可赏。觅斯小景，游者得无异乎！

是故识者游园，则漫步、留神、体察、品味，始不负造园者之苦心，悟园林之种种内涵矣。

（1987年9月于上海同济园，2020年3月修改于杭州西湖区绿园稻香居）

没有一个固定的家，周边的一切都不属于你，有了家的原点，就有了XYZ轴，上班工作是X轴，购物访友是Y轴，出门旅游是Z轴。一个家放大了，是一个小区，一个城市，一个地球。把杭州当作自己的家吧！杭州美丽了，世界美丽了！ 如果我要给女儿一份好嫁妆，就把杭州的俏丽姿容送给她。今天杭州的美丽和韵味，也凝聚着我的一份努力、一份心血。这份嫁妆，远远胜过几套房、几多股份、几多存款。

家的放大

什么是家

家是什么？家对于一个人来说，就是一个避风港，一个遮风挡雨的地方，也是一个心灵休憩的场所。家对于动物来说，是鸟巢、蛇窝、鼠洞、虎穴、蚁穴、蜘蛛网。在这个世上，就连动物都有自己的栖身之所，何况人乎？谁不想有个家？如果没有属于自己的家，不论走在哪里，都是落寞孤身，没有海平面、没有原点、没有参考点，没有落叶归根之地。每个人的心灵深处总有块荒凉的地方，寂寞的灵魂总是在纷纷扰扰的世俗背后飘来荡去。总归，家是人的栖身之所，也是温暖心灵之所。

家不是孤孤单单的几房几厅，家的周围需要有邻里、休闲场所、购物商城；要有学校、医院、网络、通信等的配套。所以，现代人的家实际上是一个街区、一个城市，一个内涵丰富的环境。若把家的概念放大、再放大，则地球是一个村，地球就是我们的家。从爱因斯坦的相对论可知，原点也在运动，参考系也是相对的。宇宙是多么的巨大，让人思绪万千，遥想不尽。我们不必太看重物质的家，而要多想心灵的家、社会的家，大自然、大生态系统的家。今天，岁月在跨入新世纪后已过去20多年，城市在天翻地覆地变化，社会财富在剧增，人的价值观在巨变，人们炒房炒股，忙得不亦乐乎。然而，物质的家是富足了，心灵的家却在崩坏，社会的生态系统也出现了不平衡。该是把家的概念放大、再放大，重建心灵的家、社会的家的时候了。

想要有个家

当然，没有一个狭义的家，周边的一切都不属于你；有了自己家的原点，就有了XYZ轴，上班工作是X轴，购物访友是Y轴，出门旅游是Z轴，这样周身的空间就与你联系起来，城市所有的配套都与你关联起来。1988年至1996年是我人生中最艰难的8年。因为我来自农村，在城里没有房子，没有父母的庇护，“家”的温暖和幸福，总是降临不到我身上。家人或挚友常在我耳边说，你老大不小了，该成家了，不要挑剔了；人这一辈子总要有个家，有了家才有生活，儿女上学，父母安乐；家是你这辈子的栖身之所，也是你最后的归宿之处。这些话，无数人对我说了无数遍。而我只有自己知道自己的情况特殊，工作三年后的一场疾病，对我的生活是雪上加霜，使我结婚成家变得无比困难。前三年省吃俭用存下的万元积蓄，也因为这样一场疾病清零重来。许多人碰到我这样的情况，多半会调离单位，远走他乡。但是，三年来，凭我对杭州的了解，在杭州的已有成绩，刚刚打开的工作局面，我选择忍受的决心超过了逃避，我相信自己的能力，相信社会发展会带来更好的机遇。出院以后，我努力工作了四年时间，加班加点，不分昼夜，在运河边置了80平方米的小家。大家看到了我的业绩和干事能力，疾病带来的不利影响也渐渐淡化了。我的人生进入了正常状态，我已把疾病给我造成的心理阴影彻底消除，即便有人出于什么目的谈起从前，把我的病情故意放大，我也淡然置之。因为我真不想知道，也没有精力去计较，哪有时间去顾及那么些是是非非？我要干的工作实在太多，只想在有生之年多做一些有意义、有价值的事情，把个人的小家放大、再放大，活出自己的个性，规划出自己的天地，不给自己留下太多的遗憾。我更想在有限的生命里，好好享受每一天、每一个瞬间，朝看云霞五彩，晚看夕阳落晖，与爱我的人、理解我的人走过人生的一个个驿站。

城市之家

于是，我开始关注环境，关注城市的发展，关注社会的和谐。在成家后的15年里，为了一个放大的家一直在努力，在思考，在呼吁。对规划中不科学、不合理的事，我试图作出一些矫正，那怕努力十次百次，最后若能融入自己一砖一瓦的想法，便是一种欣慰。在这15年里，我办起了自己的工作室，生儿育女，当人大代表，忙得没有时间作画写文章。我有时候也会宽慰自己，我们是在编写杭州这个城市的大文章。

1993年的一天，我站在发臭的运河岸边，若有所思，畅想了一个运河改造之梦，要提升两岸十万人的居住空间，打造一幅现代版的“清明上河图”；1999年我忽然敏感地认识到，杭州大剧院不能建造在原都锦生丝织厂地块，马上联系有名的建筑界专家共同呼吁阻止，最后落在了钱江新城，成为一处新杭州的标志点；2002年我提出，杭州不仅要重视“三口五路”的整治，也要重视城市毛细血管（背街小巷）的整治；2004年我提出大杭州“一小时交通圈”空间战略研究建议，城市东扩西进北上跨江南；2012年我提出把杭州打造为“购物天堂、爱情之都”的建议；2016年我提议市政府建设“蓝领公寓”。如今在拥江发展的趋势下，我又提出了一些“杭州湾时代”的发展设想，以及一系列有关城市建设和社会和谐的建议。

杭州是我的人生大舞台，也是我的家园。如果我要给女儿一份好嫁妆，就把杭州的俏丽姿容送给她。今天杭州的美丽和韵味，也凝聚着我的一份努力、一份心血。这份嫁妆，远远胜过几套房、几多股份、几多存款。

家的放大

城市发展了，城市变美了，自己的价值也在逐步实现。从奋斗八年购得二室一厅，到事业进步中轻松得到三房二厅的家，忽然觉得，个人的智慧必须汇入到社会建设的潮流之中，才能得到发挥，个人的价值才能得到实现。家与城市难以分开，家与社会也难以分开。一户人家对于城市社会来说，真是一滴水之于江河，没有好的城市社会，家安能幸福小康？所以，只有改善城市、改善社会，才能富足、美化自己的家。我要做好一个规划师，不仅去发现城市病，对其有所控制、有所治疗，还要创新城市，让城市生活更加美好，让城乡更加和谐。我更要做好一个人大代表，去关注弱势群体，让社会和谐，建设一个更大的美丽之家。

一个家放大了，是一个小区。美好的小区应该是这样的：家门前卫生又干净，水池里的水清澈见底，院子里铺满了绿绿的小草，花坛里绽放着五颜六色的花朵；每当华灯初上，人们在小广场上快乐地舞蹈，邻里间热情问候，谈天说地，其乐融融。

一个家放大了，是一个街坊。它需要医院、学校、幼儿园、超市等配套，还需有休闲绿道串联起生态区、公园、小游园、微绿地，渗融到商务区、生态办公区。这样的生活才是高品质和有内涵的。

一个家放大了，是一个城市。城市生活很精彩，但交通也容易拥堵，需要建立大数据的城市大脑予以引导指挥。智慧服务、智慧统筹、智慧增值、智慧运营，智慧城市就像是一个有机生命体，赋予城市更强的生命力，驱动着城市运营的高效升级。

一个家放大了，是一个城乡和谐的社会。以工促农、以城带乡，建设美丽乡村，实现人与自然的深度和谐。和谐是钟鼓和鸣、湖光映月，和谐是百草繁茂、花香四溢，和谐是稻浪飘香、莲耦万顷，和谐是山川钟灵、日月交辉，和谐是诗书飘香、天人合一。和谐，是一切的一切完美无瑕。

一个家放大了，是人类所栖居的这个星球。其实我们能够感受到的环境，都应该理解成我们的家。由于人类活动的加剧，森林在缩减，蓝天在变灰，河流被污染，越来越多的野生动物失去了它们赖以生存的家园。我们要呵护我们生存的环境，保护好湿地、森林、草地、山川，再也不能肆意践踏。我们切莫为了一个小家而失去一个大家。

我们需要百果飘香、小鸟飞翔、蝴蝶纷飞的原野；

我们需要粉墙黛瓦、小桥流水、满园春色的乡村；

我们需要碧波荡漾、粼光四射、海鸟竞食的大海；

我们需要空气清新、鸟语花香、绿树成荫的城市；

我们需要互联共享、和谐共进、生态和平的地球。

绿色、生态、和平、繁荣、持续、共享的世界，是我们共享生活、共同命运的最大的家。

（2018年12月于西湖区绿园稻香居）

远去的乡愁

今年的清明节，我是一定要回家的，因为这是我父亲去世后的第一个清明节。驾车从杭州出发，经杭千高速至桐庐，再转210省道，回家的路上风景很美，有美丽的县城，美丽的风景区，还有美丽的乡村。然而，我的心情却无法美丽起来，总有一点淡淡的伤感，像云，像雨，无法名状，无法表白，无法倾诉。脑际时不时回想起去年除夕早上，我给父亲擦洗身体时，擦着擦着，我觉得他的身体越来越凉了，急忙把父亲平放到床上时，他已经不能说话了，只是吃力地摇了摇手，长长地呼出最后一口气，闭上了双眼。此时，大姐夫、大外孙刚好赶到，喊了他几声，虽然没有回音，但是，他应该是满意地睡着了，永远地睡着了，享年87岁。

有的人无法选择，迟了无法再来，走了无法再追，他们就是父母！我的家在浦江农村，家里没有一点浪漫，没有一点缠绵，朴素得像一杯白开水。但是，从出生，到懂事，到成年，一直无法割舍，别离了，心中一直在牵挂，老家永远是心中的原点。年少读书时，遇上“文革”，上学者三三两两，教室里吵吵闹闹，根本无法正常学习。我早早成为家里的大半个劳力，而作为男孩，我与父亲在一起耕作的时间比较多。父亲受教育很少，上学的时间拢共不到两年，但认字却不少，也能够谈古论今，讲一些古代宫廷故事传说。从春秋战国的屈原投江自杀、荆轲刺秦王、南宋岳飞大败金兵、布衣皇帝明太祖朱元璋……到清朝的康熙乾隆，都能够讲出一些道道来，虽然不完整，有时又有些夸张，但总归是能够借故论今，确确实实给我一片空白的脑海里留下了处事做人、看人看社会的一些基本观念，形成了一种朴素的人生观。记得十几岁时，从小学四五年级开始，父亲就常常让我很早起床，去山上砍柴。我每次都是不情愿地起来，睡眼惺忪地吃过早餐，于月光中走出村庄，走过田野，走进树林。周围异常宁静，树上的雾水跌落声，都能够听得十分清晰，时不时有山鸡的叫声，更添加了山谷的幽静。偶尔经过几座坟墓，心里不免有几分寒意，但是，听着父亲铿锵有力的脚步声，害怕即来即消。太阳将出，东方鱼白，心里开始兴奋起来，睡意顿消。爬到山顶，看到云蒸霞蔚，云海茫茫，和变幻莫测的山村景色，胸中也会产生壮志凌云之情，气吞山河之势，腹纳九州之量，包藏四海之胸襟！这种经历，也给我今天的山水画创作，带来许多直观的感受。

在农村，小孩子都得帮助家里干活，或早起、或提前放学回家，去菜地干活，刨地、除草、浇水、施肥。亲眼看到了，二三个月的时间里，青菜怎么从菜籽、幼苗，长成绿油油的鲜菜；也知道了水稻、油菜、玉米、马铃薯的种植方法，懂得了种瓜得瓜、种豆得豆的道理。这自然界生命成长的奥秘，原来是那么简单，又是那么的不可思议。我心里便有一种对于生命成长的领悟：一切生命都有其规律，生活有坚持就有收获，结果总在水到渠成之季，需要时间、耐心等待。

我又想起了20世纪“农业学大寨”的时代，寒暑假里也得参加改溪造田、筑水库、造梯田，每天赚三四个工分（“文革”时期的生产队，正常劳力是10个工分，妇女小孩按实际效能评定3~8个工分不等，作为一天劳动的报酬；10个工分的价值根据一年的收成来核定，大概5角至1元钱）。由此感性地认识到了山地的标高、等高线、斜坡、坡比之间的立体关系，为我今天的环境设计工作积累了先天的竖向设计的直观经验。

我还想起了小时候在村里的石板路上，村边的古树林下，与小伙伴们一起奔跑嬉闹的场景。岁月如梭，“农业学大寨”改变了田野的面貌，改革开放40年又改变了村庄的面貌。村边的大树砍了，旧房子拆了，新楼房多了，“美丽乡村”行动改变了村庄，也改变了村民的思想观念。今天，我们和许多年轻人一样，已经进城就业、生活。但记忆中唯一不变的是，父母对我们三个孩子的教诲：做事要小心谨慎，对人要诚恳，不可以说谎，要学会宽容、学会尊老爱幼，要懂得知恩图报、无功不受禄。无数遍的唠叨，少年时听得道理无数，中年时才懂得深情几许。这些中国人最基本的道理，一直影响着我的行为，坚守做人的底线。既使我受惠，也使我吃亏，然而在省城工作生活了漫长的30年，终究福多于亏。我没有炒房炒股，觉得投机取巧赚的钱不踏实。而平素不看股市风云变幻，使得我有时间学习、看书、绘画、思考，弥补了小时候读书太少的缺憾：没有好好看过《红楼梦》《水浒》等古典名著，也没有好好读过四书五经。

社会是一个大舞台，生活本身就是一所大学。科技进步之速，社会变化之快，使我在经历无数之后，茅塞顿开，悟出了社会的内涵、生活的真谛。有多少财富的后面是辛劳、是拼搏、是智慧，又有多少财富的后面是虚伪，是勾当，是尔虞我诈？很多时候，财富与知识水平并不平衡，财富与生活幸福也不对称，但我一直坚持以智慧创造美好，以勤劳创造幸福。生活的坎坎坷坷使我成熟，如今的我，能够笑看花开花落，笑对人生风雨。

让孩子们生活幸福，无忧成长，是所有父母的心愿。然而，在过去艰苦的农村，这确实不易做到。有那么多天赋良好的孩子，在田野里彷徨，在小溪边忧虑，在山谷里静思，没有信息，没有经历，没有老师教给知识，而陷入百思难解的困惑之中。让孩子离开农村、跳出龙门，成为父母最大的心愿。是改革开放给中华广大乡村带来了春天。恢复高考制度后，无论地位高低、贫富贵贱，城市和乡村的学子都能够参加高考。姐姐妹妹先后考上大学，而我因为没有念过正规的中学，半工半读地补习了四年，考了四次。我终于考上了理想中的上海同济大学建筑系。我至今依然记得很清楚，那是在1984年8月13日午后，我接到了大学录取通知书，它像是一枚奖赏我苦读的勋章。在那个难忘的夏日，在泥土的院子里，树上的蝉鸣格外好听，鸭儿在家门后池塘里摇身慢游，都显得格外动人。我向长辈们一一告别，坐上开往上海的绿皮火车。捏着人生中让我第一次可以远离家乡的大学录取通知书，想到从此能够远离唠叨的父母，逃离贫穷的土地，离开偏僻的家乡，去一个崭新的城市，遇见一群陌生的人，开启一段前所未有的生活，心中充满期待与憧憬。

寒来暑往，很快大学四年就过去了。当我告别大上海，来到杭州工作后，年轻的我还不解离别的哀愁，不懂前途的凶险，心中一直以为父母永远不会老，老屋永远不会塌，山村永远不会衰，地里的庄稼只要有风雨的滋润，就会自然而然地生长。但是，社会不是学校、不是乡村，没有老师的指导，也没有父母的庇护。城市里热情与冷漠共在，歧视与接受交错，一张名校的文凭不足以让你放开手脚，一逞抱负，要平等地融入城市，还需要努力、再努力。工作没多久，父母开始关心我的成家大事，但又无奈帮不上忙，没有房子不可能有家。我奋斗足有8年，才有了一个小小的家，开始养育孩子，后来工作更加繁忙，成绩越来越大，生活也越来越好。如今弹指一挥间，30年过去了，当我一次次重返那土那地那村那家，看到原来腰板挺直，如今佝偻后背、满头白发的父母，还在田里劳作、种菜种瓜，离别时恨不能给儿子装上满满的一车，才意识到：我永远是父母的孩子，是他们一生的牵挂。然而我已是他乡的游子，终将成为他们记忆中日渐陌生，并可能最终遗忘的过客。

今天的我越来越明白，渴望儿女走出大山、又希望他们一生平安的，放手让儿女远走高飞、又企盼他们天天回家的，是天下所有父母的心！这世上，有一种相见，不需要考虑，不需要预约，不需要设防，永远不会回绝，那就是回到家乡、和父母相见。进入中年后，高速公路通了，回家的乡间路提升了，有了自己小车的我，常常不打电话就突然出现在老家的院子，走到坐在房檐下做针线活的母亲面前，欣喜地喊一声“妈”。这一声“妈”胜过千言万语，万般思念，尽在其中。

有了事业，有了家，忙忙碌碌，时间过得太快太快。一天很短，短得来不及拥抱朝霞，就已经握手黄昏；一年很短，短得来不及细品春天的桃红，就要面对淡淡秋霜；一生很短，短得美好年华刚开了头，就临近了夕阳红。很多事情来得太突然，而领悟得太晚。想着要好好孝敬一下父母亲，陪他们去遍历全国名胜，最后也就是上海杭州简单一游。抬头望望镜子里的自己，也是久为人父，须发灰白。生活，真的要好好珍惜，珍惜亲情，珍惜友情，珍惜同事，珍惜年少同窗，珍惜人生岁月中帮过你的、欣赏你的朋友。甚至为难过你的、诋毁过你的人，他们也是助你成长的元素，是你的人生电视剧里不可缺少的配角。父母，真的要好好敬爱，父母还在，总觉得自己还是孩子。如今父亲走了，一座山没了。父母终将离开我们远去，到那一刻，也就到了自己感情世界的一个尽头：原点即将消失，家乡变得迷蒙，乡愁也将远去……

（2018年6月于西湖区绿园稻香居）

“让我们以杭州为新起点，引领世界经济的航船，从钱塘江畔再次扬帆起航，驶向更加广阔的大海。”这是习近平总书记在G20杭州峰会上发出的倡导。自从G20杭州峰会后，杭州从世界有名一举成为世界著名。杭州，东南形胜、三吴都会，钱塘自古繁华。自隋朝开凿江南运河起，钱塘江形成了“接运河、通大海、纳百川”的广阔格局。从“西湖时代”到“钱塘江时代”，高楼林立的钱江新城正以“日月同辉”的姿态横跨大江南北，又从“拥江发展”走入“杭州湾时代”。浙江人民“勇立潮头、敢为人先”的精神赞歌日益嘹亮。

潮之初

岁月悠悠，江河永不枯竭；春秋浩浩，潮水永不停驻。钱江潮从形成的那天起，便与月亮同行，与太阳作伴。东汉哲学家王充最早提出“涛之起也，随月盛衰”，后经科学证明，钱江潮就是在月亮、太阳的引力和地球自转产生的离心力作用下形成的。苏东坡赞钱江潮云：“八月十八潮，壮观天下无。”今日，在海宁已形成了“一潮三看四景”的追潮旅游项目。年年月月潮相似，岁岁月月人不同。游人看潮的感受，因人、因心境不同而有异样的美妙遐想。正如宋杨蟠诗《钱塘江上》云：“一气连江色，寥寥万古清。客心兼浪涌，时事与潮生。路转青山出，沙空白鸟行。几年沧海梦，吟罢独含情。”钱江潮，始于盘古开天地，乃为上天所赐，在古往今来的文学家、艺术家的眼里，总是有气吞山河之势，有时又充满着诗情画意。在民间，也多有人把潮涌及其神力附会于某人某事，给后人以美妙的想象。有关潮的经典故事有二：

故事一：原先钱塘江潮来时，无声无息。萧山县境内蜀山上有位钱大王，引火烧盐，有一日他睡着了，东海龙王出来巡江，潮水涨起，溶化了他的盐。钱大王心里好生气，举起铁扁担，用力砸向钱塘江，震得东海龙王连连叩头求饶，并答应用海水晒出盐来赔偿钱大王；并且，以后涨潮时呼叫而来，免得钱大王再次睡着听不见。钱大王饶了东海龙王，把自己的扁担向杭州湾口一放，说：“以后潮水来就从这里叫起”。这个地方就是如今的海宁，所以钱江潮又称海宁潮。举世闻名的“钱江潮”因此而来。（参考西湖民间故事：打龙王）

故事二：传说伍子胥投江后变为潮神，今日钱江涌潮即是其发怒对吴王。早在春秋时期，越国被吴国打败，勾践夫妇被押往吴国，做了三年人质。吴国大夫伍子胥屡谏吴王警惕，吴王不听，反而赐剑要他自杀，并且抛尸钱塘江，从此后钱塘江潮水大发，波浪翻滚，怒涛汹涌。善编故事者认为此是伍子胥的精魂所致。后人无不惋惜伍子胥，恨吴王昏庸；又赞越国勾践，卧薪尝胆，打败吴国，一雪国恨。历史上的英雄人物谁与评说？且看潮起潮涌，“数风流人物，还看今朝”。

钱江潮是大自然的恩赐，千百年来无数人为之倾倒。北宋词人潘阆所唱：“长忆观潮，满郭人争江上望。来疑沧海尽成空。万面鼓声中。弄潮儿向涛头立，手把红旗旗不湿。别来几向梦中看，梦觉尚心寒。”便是当年“弄潮”与“观潮”的真实写照。白居易、李白、苏东坡等历代名人在一睹天下奇观后，留下了千余首咏潮诗词。清代乾隆皇帝，六下江南中曾四次到盐官观潮，赋诗十余首。孙中山、毛泽东等一代伟人，也曾来海宁观潮，并留下了诗文。浩荡的钱江潮，激发了许多文人墨客的灵感，给我们留下了一大笔汹涌澎湃的“潮文化”。杭州市始终站在历史的潮头，谱写了一篇又一篇的江潮新歌。

潮头赞

站在历史的潮头，杭州市早在1997年就建立了国内首个市级土地储备中心，历届市政府领导把“城市经营、经营城市”的理念贯入城市治理之中，完全掌握了城市土地的一级市场。通过这种制度上的创新，真正实现了以地生财，让城市资源资本在容量、结构、秩序和功能上达到了最大化与最优化。有了资金后，杭州便开始变得越来越美丽，展开了层出不穷的美丽故事。

站在历史的潮头，为了杭州人民的生活更加美好，杭州市从1999年开始对西湖清淤和提升作出规划，2002年一项彻底改变西湖面貌的西湖西进整治工程正式启动，恢复了400亩水域，建设了杨公堤，复建了雷峰塔，并新增了三台韵泽、茅乡水情、法相探春、金沙醇浓、花山霞鹃、双峰插云等六大新景区。从此，西湖与西部群山形成了一幅完整的山水相依、山抱水环的画卷。整个工程整改了150

家单位，整治了2600个农庄，整治后的景中村成为市民趋之若鹜的休闲之地，为全国景中村整治展示了一种新样板。

站在历史的潮头，杭州从2004年开始展开了“三口五路”“一纵三横”“五纵六路”等道路整治与街景美化工程，实施了“背街小巷”环境改善工程，使得杭州城市风貌焕然一新。在持续的环境整治中，注重第五立面的整治，注重文物建筑、历史建筑、历史街区的挖掘，传统风貌格局得以维护和再利用。美好的街景，浓郁的文化，精心打造的品质之城为杭州市民增强了自豪感，为全国城市有机更新树立了新典范。

站在历史的潮头，杭州从2013年11月浙江省委十三届四次全会提出“五水共治”、保护江河湖泊的号召后，至2018全市已完成整治河道338条，总长度达748公里。实行了“河长制”，责任到人。对黑臭河治理采取“一河一方案”，不仅仅是治水，还承袭历史，建设文化景观，设计休闲场所和健身绿道，构筑城市里一道道“美丽河湖”的风景线。一个城市，“道路是动脉，河道是静脉”，动脉要畅，静脉要顺。2003年在长兴率先实行的“河长制”，经过杭州市的普遍实践，得到成熟和发挥，引起了党中央的重视。截至2018年6月底，全国31个省（自治区、直辖市）全面建立起了“河长制”。

站在历史的潮头，2001年，杭州从“西湖时代”开始迈入“钱塘江时代”。一份酝酿、编制长达十年的《杭州市城市总体规划（2001-2020年）》终于出炉。这份规划提出了“城市东扩、旅游西进、沿江开发、跨江发展”的城市发展方向，以及“南拓、北调、东扩、西优”的城市空间发展战略。随着这份规划的全面实施，杭州将真正从“西湖时代”走向“钱塘江时代”。

站在历史的潮头，早在1990年，杭州就开始谋划建设杭州经济技术开发区。1993年4月，经国务院批准，杭州正式开始把昔日下沙的万顷滩涂打造为世纪精品。2000年8月，又设立下沙高教园区。2004年，进一步调整为“国际先进制造业基地、新世纪大学城、花园式生态型城市副中心”，由“建区”向“造城”进行战略转移，为今日设立钱塘新区奠定了基础。

站在历史的潮头，2001年，杭州又把目光转向大江东。把杭州东部105平方公里围垦地区，开发为杭州工业发展的大平台，环杭州湾重要产业带，先进制造业基地，是杭州接轨大上海、融入长三角的实质性重大举措。

站在历史的潮头，2002年，杭州成立“运河集团”，研究、编制长达3年之久的《京杭运河杭州段整治与保护利用规划》也已出炉，运河两岸的城市有机更新进入了实质性的建设阶段。这份规划，根据运河在城市空间布局中的功能定位，结合城市未来发展的趋势，因地制宜，将运河沿岸功能与空间进行分段定位，塑造了“运河新十景”。它延续了历史上“湖墅八景”的文脉，体现出运河旅游文化的重要性，把一条臭水河变成了一条文化之河、景观之河。到2008年，这段运河已基本呈现为一幅杭州城内现代版的“清明上河图”，成为杭州旅游第二张金名片。2014年，京杭运河申遗成功。

站在历史的潮头，2005年，杭州的中国第一个集城市湿地、农耕湿地、文化湿地于一体的国家级湿地公园——西溪湿地公园建成并正式开园。

站在历史的潮头，在长约93公里的钱塘江沿线，杭州将打造10座新城：之江新城、钱江新城、城东新城、下沙新城、湘湖新城、滨江新城、钱江世纪新城、空港新城、江东新城和临江新城，集聚人口将超过400万人。在产业规划上，逐步外迁影响主城功能的传统企业，努力打造以金融服务、高端制造、电子商务、城市商务、会展赛事、休闲生态产业等为特色的钱塘江经济带。10大新城的建设将让杭州从“三面云山一面城”的传统城市格局，真正走向“一江春水穿城过”的新城市格局。

站在历史的潮头，早在2010年，杭州市就放眼“三江两岸”，通过综合规划，协调两岸保护、整治和开发，高水平打造三江两岸城市带、产业带、交通带、景观带、生态带和文化带，推进夯实旅游西进、市域网络化大都市的建设，以充分凸显大杭州精致秀丽的地理特质。

站在历史的潮头，2016年，杭州挥手建设城西科创大走廊。科创大走廊按照标准国际化、布局均衡化、设施现代化、风貌特色化的规划导向，建设为“互联网+”和“生命健康”两大科创高地，打造全球数字科创中心，推进数字经济“一号工程”。以之江实验室、浙江大学、阿里巴巴为核心的“一体两核多点”的高新平台不断得以强化，以超常规力度推动科创大走廊在平台、人才、政策、要素集聚等方面的体制机制创新，努力打造面向世界、引领未来、辐射全省的创新基地。

站在历史的潮头，从2017年开始，杭州市大力加强农村公共设施建设，遵照“绿水青山就是金山银山”的科学论断，全面推进农村人居环境整治。发轫于浙江的美丽乡村建设，已成为全国新农村建设的典范。让人们看见蓝

天、碧水、青山，杭州一直在努力，一直走在前头。

站在历史的潮头，浙江省于2015年全面启动特色小镇建设，至2016年1月先后通过了两批省级特色小镇创建名单，共计79个。全省第一批特色小镇共有37个，杭州占9个。在我国宏观经济发展进入转型的关键时期，特色小镇的建设为地区的发展开辟了一个新的方向。

站在历史的潮头，2017年，“拥江发展”的空间战略开始深入人心！为高起点推进钱塘江两岸的规划建设，引领带动钱塘江金融港湾建设，杭州明确提出要实施“拥江发展”战略，将钱塘江变成真正的“城中江”。目前，以钱江新城、钱江世纪城为中心的城市新核心基本建成，奥体博览城和亚运村即将完成，大江东新城核心区、下沙新城、钱塘江国际金融科技中心、萧山科技城等重点功能区的建设取得了重大突破。杭州范围内的钱塘江两岸已经发生了巨大的变化。

站在历史的潮头，1994年，国家文物局首次将良渚遗址群推荐列入《世界遗产名录》预备清单。2018年正式递交材料，2019年7月6日在阿塞拜疆首都巴库召开的第43届世界遗产大会上，杭州的良渚古城遗址被正式列入《世界遗产名录》，标志着中华五千年文明史的实证被联合国教科文组织和国际主流学术界广泛认可。良渚古城遗址也成了继西湖和大运河之后浙江的第三个世界文化遗产。绵长的文明历史，使得杭州更有信心走向国际化。

站在历史的潮头，2019年12月1日，中共中央、国务院印发《长江三角洲区域一体化发展规划纲要》，将区域内城市群的规划和湾区经济发展提升为国家重要战略。目前，环杭州湾的经济圈正在蓬勃兴起，随着杭州产业转型升级的步伐加快，互联网经济的快速发展，大有可能成为与旧金山湾、东京湾比肩的世界级大湾区，甚至某些方面还有赶超的可能性。杭州市有希望、有责任、有能力，通过“拥江发展”的战略融入大湾区格局，完成对接世界的跨越式发展。“杭州湾时代”即将到来！

钱塘江流淌了千年，浩浩荡荡六百公里，从远古奔流到现在，又将奔向未来。第一次出现钱塘江的名字，是在《山海经》中，它与夸父逐日、女娲补天、精卫填海、大禹治水等千古神话并列传颂。钱塘江两岸人民正以引领潮流的气魄，大气包容的心态，联通世界的胸襟，勇立潮头的干劲，谱写着一曲曲时代的乐章。

潮人颂

杭州自古文风炽盛，名人辈出。杭州历史上向来有“保障东南有二王，归唐归宋有汪钱”的民间美谈。在人们熟知的吴越王钱镠纳土归宋之前约三百年，隋灭唐兴时，为免战祸，就有一位越国公汪华，审时度势，主动纳土归唐，为维护国家统一，避免战乱，不让百姓生灵涂炭，主动放弃了王位。吴山上曾立有汪王庙（现存遗址），为唐代敕建，以褒扬他“功济六州之民而心识天命所在”。

传说，五代时钱塘江海塘屡筑屡坍，吴越王钱镠大怒，令三千犀甲兵丁张弓搭箭，迎头射潮，演出了“三千羽箭定风波”的壮观传奇。

回望历史，钱塘江畔出现的以伍子胥、文种为代表的江潮精神，以王充、张九成、王阳明、黄宗羲为代表的哲学思想，以曹娥、丁兰为代表的孝道文化，以郑兴裔、胡雪岩为代表的义信文化，一直是浙商儒雅和信用的名片。

回望历史，以大禹、范蠡、华信、马臻、钱镠、张夏为代表的海塘文化，以严光、林逋为代表的隐居文化，以项麒、胡世宁为代表的耕读文化，与当今浙江创新建设美丽乡村、振兴乡村战略，在精神上相契相合。

回望历史，以刘松年、李嵩、王蒙、戴进、蓝瑛、吴昌硕等为代表的艺术流派，为浙派的创新艺术提供了渊源，为杭州丰富的文化产业提供了基因。

回望历史，回味近代，阅览当代，兴盛的围垦文化、丝绸文化、商贸文化、科学技术、信息技术、互联网应用等，无不继承了吴越文化“海纳百川、兼容并蓄”的秉性，一代一代的钱江潮人，推着历史的车轮前行，前行，再前行！

改革开放浪潮涌起，涌现了一批批潮人。鲁冠球的一生，就是一部民企发展史；王水福从农机五金到航空配件，实现了他一生的梦想；宗庆后从校办工厂中走出来，成长为饮品巨头；蚕农后代沈爱琴，把万事利丝绸做成了“中国名牌”；钟睒睒的农夫山泉，称之为“国水”也不为过。丁磊创办网易，“让上网变得容易”；马云的网络平台，让世人“一机在手，走遍天下”，改变了地球人的生活方式；出身寒门的郭广昌，成为“中国的巴菲特”……

潮水以排山倒海之势向前翻涌而来，世界科技潮流也以排山倒海之势滚滚而来。浙商们继续砥砺奋进，领跑创新开拓之路，把“中国样板、浙江实践、杭州经验”不断推向全国。

“创新+活力”是钱塘江潮之魂。在近十五年内，杭州的国企都进行了腾笼换鸟、转型升级，为城市的有机更新作

出了贡献，同时也为企业开拓了更大的发展空间。数源集团、杭氧股份、杭钢股份、杭汽轮、青春宝、中策橡胶等企业的老总站在历史的潮头，力排众议，把握机遇，在产业即将低落的时候，调整结构，转型升级。国企依旧是纳税大户，城市经济的主版之一。

风正帆悬启新程，大海扬波作和声。放眼浙江，2017年GDP达到51768亿元；纵观杭州，2017年GDP达到12556亿元，超过全国平均水平1.5倍以上，成为世界上比较富裕的地区。G20杭州峰会，让西湖与钱塘江联通世界经济的大海；"一带一路"倡议，为浙江打开了筑梦的海陆新空间。当下，临江而居的"弄潮儿"，以勇于开拓创新的时代气概，生动诠释着奔流不息的创新经济的涌潮之歌。

潮之歌

钱江潮有着盘古开天地之势，蛟龙腾跃之豪情。在波澜壮阔的大自然中，能让我迷醉的，无法用言语形容的是钱江潮的威猛。生活在美丽的杭州，时常能听到汹涌的波涛声，江在移动，潮声不改，曾经的秋涛路，现在地处繁华闹市。领略过钱江潮几回，不由得时常回想它的汹涌，回味它的威力，体验它的翻腾，卷走的是心中的不适。潮涌伴着我心跳的韵律，唯美着我脑际的思绪。潮涌的咆哮是大自然浩荡的神力，那种从江底歇斯底里绽放出来的力量，是对新时代经济和文化奇迹创造者的高声赞美。如果有机会，我将随着江潮的跳跃、翻涌、颤栗，去争当一名赶潮人。

钱江之水来自杭州西部的兰江、千岛湖，其源头可以上溯之安徽省黄山市域。钱塘江流域两岸水草丰美，土地肥沃，林木茂盛。在这片乐土上，十万年前就有原始人类（建德人）活动的踪迹（李村乌龟洞）。自春秋战国以降，两千多年来，两岸人民生息其间，繁衍成长。时光在不断消逝，文明越来越辉煌。

钱塘江，你一浪又一浪地追赶了千万年，从不疲倦。在你呼啸的潮声里，尘念全消。醇酒香茗，日月风情，所有尘世间的爱恨情仇，在你的眼里，都显得得轻描淡写，在你的吐纳间都烟消云散。无论是忧伤还是绚丽的往事，都将融入你涌起的浪花里。

江潮一波波袭来，在不断的涌起与跌落之间，自己的往事也被一次次翻起……二十岁走出壶源江的田野，踏进上海大都市，步入同济校园，学习建筑设计和城市规划，大学毕业后又到西子湖畔为城市梦奔忙、彷徨、劳碌，弹指一挥间，三十余年矣。作为城市规划人，我走遍了杭城的大街小巷。二十多年前站在蛮荒的钱塘江岸边，我若有所思，若有所梦，隐隐之中，认定杭州的未来会在钱塘江两岸。如今在拥江发展中，终于提出了"杭州湾时代"，让杭州拥抱长三角。我在规划中呼吁，在工作中呐喊，把自己的青春、艺术、理念融入了这座城市，融入了钱塘江的汹涌，犹如淅淅沥沥的小雨流入小溪，汇集到万马奔腾的钱江潮。

2017年上半年，为响应和支持市政府拥江发展的战略，我创作了《杭州三江两岸一湖胜景图》巨幅山水画（长11.4米，高0.8米）。这幅作品是我利用规划工作之便，速写100余张的基础上绘就的。它尽收两岸奇峰，展现了从青翠淳安千岛湖、清凉建德新安江、美丽桐庐富春江、阳光隐秀金富阳直到雄伟的杭州钱江新城的壮丽景色，是我对钱塘江最好的赞美。把沿岸的城市新貌融于山水画意之中，也是一种"笔墨跟随时代"的新探讨，后来这幅作品被复制在丝绸图轴上，成为杭城多家单位的公务宣传品。

我歌颂钱江潮，因为它咆哮着，奔涌着，跳动着永恒不息的旋律，高唱着永不疲倦的歌。江潮永不苍老，苍老的是历史；潮水永远激荡，沉淀的是故事。它藐视着时空的约束，藐视着天地的昏暗，以擎天巨臂展开了人类的光明。

我歌颂钱江潮，因为杭州和钱塘江有着同样的梦想和勇气，凝结着磅礴、顽强、坚韧的精神！钱塘江是一条历史之江，见证了时代的变迁、社会的进步。无数生命之船在它上面流过，消失……无论是尊贵者还是卑微者，他们的生命之船无一例外地消失在岁月的江河中，留下或深或浅的痕迹，消失于远方。

我歌颂钱江潮，因为它一泻万丈，浩浩荡荡的性格。钱塘江从新安江飞泻而下，如一条巨龙游入东海，又以潮的名义汹涌回头。你愈加汹涌，我的心情也愈加澎湃，感叹祖国河山的磅礴气势。钱江潮翻腾着从东海出发，直追到六和塔，安静地融入富春江，又不得不让我感叹钱塘江瞬息万变的魅力。你以气吞山河的气势，万马奔腾的豪迈，一往无前的精神，凌空万里的襟怀，在古老的华夏大地挥洒出一幅壮丽的画卷。

我歌颂钱江潮，一江春水一江文化，润泽万物，悄无声息。文化是历史的选择与积淀，钱塘江历史的悠久，繁衍出丰富的文化。钱塘江吸引了无数文人雅士驻足，他们凝练了思想的结晶，也创造了无数的艺术。从杭州逆钱塘江而入富阳，满目青山，满眼秀水，元代大画家黄公望的山水巨作《富春山居图》即由此而生。

我歌颂钱江潮，一江秋水一江梦，展望未来，人工智能时代已经到来。2017年7月，杭州未来科技城里，人工智能小镇正式启动。小镇将覆盖大数据、云计算、物联网等业态，集中力量招引机器人、无人机、智能可穿戴设备、虚拟/增强现实、新一代芯片设计研发等领域的精英企业和机构，努力集聚一批人工智能领域的高精尖人才，最终全力打造成为具有特色的全球顶尖的人工智能小镇。

我歌颂钱江潮，乾坤斗转星移，移动互联的世界，让世界一线相连。近年有机构对“一带一路”沿线20多个国家的青年最喜爱的中国生活方式进行了调查，其中“浙江符号”支付宝与网购，位列外国人眼中的中国“新四大发明”之二。电子商务的蓬勃发展，隐示着钱塘江与世界的零距离互通。

城市，是一本写不完的书，是一块无比巨大的历史芯片，在不断的发展中升级。我们在生活中可以读出它的内涵和抱负。展望未来，我们要扬弃旧的价值标准和评价体系，通过不断的再设计、不断的再规划，把人们生命里潜在的需求激发出来、提炼出来，共享一个生态文明为上、社会治理智慧、城乡真正和谐的社会境域。

未年5年，13条、总长516公里的地铁将穿梭于杭州地下，杭州将成为全国人均拥有地铁线路最长的城市之一。在大交通的规划指引下，杭州将从旧式“区状城市”跃升出来，发展为“网络城市”，人口也将突破千万。随着亚运会的成功举办，杭州将成为更加开放包容的国际化大都市。

未来10年，杭州将基本建成城市智慧大脑，我们每天工作、出行、睡觉、运动、交通……每时每刻产生的数据，都将接入城市智慧大脑之中，接受它的协调和指挥。城市大脑率先在城市交通领域中实现应用，交通指挥系统已可以对道路和时间资源进行智能分配。杭州道路将由现在的四纵五横的旧格局提升为 “三环九通十五连”、多纵多横的快速路网新格局，以支撑和服务于约2000万人口的大都市，其智能化管理水平在国际国内诸多城市中遥遥领先。

未来20年，杭州建成钱江金融港湾，十大新城熠熠生辉，第二国际机场开通。基本建成钱塘江生态带、文化带、景观带、交通带、产业带、城市带。电动智能汽车、自动驾驶汽车，将是日常所见；新概念高铁的速度超过每小时1000公里，实现一小时交通圈，长三角几乎同城化。城乡基本实现一体化，空气新鲜，山青水绿，生态文明。

未来30年到50年，随着“拥江发展”战略的深入推进，“世界级滨水区域和三个示范区”战略定位全面实现，钱塘江世界级自然生态和人文积淀的魅力将进一步显现。以私人飞机出行的航空小镇将遍布三江两岸、杭州大湾区和东海之滨。移动设备、家用电器、医疗仪器、工业探测器、监控摄像头、智能汽车等数据实现全面的互联互通，千亿级的城市大脑引导着城市经济和市民生活，成为城市管理的“中枢系统”。它将覆盖经济、政治、社会、文化、生态领域，控制城市交通、人口管理、环境变化、防洪防灾、金融网络、政府行政效能等等一切。城乡和谐一体，生产力高度发达，人力劳动被机器人所取代；生活数字化，创意成为时尚，精神追求成为第一需要；工资货币消失，被引领世界潮流的一种融合科技与文化的创造力“才富”值所取代。杭州，或许将成为“数字化共产主义”的示范区。

“鲲鹏水击三千里，组练长驱十万夫。”钱江潮助力浙江文化奔涌向前。我们的母亲河呀！从上游的“衢江万古身潺湲”到下游的“海阔天空浪若雷”，你包罗万象、正凝聚成万千力量，以创新创智的姿态奔向未来。

（2018年2月于杭州市两会期间）

自刻印选

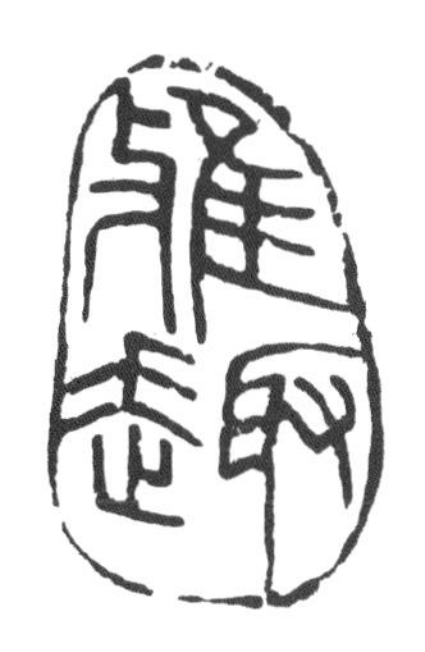

3.03 诗词 & 规划设计

中华诗词滥觞于先秦，是有节奏、有韵律并富有感情色彩的一种文学语言艺术表达形式，也是世界上最古老、最基本的文学形式。正规的诗词有严格的格律韵脚、缜密的章法。诗词之美，美在言简意赅，充沛的情感以及丰富的意象，诗词是中华数千年社会文化生活的缩影。诗词很抽象又很具象，不仅能够感受到画面，又有思想的飞越，一般都是先描写自然景色，触景生情，情景交融，再是有感而发，展开想象，或白描或比喻或夸张地表达一种即兴又有主题的思想。

一、规划深处也是意境之美

规划讲究“境界”，最初是指地界、疆域和功能。若能够把一场一区的景观涉及人的思想精神领域，即有了环境的文化内涵，就提高到了诗词般的“意境”了。《望庐山瀑布》：“日照香炉生紫烟，遥看瀑布挂前川。飞流直下三千尺，疑是银河落九天。”“疑是银河落九天”这一比喻不是凭空而来，而是在形象的刻画中自然而然地生发出来。它夸张而又自然，新奇而又真切，从而使得整个形象变得丰富多彩，雄奇瑰丽，又给人以想象的余地。从烟雨、瀑布、高山的“境界”，一下子到达了李白那种“万里一泻，末势犹壮”的“意境”，真美呀！这就是我们规划创意中要寻找的灵魂。例如我写的《花满婺城》规划诗的最后四句：“满野花开花正艳，花农花富堪诗酒。嗅醒清照再赋词，浪漫康养睡婺都。”村庄美了，花田美了，李清照再世能不赋词？康养产业做好了，何愁游客不来？与地方历史人物的联系好比高远的历史瀑布，一泻千年，提升了诗词的意境，也突出了规划主题。

二、规划高度也是气势之美

借景抒情，是一种常用的诗词表现手法，常常是“诗中有画，画中有诗”，写景的诗句举不胜举。“疏影横斜水清浅，暗香浮动月黄昏”。这两句诗用“光影、梅枝、清水、昏月”等几个意象为人们送上了一幅雅致的梅苑图。“君不见，黄河之水天上来，奔流到海不复回。君不见，高堂明镜悲白发，朝如青丝暮成雪。人生得意须尽欢，莫使金樽空对月。”这几句既写出了气势磅礴的黄河，也写出了豪迈悲壮的人生。王勃的“落霞与孤鹜齐飞，秋水共长天一色”，意境有多开阔就有多开阔。又有王维的“大漠孤烟直，长河落日圆”，寥寥数语，一幅辽阔无边的大漠落日景象就此铺开。城市设计中的轴线、视廊、广场、界面，就是创造空间的气势之美。我曾写《西安高新区云轨规划之思》：“巍巍秦岭亘华夏，渭河弯弯绕长安。万千兵俑护秦王，印象西安大雁塔。英才云集高新区，名企云落秦岭下。四维纵横云交通，八百平川云之城。”秦岭、华夏、英才、名企、云轨交通规划在八百里秦川的云城上，通过诗词，将西安高新区的空间恢弘提升为云城的无限发展气势。

三、规划极致也是高度概括

诗词的简洁明了，通俗易懂，使我们能够很快从中理解意图。很多诗词的立体感文字，更是如不可言传，只可意会的文人画一样，概括至极，妙趣横生。王之涣《登鹳雀楼》：“白日依山尽，黄河入海流。欲穷千里目，更上一层楼。”虽简之极，却又美妙无比。所以，二三岁的小孩都会朗朗背诵。作为规划项目，有时候用诗词来概括一下，也很有意思，能够更加明了地把规划意图和规划目标展现给大家，而且其概括程度不是一般的语言所能够表达的。例如我写《点赞雄安》：“燕山晴空祥鹤鸣，高屋建瓴划雄安。非都功能大转移，创新经济战略先。举国专家齐献策，一核五团格局宽。翘首以待琼楼立，白洋淀上建坤乾。”一核即雄安城，五团是容城组团、安新组团、雄县组团、昝岗组团、寨里组团。这首诗把雄安的规划意图、规划战略、规划结构、未来场景言简意赅地表达出来了。

规划项目配写诗词也有诀窍，一般也是从项目背景、地理位置、历史文化、资源特色，再到规划定位、功能创意、规划想象。给规划项目配写诗词时，还会重新审查自己的规划项目有没有好主题、好创意，从而想方设法去升华主题，修整内容，丰富规划的内涵。把几千、几万文字的规划说明归纳为四句、八句、十六句的诗句，也不容易。实际上，把规划理念理解透了，一张规划总图的说明既能够写成几万文字，也能概括为几千字的汇报稿，最后能够写成八句诗，那就更妙了！但是，规划诗词受地名、历史事件、景色地名以及规划内容的限制，很难保证对上韵律、古风、平仄，也就是通俗的打油诗。我在规划工作中，在 2012 年做江苏连云港的一个项目时，突然兴起做了一首诗，觉得很有意思，汇报时反映较好。还有一次我把常山县的旅游特色和 14 个乡镇街道的产业定位编写成十六句诗，大大增加了中标的概率。

诗词的作用，不仅是概括内容，有时会更加奇妙地表达一些思想，烘托主题，促进创意，提升规划高度，传达普通说明所不能表达的理念。我在规划工作之中，项目考察之中，参加各地规划项目会审之中，写了 200 余首诗词（打油诗），在此选取 60 余首，供大家雅赏，多多指正。

美丽杭州建设赞

西子湖畔，双塔相映。
南宋街街，市井千年。
钱江新城，日月同辉。
江河交汇，金融港湾。
下沙江东，智能制造。
西溪岸西，科创走廊。
总体框架，四纵五横。
轨道交通，四通八达。
地下再建，半个杭州。
二绕一环，九通城乡。
双廊六带，绿色杭州。
美丽中国，杭州先行。
峰会G20，别样精彩。
举世瞩目，人人夸讲。
江南忆，最忆是杭州！
中国梦，醉梦在天堂！

注：双廊：运河、钱塘江两条生态带。四纵五横：杭州市快速路系统，纵向是紫金港快速路、上塘中河快速路、秋石快速路、东湖快速路；横向是留石快速路、文一德胜快速路、天目艮山快速路、机场快速路、彩虹大道快速路。二绕一环九通：一绕二绕之间还有中环快速路，还有往安吉、德清、桐乡、海宁、大江东、义桥、富阳、绍兴、临安去的9个通道。

美丽杭州 | 淳安篇 2017.4.11

千叠山，万顷水，举目苍山秀淳安。
龙山岛，桂花岛，猴岛蛇岛，千岛揽胜，
翠翠翠！
霞湾隐，水下城，丰坪云舍下姜梦。
芹川古，龙川秋，百照蜃楼，春山玉叶，
绿绿绿！

注：绿道传骑、霞湾偕隐、夜岛星河、春山玉叶、芹川古韵、龙川秋忆、水下寻遗、下姜追梦、丰坪云舍、百照蜃楼为千岛湖十大景点。

美丽杭州 | 建德篇 2017.4.11

白沙雾，紫金澜，清凉世界在建德。
大慈岩，玉泉寺，铜谷浮翠，天上新安，
清清清！
新叶村，古梅城，双塔凌云子胥渡。
灵栖洞，情人谷，葫芦飞瀑，七里扬帆，
爽爽爽！

美丽杭州 | 桐庐篇 2017.4.11

桐君山，大奇山，潇洒桐庐夹春江。
天子地，钓台云，天龙九瀑，瑶琳仙境，
美美美！
白云源，龙门湾，浪苑石海纪龙山。
外婆家，红灯笼，深澳荻蒲，芦茨畲乡，
丽丽丽！

美丽杭州 | 富阳篇 2017.4.11

东洲岛，春江水，鹳山揽胜富阳美。
文村村，东梓冠，长堤戏浪，桃源春色，
秀秀秀！
游龙门，思孙权，庙坞竹径忆达夫。
黄公望，描山水，贤明夕照，枫林咽泉，
隐隐隐！

美丽杭州 | 临安篇 2017.4.11

青山湖，天目山，湖山叠翠临安城。
大峡谷，大龙湾，峡谷探险，瀑布深潭，
险险险！
太湖源，白水涧，凉源峡谷乐漂流。
大明山，清凉峰，天池温泉，天然氧吧，
幽幽幽！

美丽杭州 | 萧山篇 2017.4.13

大江东，钱江潮，勇立潮头萧山人。
跨湖桥，湘湖秀，三江宝塔，杭州乐园，
乐乐乐！
环保业，有机硅，创意产业白马湖。
钢结构，纸包装，万向天蓝，亚太荣盛，
高高高！

美丽杭州 | 余杭篇 2017.4.13

超山梅，径山茶，绿色休闲到余杭。
小白菜，万寿寺，塘栖古镇，良渚遗址，
悠悠悠！
山沟沟，琵琶湾，农庄四季欢乐园。
未来城，海创园，梦想小镇，科创走廊，
新新新！

动感潮都，空港丽城 2017.4.14

传说伍子胥，投江变潮神。
发怒对吴王，今日成景观。
八月十八潮，天下壮观无。
康熙乾隆帝，九下巡江南。
次次过南阳，下旨固钱塘。
民国两兄弟，建房兴街市。
今朝建空港，工业八大行。
经济强争辉，富甲钱江湾。

注：至萧山会审南阳街道小城镇综合整治规划时即兴而写。

美丽杭州｜下沙副城 2017.4.16

东海浪，之江湾，万顷沙洲变新城。
有文科，有理科，高校林立，现代科技，
学学学！
建高架，通地铁，科创智造高新区。
产业聚，名企多，出口加工，精密仪器，
精精精！

美丽杭州｜大江东 2017.6.27

钱江口，面东海，智能制造大江东。
造汽车，造飞机，产城融合，智慧科技，
好好好！
新材料，新能源，城市功能定位高。
智慧谷，创三高，创新集聚，三生齐美，
高高高！

注：三高是高智、高新、高端；三生是生产、生活、生态。

美丽杭州｜转塘镇 2017.4.20

昔汪洋，山河转，定山花浦变转塘。
之江湾，灵山幽，千年宋城，钱塘金秋。
颐颐颐！
鱼虾肥，农庄绿，春江引水铜鉴湖。
艺术美，云计算，音府美院，云栖小镇，
新新新！

美丽杭州｜留下镇 2017.4.24

宋高宗，游西溪，千年古镇且留下。
留下河，穿镇过，石桥横卧，枕河人家，
隐隐隐！
小和山，高教园，百年树人国栋梁。
包太白，郁达夫，名人名作，书法公园，
逸逸逸！

注：随市政协文史委一行考察留下镇书法公园建设情况时即兴而写。

美丽金华

美丽金华赞 2017.4.24

三面环山三江涵，达摩葛洪亮九峰，
二仙造桥黄大仙，北山南坡双龙洞。
八咏楼里忆清照，一代宗师黄宾虹，
施光南乐艾青诗，江南邹鲁金华府！

美丽金华丨兰溪市 2017.4.24

三江汇，六水行，七省通衢兰溪市。
八卦村，芝堰村，古建筑群，精美绝伦，
古古古！
白露山，望云楼，大仙故里黄湓村。
兰花村，芥子园，地下长河，平沙落雁。
雅雅雅！

美丽金华丨义乌市 2017.4.24

忆往昔，货郎担，鸡毛换糖走百村。
稠城商，名远洋，兴商建市，商务旅游。
变变变！
娄山塘，滴水洞，风景不多却也奇。
小商品，互联网，四D机场，智慧城市，
潮潮潮！

美丽金华丨浦江县 2017.4.22

浦阳江，仙华山，龙峰塔下浦江城。
白石湾，壶源江，群山叠翠，奇峰异水。
秀秀秀！
新光村，嵩溪乡，郑宅江南第一家。
人文昌，翰墨香，诗画之乡，水晶之都。
名名名！

美丽金华 | 东阳市

横店镇，影视城，华夏文化缩东阳。
祖姆山，落鹤山，风光旖旎，绚丽多姿。
灵灵灵！
李宅雄，蔡宅名，江南故宫推卢宅。
竹编巧，木雕名，红木家具，人工巧匠，
精精精！

美丽金华 | 磐安县

浙中部，大磐山，群山之祖在磐安。
灵江溪，平板溪，清溪蜿蜒，四水之源。
潺潺潺！
水下孔，古茶场，乌石村里觅乡愁。
舞龙峡，百杖潭，奇峰突兀，磐石林立。
绝绝绝！

美丽金金华 | 永康市

永康县，五金城，轩辕黄帝铸大鼎。
西津桥，二公祠，五峰书院，文化景观。
浓浓浓！
石鼓寮，龙山园，西溪影视连横店。
石城坑，五指岩，方岩丹霞，飞龙探险。
峻峻峻！

美丽金华 | 武义县

萤石乡，温泉城，物华天宝武义县。
石鹅湖，清水湾，唐风温泉，暗香浮动。
沐沐沐！
牛头山，浙中巅，江南清池桃花源。
大红岩，寿仙谷，醉仙岩独 ，拇指峰绝。
恋恋恋！

绿色淳安

绿色淳安 | 界首乡 2017.3.23

千汾绿道又一村，柑橘红红界首乡。
竹里平台观碧波，梅峰观岛览晴光。
姚家老街遗渔乡，民间工艺三十行。
天龙娱乐探影视，果园民宿请君安！

注：天龙娱乐公司在此建设影视基地；梅峰观岛是千岛湖十景之一。

绿色淳安 | 屏门乡2017.3.23

小小屏门地理稀，戏剧曲苑睦剧奇。
瀑布隐秀九咆界，登山步道千亩田。
高山蔬菜茶叶香，屏门天台瞰越溪。
圭川天桥梦千岛，渔街天门枕岸溪。

注：在睦剧大师王姝苹的影响下，创建了屏门睦剧之乡。

绿色淳安 | 浪川旅 2017.3.23

千岛湖西浪川美，芹川古村原乡味。
春夏农家蚕桑声，浪漫山花白云随。

绿色淳安 | 富文乡 2017.3.23

水绕山，田绕村，满目青山富文乡。
山绕村，水绕田，山水共锦，百岭秀色。
富富富！
王子谷，农家乐，乡村旅游上金牌。
夫妻柏，方祠堂，土烧美酒，鸟语清啾。
文文文！

绿色淳安 | 瑶山赞 2017.3.23

千岛深处有瑶山，十里云溪绕山前，
三吹三打民歌唱，古村古桥日夜欢。

绿色淳安 | 左口民宿赞 2017.3.23

精品民宿数左口，康养休闲奔左口。
纵有千岛情意绵，湖水弯弯衔左口。

绿色淳安 | 鸠坑乡最之歌 2017.3.24

鸠坑山水最奇观，红柑清口最香甜，
茶叶绿黄最浓郁，不寒不暑最休闲！

绿色淳安 | 安阳秀美赞 2017.3.24

日出东山西岭月，安阳村廓绿湖前。
五都六都双流源，满目苍翠山叠山。

绿色淳安 | 宋村村 2017.3.24

宋村不大文化浓，越剧睦剧戏团红，
老少妇幼会唱戏，拉狮竹马漂流隆，
紫竹金紫登山节，白云溪畔美食浓，
千岛绿园饭后茶，实惠旅游宋村逢！

绿色淳安 | 王阜乡 2017.3.24

淳安之祖王阜乡，山越先民革命强。
八都麻绣中华绝，高山蔬菜香核桃。
龙潭漂流伴避暑，紫金绝顶野菊黄。
重阳登临忆伯温，一览千岛万山朗。

绿色淳安 | 文昌镇 2017.3.24

千岛东门文昌镇，五一五镇特色藏，
五金木艺饮用水，茶叶花木畜禽旺，
千亩公益生态林，淳东客站建文昌，
更喜高铁停文昌，迎来东风大发扬！

绿色淳安 | 金峰村 2017.3.24

千岛醉美数金峰，百照蜃楼燕崖忙。
苍天古松迎贵客，夫妻香枫亦凤凰。
四季山花蜂蝶舞，四时鲜果任君尝。
溶洞古庙香客旺，影视乡村皆风光！

注：2017年3月22日至淳安县会审12个小城镇综合整治规划时即兴而写。时间2天，每半天3个。未免草率。

生态丽水

生态丽水｜云和梯田 2019.11.12

春秧蛙声泥土香，夏禾吐翠稻海茫。
金秋稻穗沉甸甸，冬雪环环白玉光。
云水天来不见旱，山花不败百鸟啭。
云雾烟雨满田畴，栖居田园心自闲。

生态丽水｜缙云风光2017.4.12

仙都鼎湖峰，轩辕步天宫。
陕西黄帝陵，缙云有祠同。
山青水亦秀，仙女当镜照。
山翠田更丽，乡野风光好。
山幽石头村，山深藏梦云。
独峰书院特，岩下听叮咚。
灵芝八角洞，洞外一线天。
飞舟角锥岩，天姿摄影中。

生态丽水｜松阳绿道2017.5.15

处州古县数松阳，群山田园绿芬芳。
先游箬寮原始林，再看石仓古居墙。
延庆寺塔宋遗物，詹宝兄弟进士坊。
骑行茶园大木山，绿色休闲松阳强。
注：茶园大木山已经开辟自行车骑行道。

生态丽水｜缙云县岩下村 2015.12.17

东海石塘迎曙光，丽水岩下好生养。
村中枯木再逢春，观音泉边月老躺。
石屋石墙石板路，溪岸千岁百岁坊。
清泉碧水穿村过，龙门峭壁飞白浪。
注：石塘、岩下都是石头村，一个在温岭沿海，一个在丽水山区；为吸引旅游，规划建议救活一棵老树，开辟一个观音泉，塑月老像，其他保留原始村落。

生态丽水｜遂昌应村 2015.12

人间桃溪千千万，丽水遂昌应村乡，
桃溪清品互联网，活竹白酒天下独，
无双红心猕猴桃，桃溪野鸭东源笋，
西山辣椒老茶婆，周村高山四季豆，
周蒲红花上品油，高棠农家做干菜，
定溪全是有机鱼，绿色竹溪山桠皮，
双里仙翁土菜佳，件件皆在丽水娃，
网上购物实地游，体验乡村慢生活。
注：丽水娃是丽水土特产网站。

生态丽水｜畲乡景宁 2017.4

三月三来火神节，景宁畲乡快去游。
云中大漈安祥村，大均古街民风佳。
时思寺里钟声响，惠明寺外惠明茶。
十潭九滩激流漂，水电之乡千湖峡。

生态丽水｜青田石雕之乡 2017.4.6

石屋石院石板路，
石具石雕石江都，
大千世界入石头，
石头说话故事多。

生态丽水｜龙泉二宝 2019.11.9

明月染春水，风露开越窑，
嫩荷涵露喷，青瓷千秋老。
欧冶铸九剑，龙渊最盛名，
辟翠皙青色，天风亦妖娆。

生态丽水｜庆元廊桥 2020.1.14

自古廊桥遗梦处，叠木为栱跨如虹。
西洋殿旁兰溪桥，松溪镇里咏归桥。
月山举溪如龙桥，凿石为梁步蟾桥。
桥桥英爽堪留客，波底依稀菇香飘。

规划诗词

铁岭生态居住养生园[1] 2014.8

为生计昔人闯关东，为休闲今人游铁岭；
三山五岳尽在城中，五湖四海皆在苑里；
中式欧式老年公寓，温泉度假养身养老；
五行会所风格各异，三湖呈祥日月同辉。

磐安问茶游[2] 2016.6

问磐安，群山之祖始玉山；
问玉山，古有茶场出茶神；
问茶神，道教真祖是许逊；
问许逊，早在东晋传茶道；
问茶道，婺州东白惠茶农；
问茶农，采茶斗茶引游人；
问游人，茶禅一味乐茶游；
问茶游，磐安玉山古茶场。

济源三湖今昔歌[3] 2013.8

古有愚公移山者，今有济人秀三湖。
古有荆浩描山水，今日溴河起高楼。
古有卢仝七碗茶，今喝王屋冬凌花。
古人已驾黄鹤去，今人三湖游乐居。

生态丽水 | 四都半岛追梦[4] 2018.9

瓯江弯弯呈半岛，万佛寺里万福祈。
两栖合院泛舟闲，佛手湖上康养里。
天湖彩堤追夕阳，宿遍丽水云和月。
万千气象在四都，坐拥小镇无他寄。

琴岛天籁赋[5] 2012.12

人工天匠开琴岛，琼瑶玉楼造天籁。
黄海明珠九龙呈，赣榆之星冲云霄。
身在城里作凡人，上岛小住成仙人。
竖琴奏出天籁曲，千年徐福魂魄归。

天山来客大本营[6] 2015.10

一带一路过新疆，云岗龙门敦煌秀，
龟兹文化阿克苏，姑墨文化数温宿。
雪域春天太阳岛，月亮湖畔养天年，
天脉七星营宿情，天山来客大本营。

寄情筠连[7] 2018.12

秘境筠连天府南，遥想李冰携儿子，
凿造古道连川滇，筠商十万闯南北。
古楼峰丛古楼山，仙人洞望仙雾山，
神奇涌泉溶洞群，盼来两高好游旅。
百万漆树产业精，黄牛胜过洋牛肉，
欲把川红红华夏，敢把茶海变天堂。
路整院洁乡道绿，植美荒山度春风，
村村有产旅居康，唤醒太白赞新颜。

[注：[1]规划构思在铁岭生态居住养生园里开辟一条环形的约100米宽的生态带，以华夏三山五岳的意境来设计环境景观，五湖四海的文化来塑造居住组团的文化，以体现其全国性的要求；养身园里有温泉、五行会所、三个湖（太阳湖、月亮湖、蝴蝶湖）。[2]磐安是群山之祖，天台山、会稽山、括苍山、仙霞岭等山脉从这里发脉；磐安是诸水之源，钱塘江、曹娥江、灵江、瓯江四大水系从这里发源。早在晋代，许逊传播道教，游历至磐安玉山，见茶树满山遍野，且质量上佳，而茶叶却滞销，农民生活清苦。于是许逊就在此地留了下来，与茶农一道研究加工工艺，制成“婺州东白”，并派出道童到各庙庵施茶，受到各方一致好评。从此“婺州东白”畅销各地。到唐代，“婺州东白”被朝廷列为贡品，并被收入陆羽的《茶经》之中。后来，“茶神”许逊就被千千万万的人顶礼膜拜，千百年来不从间断。[3]河南济源市西部王屋山（愚公故里）山麓，临近思礼镇，茶祖卢仝的故里，有三湖毗连，景色优美，政府在此选地10平方公里，规划一个三湖新城。荆浩：济源人，山水画家，为中国画史上五代的四大家之一。[4]两栖合院：配备车库和游艇的别墅；佛手湖是人工湖，山谷变湖，房子可以造在山顶，景观良好；宿遍丽水云和月：民宿联盟的意思。在此设置直升机停机坪，通过航空和互联网把丽水所有的民宿都联系起来。以此地为起点，可以住游，云和民宿和梯田、松阳民宿和绿道……[5]江苏连云港市赣榆县东部沿海规划一片新区，由一个琴状的海岛和人工填海的天籁半岛围合而成的海上人工湖组成，目的是避开滩涂，通过人工沙滩，建设一处具有海岛风情的滨海新城；徐福：赣榆人，字君房，出生于战国时期的齐国，是秦朝著名方士，道家名人，曾担任秦始皇的御医。秦始皇时期，徐福率领三千童男女自山东沿海东渡（实际在赣榆县），传说遍及韩国南部与日本，成为历史上中日韩文化交流的一段佳话，几千年来一直是人们研究和探讨的一个热门话题，至今已成为先秦史、秦汉史、中外关系史、航海史、民俗学、宗教学、考古学等综合性多学科研究的内容，有极为重要性的学术价值。[6]“天山来客大本营”为新疆阿克苏温宿县的一个旅游项目。规划构思里有太阳岛宾馆、月亮湖度假村、七星水果园等。[7]（1）总体讲今昔筠连、筠连旅游资源及机遇、筠连农业主导产业、振兴乡村措施及目标。(2)两高：两年后通高速、五年后通高铁。(3)四川宜宾市筠连县有十景：古楼峰丛、仙人洞、秘境大雪山、筠连岩溶（海瀛潮涌泉）、巡司温泉、仙雾山、西部溶洞群（浪漫情人谷）、光明寺、石佛岩（报恩寺）、古楼山。本次是万亩“川南茶海”旅游与乡村振兴的概念性规划。

富阳大源镇规划目标 2017.12.13

沉睡千年大源镇，杭城二绕开新篇。
百花公主旧梦圆，方腊点将驻军坞。
满目青竹亭山峰，望尽江南富春秀。
显山露水巧布局，大源无仙成仙源！

桐庐富春江镇规划展望 2017.3.13

一坝截出春江秀，钓台云山映绿波。
欲把小镇慢城建，休闲旅游七里泷。
三江两岸博物观，江滩森林越时空。
云渚湖上养天年，天地印象富春江！

游贵州娘娘山有感 2016.5.16

老爷洞过变天堑，山道弯弯尽险峰，
娘娘仰卧观星空，少女多姿盘腰峰。
怪在此水能上坡，奇在峰顶湿地旷。
天山飞瀑双流下，观毕石娘忘家娘！

良渚文化遗址公园 2017.10.12

纵观遗址方十里，陶皿玉器祭祀坛。
莫角山头吞浩气，闭目遥想古城宏。
历史断面脉络清，大地史书方申遗。
古今村落作共生，共叙文明五千年。

长兴水口乡匆游记 2018.10.18

三面环山水口乡，东望太湖水荡漾。
此地喝茶不一样，茶圣陆羽写茶经。
品茗三绝紫笋茶，润肺止咳又净心。
一村民宿茶与饭，乡村振兴走在先。

安吉鲁家游览思 2018.10.18

田园鲁家开火车，十八农场逛一周。
花海世界百花艳，中药农场寄康养。
房车营地赶时髦，体育健走鲁家湖。
时光小镇品休闲，振兴乡村好板样！

中控德令哈基地 2017.8.13

中控真当了不起，德令哈市建基地，
太阳光热能储存，白天发电晚上续，
控制千面大镜子，光能垛进盐罐子，
既无污染又无险，绿色能源新尖兵！

浦江经济开发区发展规 2019.11.15

辟浪斩刺二八载，龙峰不老产业改。
传统嫁接新科技，低效升级新智造。
水晶之都重振威，高铁小镇虎添翼。
腾笼换鸟又逢春，浦江依旧千峰翠。

清凉峰有机蔬菜小镇记 2018.8.7立秋日

清凉峰上十门峡，峰高连天过云霄。
清泉浇田绿盈盈，不施化肥不洒药。
朝涵露水夕送霞，农科专家保驾养。
有机蔬菜乡土味，天然健康送万家。

点赞雄安 2019.5.23

燕山晴空祥鹤鸣，高屋建瓴划雄安。
非都功能大转移，创新经济战略先。
举国专家齐献策，一核五团格局宽。
翘首以待琼楼立，白洋淀上建坤乾。

注：一核是雄安城，五团是容城、安新、雄县、昝岗、寨里五个组团。

题萧山党湾镇 2017.5.15

党湾党湾特色湾，沙地风情潮头涌。
党湾党湾产业湾，纺织印染建筑精。
党湾党湾生态湾，滨水骑行绿道荫。
党湾党湾富裕湾，庭院街道楼宇新！

德清联合国地理信息大2018.11.20

莫干山麓德清新，智慧产业聚小镇。
地理信息联合国，欲把地球变一村。
会议论坛观展览，体验智造新产品。
上天入地全掌控，未来世界争太平。

古韵新塘栖 2020.9.14

古镇文化写墙上，休闲活动在水上。
小桥流水栈道上，四通八游水岸上。
生态鲜花庭院上，幸福满意挂脸上。
君来旅游点线上，江南名镇大地上。

履坦文旅思 2020.8

申明古渡窑朝朱，十里绿滩去追梦。
履坦讲善申明街，坛头孝道百社集。
何村耕读蔬果香，范村沉舟观星岛。
玫瑰沙滩飞湿地，八婺瑶台造网红。

廉美范院坞 2021.3.24

有戏有味游兰溪，戏演诸葛游埠味。
山歌畲乡范院坞，一脉青山官德村。
田头鹅语红美人，山林养鸡凤凰飞。
紫薇院中读范文，忧国忧民续楼台。

生活一隅 2017.5.8

尺画寸房难换，
只要寒舍向南。
管他房价金贵，
白宣挥墨窗前。

感叹职业 2017.8.30

日夜兼程规划，
疗心养性何人？
美丽城乡无数，
一隅难度闲身！

无题 2017.8.30

贤弟若知兄亦苦，
但留一隅觅闲情。
青山无情庄有意，
月落霜天作丹青。

父故百日祭 2018.5.13

人去花犹在，
故园乡语少，
屋旧梦依稀，
音容是耕影。

通过人大代表、政协委员的参政议政延伸规划师的职能。

通过社会工作扩大视野，拓展平台，进一步发挥人生的价值。

规划年轮

有了梦想，人生如梦美好

4.01 城市梦想年轮

我以我的散文《江边的梦》叙述我的城市之梦

记得那是 1984 年 9 月 2 日，我揣着一张同济大学建筑系的录取通知书，别离壶源江畔的家乡，要去上海黄浦江畔读大学，兴奋的心情难以言表。在书本里了解到，上海是中国共产党的诞生地，中国轻工业的集聚地，在画刊上也看过一些外滩高楼洋房的照片，看过电影《永不消失的电波》里的里弄马路，《霓虹灯下的哨兵》里的灯红酒绿，感觉上海是人间迷城、世界魔都。

父母只送我到家门口，他们认为我已经长大，可以放心让我一个人走出大山，离家去远方，是堂兄送我到车站，又帮我把行李抬上汽车。汽车开出了村庄，跨过了壶源江，要翻越一座山才能到县城，还得转车至火车站。回头望望村庄外的田野，是即将金黄的一丘丘稻田。童年的梦、少年的梦、青年的梦都在这一瞬间绽放，又如行云流水一样地飘过。徐徐的秋风吹进车窗，深绿色的群山、泥土房、白墙黛瓦的村庄，今天看起来才发觉是一幅优美的青绿山水画。可是，我就要离开生我养我的地方了，带着户口、带着大学通知书。这片天地在名份上就不再属于我了，内心里不由得泛起一阵阵的酸楚。所幸，父母还在这里，我还可以回来，我的根还在这里，我还有理由回来。

壶源江畔，童真梦想

我想起了小时候的风筝，在紫云英的田野里放飞。风筝都是自己做的，田字形的比较多，因为它做法简单，也容易飞上去，好看一点的做过简单造型的飞机形、蝴蝶形，在蓝蓝的天上放飞，成为蓝天下最迷人的景色。望着风筝，总希望寻找到那块属于自己的天空、白云，并且好奇，为什么风筝一定要有线系着，才能飞翔？不想今天，我成了一只断了线的风筝，要飞向远方了。

忽然想起了小时候第一次得到的1角钱。小学一年级的某一天，放学后我去村庄的后溪玩水，看到婶婶很吃力在赶田里吃稻秧的 3 头牛，就帮她一起把牛牵到村里。因为牛吃了不少秧，牛主被罚了几元钱，而我得到了 1 角钱的奖励。那时 1 角钱可以买好几根棒冰、好几个水果呢！很小的一件事，学校里还表扬了。之所以现在还能想起来，是因为这是第一次，我做了大人们关注的事情。

想起小时候，印象最深的还是放牛。我家的村庄四面环山，村庄南北有两条溪流，蜿蜒地流至村东北合成一条溪，即壶源江，是富春江的支流。江面宽四五十米，江水清澈见底，溪里有水草、堰坝、深潭、河床、卵石滩。那些河床草坪如茵，在此放牛是一种童趣的享受，你只管放手让牛徜徉吃草，几个放牛娃可一起戏耍、打牌、翻跟斗、斗鸡，有时也会吵架斗殴，但打斗都会控制在一定限度内，不致于引起大人们的注意。那时的牛是生产队集体的，是几户人家轮流放牛。大概一个月轮到一次，每户 10 天，我真希望天天放牛，这样便有理由请假不上学，或者晚去早归，或者干脆不去。那个时候贪玩，最头痛的就是上学了。

我放牛时喜欢在石滩上刻字画画，画一些小鸟、木屋、青蛙、太阳等。这些作品随着雨后的洪水，带着我的天真稚趣，流过壶源江，融入富春江、钱塘江，流向遥远的东海。如今我就要前往东海之滨的上海、向往已久的同济大学读书了。江边的孩提之梦终于可以与上海的大学之梦联系起来，心里是何等的激动与憧憬。

浦阳江畔，回归梦想

没有读过什么书，没有见过什么世面的我，16 岁就辍学了，学做泥水匠、铁匠，开始发愁，开始忧虑，只知道穷人的孩子要早当家。当我开始学会思考人生时，已经19岁了。20 世纪 80 年代初，考上大学是改变农村青年命运的最好出路，于是我从初中的书开始自学，还到浦阳江畔的县城中学旁听英语。过着半工半读的日子，心里默念着那个时代的青年所特有的豪言壮语：学好数理化，走遍天下都不怕。虽然每一天都觉得倦累，但是对外面世界的强烈向往，促使我在挫折中一次又一次地站起来，一个强大的信念支撑我继续走下去，我要上大学，我要设计高楼大厦！数次高考的不如意，既带给我深深的失落，也磨练了我的心志。

那些年，那些记忆，那些难眠的夜，都是离别的痕迹。很多事情，经过了时间的沉淀之后，会被遗忘在角落，但总有一些事情不会在记忆中消退，时常会在脑海里浮起。当岁月划过、留下沧桑，经久就会明白，一些改变人生的记忆故事，将是永久的烙印。我还没有到达既定的人生目的地，没有什么理由可以让我放弃。为了理想中的目标，我连续考了四年，在 1984 年的那个夏天，我总算如愿以偿，考入同济大学建筑系城市规划专业，开启了梦想之旅。

黄浦江畔，设计梦想

刚入同济大学时，作为新生的我是那样的懵懂青涩，宽阔的四平路，高楼林立的曲阳新村……上海的一切都让我好奇不已。同学们来自五湖四海，带着冰雪草原、黄土高坡、大江南北的故事，相聚在一起。新生都是初生的牛犊，什么都敢闯、都敢试。那时的大学生是社会之骄子，有一种无比的自豪感。大学里自由支配的时间比较多，但有时候又让人无所适从，茫然中，几个月的时间就过去了。我们城市规划专业的学生有一项特殊的待遇，第一年有几个月发给公交月票，可以免费乘坐公共汽车，我便将上海市的大街小巷跑了个遍。外滩、博物馆、美术馆、和平饭店、上海第一百货大楼等，曾经只在电影里看到的大上海，一幕幕真实地呈现在我的眼前，心中不禁感慨万千。既感慨之前的无知，更感慨时光的紧迫，我要努力再努力，把失去的岁月追回来。

走进上海、走进同济园，我算是找回了梦想中的人生轨迹。大学设计课从设计幼儿园开始，到图书馆、居住小区，再到城市。设计内容在放大，认知社会的心胸也在扩大。遥望过去，那些青葱岁月已悄然过去，留下的是萦绕心间的眷恋与不舍，要把一切美好的设计理念带到社会上去。在同济园里，我学建筑设计，学城市规划，学园林设计，尽可能多学一些专业。

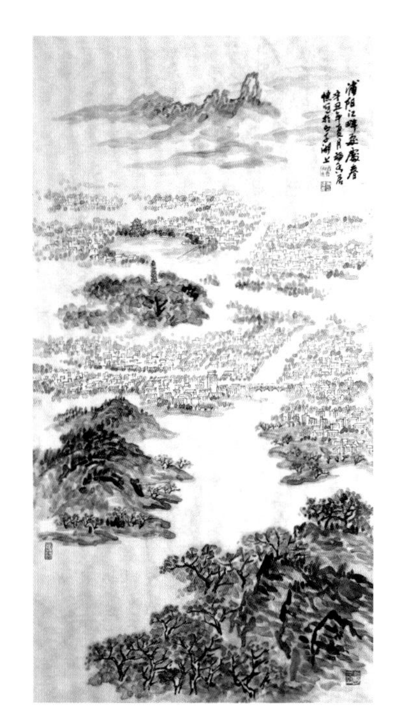

在大学里，我的绘画天赋也得到了很好的发挥，设计课里的水粉水彩表现图，总是画得比较优美。国画上还有幸得到著名园林教授陈从周先生的指导，画技有了很大的进步。初识陈先生时，陈先生说我画上有些天赋，但是书法功底比较弱，笔墨显得不到位。他对我说："墨中分五色，线内有千军万马，点上还有气质修养，孺子可教，但需努力。"我在学校里办过两次小画展，他两次给我题词："蓓蕾初绽"，"新篁得意"。

画画还寄托了自己的心情，成了我的精神支撑。浮躁时，可以沉淀；喧嚣时，可以宁静。沉淀浮华，凝神静气，相信人生之路的前方，还有着更为动人的风景。大学生活如诗，青春岁月如歌，在同济园里我谱写着人生中最美好的序曲，愿在这人生最美的风景里，为当初立下的志向努力前行！

钱塘江畔，筑梦城市

岁月如梭，转眼间四年大学结束，至杭工作也四载有余。在这个一百多万人口的中大城市，规划师的作用早期并不被重视。工作之路不是只有鲜花和掌声的一条坦途。初入社会的几年里，收获与失落并存，欢乐与苦痛交加，阳光和风雨齐来，这是一次人生的"断奶"。城市终究不是农村和学校，总觉得有许许多多意想不到的人和事与我对碰。对繁忙的工作，我游刃有余，但对生活的酸甜苦辣，却有些招架不住。或可学古代文人隐士，耐得寂寞、甘于清贫，却多半是自欺欺人的无奈。好在集体宿舍就安在城西老和山下，工作之余，我有空就去爬山。坐在山顶，望着西湖，望着杭城，还有远处若隐若现的钱塘江，心如白云漂浮在蓝天，素心与天地共；时而有一群群大学生欢声笑语地走过，这人间的欢闹猛然将我带回到现实，顿知现实生活的轻重。但是，望着那绵延不断的翠峰，错落有致的乡村和城市，不知心思又该移向何方。

常常天黑未归，望着点点灯火，不知道何时会拥有自己的灯，前途是那么的遥远，无论是论资排辈，还是靠自己努力。但是，路总得一步一步地走。对我来说，从零开始，日子过得既平淡又匆忙，有时迷茫，有时惆怅，每天夜里睡着时，总做一个想不起来的梦。但是，必须认定前面的那盏灯，希望在那里，目标在那里。天边新月如钩，星星云游，往事悠悠，人生几何？在未来不可知的日子里，也许我还会面临更艰难的选择，但当下我要做的，就是带着选择不停步。我宁可带着伤痛前行，绝不轻易放弃当下的选择。放下纠结，重归宁静，夕阳黄昏，清夜繁星，我渐渐沉醉在这温柔的光阴里。凉风习习，山鸟啁啾，归宿树林。

壶源江边的梦是幼稚的快乐，浦阳江边的梦是苦涩的憧憬，黄浦江边的梦是理想的打造，钱塘江边的梦何去何从？真的还需要好好编织。但今天的我，可以设计建筑，规划城市，挥毫丹青，何须寻梦于太虚？路就在脚下，走走走，走到天涯海角；梦就在心中，做做做，做到天荒地老。

（1993 年 5 月写于杭州古荡斗室。）

三十岁月，梦想成真

光阴荏苒，不知不觉中，三十年过去了。

三十年里，作为城市规划人，我走遍了杭城的大街小巷。走过麻雀弄、城头巷、信余里、红石板、桃源里、江山弄，改造豆腐干大小的地块，以解决住房困难的问题；从小河小区、三里亭小区到塘北（政苑）小区，走向小康住宅；从河坊街、吴山广场到运河两岸，参与城市的有机更新；从天都城到钱江新城，见证城市的快速发展。一路走来，如水滴融入小河，河水汇入大江，与杭州的发展同步，追赶现代化的潮头。

三十年里，我成家立业，生育孩子，办起了自己的工作室。从室主任到副总规划师、总师办主任；从一个助理工程师、工程师、高级工程师，成长为教授级高级工程师。2001 年，我考取了全国注册规划师和一级注册建筑师，规划设计的脚步从杭州主城

走向“三江两岸”、临安余杭的村镇山乡；又远涉山东、安徽、江西、河南等省的城市。从概念设计、城市创意，到城市的可持续发展，不断探索规划工作的新理念。

三十年里，我连任四届省人大代表，关注环境，关注城市的健康发展，大胆建言，对时不时出现的城市病，试图作一些矫正，每当自己“一砖一瓦”的想法得到采纳，助推了城市的发展，便感到欣喜万分。城市发展了，城市变美了，自己的价值也在逐步实现。我已过了知天命之年，越来越体会到，一个人的智慧必须融入社会建设的潮流之中，他的价值才能得以实现。我不仅要做好一个规划师，更要做好一个人大代表，去关注弱势群体，让社会和谐；去发现城市问题，让城市病及时得到控制或治疗；去创新城市，让城市生活更加美好，城乡环境更加和谐。

三十年了，杭州已从100万人口，扩增为1000万人口的大都市。从西湖时代，跨入钱塘江时代，下江南，建下沙，跨大江东，建设35公里长的城西科技大走廊，横跨西湖、余杭、临安三个区。智造东扩，科创西进，沿江开发，拥江发展，实施“南拓、北调、东扩、西优”的城市空间发展战略。“一主三副、双心双轴、六大组团、六条生态带”的空间结构日趋明朗。

三十年了，杭州市建好高铁东站又建高铁西站、萧山机场高铁站，516公里地铁线即将全部投入使用，目前又在策划约1000公里的新地铁线，杭州将成为轨道上的城市。四纵五横的快速路网建设已接近尾声。智慧引导，快捷到达，方便停车的绿色交通系统越来越人性化。

三十年了，展望未来，人工智能时代已经来临。2017年，在杭州未来科技城里，人工智能小镇正式启动。以“云生态”为主导产业的云栖小镇，进驻西湖区之江，正在开发提升“城市大脑”的应用范围，要成为政府决策的“中枢系统”。它将覆盖经济领域、政治领域、文化领域、社会领域、生态文明领域，把城市和社会构建为“共生、共荣、共享”的生态体系。

如今的杭州城是一块巨大的“历史芯片”，承载着无比宏伟的内涵和抱负。自G20杭州峰会成功举办以来，以钱塘江文化提升城市品位，已成为杭州实施“拥江发展”，迎接“杭州湾时代”新发展的战略共识。

规划还得努力，设计还得创意，城市还得扩能。我把自己的人生与艺术融入城市，融入钱塘江的汹涌，犹如淅淅沥沥的水珠流入小溪，汇集到万马奔腾的钱江潮里，迎接未来。

未来正在向我们走来，梦想必将成真！

（2018年12月续写于绿园稻香居。）

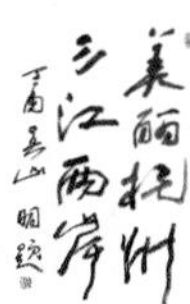

4.02 城市建议年轮

城市建设除了规划还得呼吁，除了工作还得呐喊。从2003年开始，我连任了四届浙江省人大代表，以人大代表的身份，延伸规划师的职能，为政府经营城市、治理城市出谋划策。对时不时出现的城市病，试图作一些矫正。在这个过程中，自己也从技术性规划出发，逐步学会了城市创意，并且深入到城市治理的某些层面。自己的人生，也融入了城市发展的年轮圈。

1990年，建议杭州城站规划建设东西两广场。大学刚毕业的几年里，我做过几个江干区的旧城地块改造规划，觉得杭州人不太愿意跨贴沙河、跨铁路居住，原因大家也明白，一是西湖情结比较深，二是交通确实不便。当时城市总体规划开始修编，项目负责人李子松问我有什么建议，我心里第一感觉就是要加强跨贴沙河、跨铁路发展。首要的工程就是要借城站改建之机，建设火车站东广场，且火车站的规模不亚于上海南站（1万人/天）。这也是我开始思考杭州发展方向的肇端。在上大学的时候，上海浦东已经开始国际招投标规划行动，市民“宁要浦西一张床，不要浦东一间房”的观念开始改变。杭州跨越西湖、拥抱钱塘江也是必然的趋势。也不知道是什么原因，这个工程至今没有落实。不过，跨贴沙河、跨铁路的通道已建了许多，如今不仅跨了贴沙河，还跨钱塘江大发展了。最近在望江新城规划方案中看到，不仅有城站东广场，还有一条延伸至钱塘江的公共走廊。

1993年，参与江心岛居住区（后改为稻香园）的规划。我便开始关注运河两岸的建设动向，收集有关运河文化的资料并加以研究。站在运河边，我思考着：什么时候能够让河水变清、景色变美，成为一个人人乐去的地方，甚至与西湖一样，成为一个旅游的好地方。那才真是化腐朽为神奇呀！运河的昨天，变迁兴衰、饱经沧桑；今天，开发利用、功过参半；明天，应该是一幅现代版的“清明上河图”。这件事情我时不时在想，有机会就说。1996年，我的一篇关于运河改造的文章在报纸上刊登，得到运河两岸开发商的青睐，希望我能够住到运河边。1996年年底，我果真在运河边买了一套房子，这下就是为了自己的家园，也要努力呼吁了。2000年一次偶然的机会，我认识了一位民盟中央常委，江苏省勘测设计院原院长。他称我是一个有情怀的工程师，如果能加入一个组织，将非常有利于参政议政，就把我推荐给了杭州市的民盟组织。当时的民盟主委把我的《关于成立全面负责京杭运河杭州段整治指挥部的建议》直接送到了市委市政府，被时任市委书记所重视。后来自然而然我就担任了《京杭运河杭州段两岸综合整治和保护利用战略性规划》的项目负责人。2002年，运河改造被列为杭州市十大工程之首，许多专家、媒体、设计院都参与到大运河综合保护工程中来了，我感到十分欣慰。

1998年，建议原拱墅区的“三个五计划”改为“五个五计划”。20世纪90年代，原拱墅区还是城郊结合部，新中国初期的工业基地，改革开放后渐趋衰落，城市面貌比较差。当时，“退二进三”是区政府的最大任务，计划用五年的时间，改造五公里长的运河两岸五万人的居住环境。我听了觉得计划还不够完美，需要再加两个五：迁移五万人，建议大部分老住户迁移到拱北小区，并引进五万新杭州人。这样不仅可以摘掉拱墅区城郊结合部的帽子，还可以提升城市活力，提高土地价值，高质量地完成城市有机更新。该建议在规划阶段直接与区政府交流，并首先在《拱宸桥地区改造规划设计》项目中得到落实。今天看来，“三个五” 只是居住环境的改造；“五个五”才是城市经营、提升城市活力之妙举。

1999年，建议杭州大剧院改址建设。我在观摩杭州大剧院国际竞标方案时，就感觉到大剧院选址在都锦生丝织厂旧址上，大前提就错了。悉尼歌剧院因其帆状的造型地处海滨而熠熠生辉，成为悉尼的象征，杭州大剧院不是在西湖边也得在江边。杭州已经把新市政府（当年在武林门）选错了地方，再不要把代表杭州人民精神寄托的“大剧院”“嫁”错地方了，“嫁”就要嫁到门当户对的地方。我联络了杭州几家名院的专家和一些社会名人，奔走呼吁，希望杭州大剧院重新选址，媒体上也展开了热烈的讨论，终于得到落实。几经周折，几度规划，几度论证，最后市政府决定建在钱塘江畔，由此产生了“日月同辉”（月亮形的大剧院，太阳形的国际会议中心）大景观的方案。今天，这一景观已经成为杭州跨入钱塘江时代的象征。

2004 年，提出大杭州“一小时交通圈”的空间发展战略。杭州人口集聚的趋势迅猛，未来三五十年杭州的人口或将达到 1500 万甚至 2000 万人。因此，要以创新经济产业为基础，快速交通为引导，对内加快完善“四纵五横八通道”的建设，对外加快完成杭州第二绕城公路的建设，建成一小时交通圈的大杭州。同时，在第二绕城环线上结合地方市、县、镇建设卫星城，在确保杭州主城区核心地位的前提下，尽可能加强卫星城发展，防止主城区“摊大饼”式发展，以避免或消除生态压力与交通压力所带来的不利因素。该建议通过“杭州市城市研究会”提交至市政府，落实到城建计划之中。

2005 年，建议制定机关事业单位用地和办公条件标准。当时不少地方政府机关和事业单位办公大楼越造越高、越建越大，装修越来越奢华，院子越围越大，土地和建设资金浪费十分严重。尤其是不少县（区、镇）还不是十分富裕，经济发展刚刚起步，政府主要靠出让土地或者贷款建设，留下许多财政上的隐患。另外，办公面积分配没有标准，办公家具和装饰标准攀比严重，有的领导办公室还以悬挂名人字画为荣，大搞排场。水电纸笔等随意耗用，浪费严重。全省机关事业人员不少于 100 万人，如果管理严格规范，注意节制，可节约数量可观的资金。我国的人均资源并不富裕，而资源和环境是经济可持续发展的基础，政府机关和事业单位理应树立良好的形象，以民为本，以国为本，形成节约资源的良好习惯。该建议后来写成议案，提交省人大安排有关单位落实。

2005 年，提出杭州要注重“毛细血管”（背街小巷）整治的倡议。随着汽车时代的到来，城市日益变得拥挤，尤其在上下班高峰，小区出入口行人、自行车、电动车、汽车混杂在一起，存在很大的安全问题。近几年，杭州市政府对城市主干道的整治力度逐年加大，2004 年的“三口五路”整治成效更加显著，市民拍手称好。但是街坊小区内部的环境整治却落了后腿，有必要加快整治力度，依法拆除违章、临时、不雅观建筑，严禁路边设摊，以畅通小街小巷，形成路网密度合理的单行线系统。同时努力增加绿化面积，扩建、增建停车场。对此市政府应当周密规划部署，督促有关城管单位分期分片整治。该建议后来直接提交市建委和市政府落实，这就是至今还在延续的“背街小巷整治行动”。

2005 年，大胆提出“省府东移、西湖北进”的建议。建议把省政府迁移到钱塘江南岸，以带动萧山、大江东的发展，改进杭州“一主三副”相对独立比较分散的格局。省市政府隔江相望，交相辉映，将使钱塘江真正成为杭州城市的中心发展轴。“西湖北进”，就是把现在省政府和少年宫用地恢复为原上西湖区域，打破西湖“三面青山一面城”的老格局。现在西湖边的城市黄金岸线只有 2.4 公里长，西湖北进后，沿湖岸线可达到 5 公里甚至更长，届时保俶山将成为湖滨视觉走廊的焦点，更加体现湖山与城市的有机渗融。同时也更加有利于西湖与运河的沟通，使杭州成为名副其实的“三水城市”和“山水城市”。昭庆寺可以保留为观光岛。至于人民大会堂，可以作为会议岛再用 5-10 年，然后改为娱乐岛再用 5-10 年，20 年后再考虑拆除、改为水面。该建议后写成提案，提交省人大落实有关单位研究。

2006 年，提出关于建设浙江城镇体系间的轻轨交通网的建议。近几年我省高速公路里程大幅增长，目前已达 1866 公里，“四小时交通圈”基本实现，对我省的经济发展起到了良好的作用。但是高速公路占地多、耗能大，维护保养成本高，且对于低收入无车阶层，利用率较低。为此，建议高速公路发展要有所节制，渐进发展，城际应建设快速、安全、集约的公共交通体系。建议省域城市之间规划轻轨系统，并与城市地铁站点零距离接合。轻轨发车频率高、运量大、耗能低，快捷方便，既可以减少城市内部交通压力，又能兼顾无车族和低收入者出行，体现以人为本的大众化和公平性，十分有利于社会和谐。因此，建议省政府在“十一五”规划纲要中，列入“浙江省省域轻轨交通网规划计划”内容，并督促有关部门进行可行性研究，一旦可行，尽早付诸实施。该建议后写成提案，提交省人大安排有关单位落实。

2007 年，提出推进“城中村”物权商品化改革，加快城中村改造。现在的“城中村”大多已经撤村建居，居民的生活方式也基本城市化，但是居住空间相当杂乱，由于历史和体制原因，难以统一建设。城中村属于集体土地，其合理价值难以估算，在拆迁改造过程中矛盾重重，成为提升城市品位的最大障碍。因此，要从体制上、法规上推行新政，建立合理合法的评价方法，使其商业价值与市场对接起来，从而使城中村改造在经济上有法规可循。建立城中村住宅价值评估方法和标准并制定相应的实施细则后，也更适合市场化运作，进行异地安置，有利于按城市发展规划的功能要求重新合理布局。该建议后写成提案，提交省人大安排有关单位落实。

2008 年，提出在塘栖丁山湖区域规划建设“大运河新城”的设想。钱塘江时代十年内必将形成、基本成熟，下一个十年城市往哪里发展？大江东，大城北。城北有半山、超山、丁山湖、运河、塘栖古镇为基础和自然特征的引领，通过综合改造工业区，道路交通引导等，可以彻底扭转目前名为“北秀”实为“北乱”的局面。进一步研究塘栖组团的功能定位，有着长远的意义。按照原先塘栖水城的设想，可能会有开发过度的危机，而要保护就要有开发方面的疏导。因此建议围绕丁山湖、超山风景区生态核心，发挥康桥镇、仁和工业园、德清临杭产业带、塘栖镇、钱江科技园、临平工业园等区块功能，主动整合，建设一个具有大城北概念的“大运河新城”。做强做大“运河文章”，尤其要积极保护好余杭区的城市之肺——“丁山湖绿核”。该建议后提交市运河集团和余杭区政府落实。

2011 年，提出控制 50% 的住宅用地作为保障性住宅用地的建议。通过调研市场人群，针对目前高房价现象可以总结出三个层次：对于高收入人群和投资机构来说，目前房价还“比较便宜”；对于中等收入者来说，勉强可以承受；对于大部分中低、偏低收入者来说，则是可望不可及。国家采取的措施，既不能弱化房地产市场、影响经济发展，又不能让大多数人“望房兴叹”、产生恐慌心理，影响社会稳定。因此建议省政府采取综合手段来平稳市场，保障民生。既要加强加快“保障性住宅”建设以解决约 60% 居民的住房问题，又要用税制政策控制房价，控制 50% 的住宅用地作为保障性住宅用地。这些用地需要在城市中合理分布，不能都是偏远郊区、配套不足的地方。地方政府每年拍卖出让多少土地，就得立项备置多少保障性住宅用地。政府只有拥有如此数量的保障性住宅，对市场的调控才有主动性，才能让大多数人不致节衣缩食去买房而不敢消费，从而促进其他各个行业蓬勃发展。该建议后来写入提案，提交省人大安排有关单位落实。

2012 年，提出把杭州打造为“购物天堂、爱情之都”的建议。当年市政府的工作报告中提出，杭州要打造“购物天堂、美食之都”，体现了全市人民的共同愿望。但是，从人们日常的、又是根本的需求角度来审视城市发展，把城市发展放到一个现实而又终极的意义上去把握，使城市建设和经济社会发展与市民、游客紧紧联系在一起，还是打造“购物天堂、爱情之都”更有吸引力。美食之都全国很多，成都、苏州、广州都不比杭州差，不能提升城市竞争力。杭州的“品质生活”已经达到了相当的高度，在其基础上打造“爱情之都”是触手可及的。还能够为“三江两岸”的旅游增添文化内涵，扩展为“三江两岸一线”，这个“一线”就是从万松岭开始的闻名天下的梁祝故事的“爱情旅游线”。进而把杭州作为“爱情加油站”，打造爱情广场、婚庆之城、爱情岛、爱情桥、爱情角、爱情林、爱情树、爱情碑、爱情堤、爱情河、爱情亭、爱情湖等爱情主题场所，举办爱情周年纪念活动，回味爱情之路，丰富情感生活。这些对于巩固婚姻、家庭稳定和社会和谐都将起到十分良好的作用。与此相配合，建议杭州再创作一首与《梁祝》齐名的小提琴协奏曲，用白蛇传的故事为蓝本，可命名为《断桥情》。拥有爱情双名曲的杭州城将大大提升其“爱情之都”的浪漫气质。该建议后由市规划局提交市政府内参。

2011—2014 年，多方呼吁控制背街小巷改善工程的进度，加快杭州市主干交通建设的节奏。背街小巷整治工程对于提升城市品位最见效果，老百姓也最能够体会到幸福感。但在城市背街小巷整治中也出现了一些“形式主义”，使其沦为 “涂脂抹粉”的表面工程。而从城市建设的效率和效果来说，城市快速路、地铁才是城市“身材美不美”的关键，因此有必要在较短的时期内构建起一个比较系统的主交通框架。“四纵五横”快速路网和地铁网要尽快形成，在此基础上再适当“涂脂抹粉”，才是真正的完美。大概在 2012 年年底，杭州市建委在答复人大代表和政协委员建议的大会上讲到，以目前的资金和施工水准，到 2020 年也就是 220 公里的极限。但是凭城市规划的常识，一万人一公里，主城区至少要建 500 多公里。因此建议市政府改革金融政策，有计划地整合地铁沿线地块出让，增加融资渠道，加快主干交通的建设。至 2021 年，借举办亚运会的东风，市政府出台了包括建设 464 公里快速路和 13 条线路、总长度 516 公里的城市轨道交通网在内的 23 项大计划，把杭州市的交通建设推向一个新高潮。

2013 年，开始呼吁给西湖一个宁静的氛围。我一直在关注西湖周边的道路改造和交通提升，建议有朝一日北山街地面全步行化（漫游），环湖开辟大量的步行空间，以增加宁静安逸的休闲气氛。地面可开通观光小火车（休闲慢观）或者新概念的无人驾驶旅游观光车，地下通地铁（快速到达）。机动车往山体里行走，如树木枝叶状到达旅游设施点。凌晨 1:00—5:00 可以通小货车，为景区生活和旅游配备货物。该建议因涉及资金、工作计划以及受世界遗产保护条例的问题，还停留在探讨性概念研究阶段。

2008—2014 年，呼吁“提高城市防洪排涝设计标准”。随着地球气候不断变暖，厄尔尼诺现象加剧，自然灾害频发，每年都有大面积的水灾发生。住建部 2010 年对国内 351 个城市的专项调研显示，2008—2010 年，有 62% 的城市发生过不同程度的内涝。从生态特征而言，杭州属水乡地区，近几年城市空间急剧扩展，地面硬化比例越来越高，建成区已经完全失去湿地、河网、水乡地区的特征。原来 50-100 年一遇的标准，现在可能成为 10-20 年的标准了，重新考虑城市防洪排涝设计标准已是十分必要，否则在美丽城市的背后总有一个“洪水魔鬼”在伺机作怪。城市防洪排涝要从修改设计标准开始，从系统上来解决，消除水灾隐患。远期还可以学习借鉴芝加哥、巴黎等城市的“深隧”系统，设法彻底解决城市排涝问题。该建议于 2014 年写成提案，提交省人大安排有关单位落实。

2015 年，建议尽快建立城市停车引导系统。为使城市生活秩序更加良好，行人出行安全，建议城管部门尽快收集社会停车场、单位停车场，甚至临时停车场的信息，由政府协调，建立与车载导航、百度地图、高德地图等信息平台相联网的交通引导系统。汽车开到哪里，实时就能知道周边停车场的位置与空位率、有哪些地方还可以停车，选择最近的停车点。据调研，这些数据的采集、处理现在都不是问题，只是需要政府协调各个部门，实现信息共享。希望能够在“智慧交通”建设中尽快解决这一实际问题。今后还可以开发有语音功能的引导系统，智能化提醒开车人更有效便捷地开车、停车、避开拥堵地带，使车辆交通越来越方便、快捷、安全。该建议后写成提案，提交省人大安排有关单位落实。

2017 年，提出“杭州湾时代”的规划概念。杭州城市的发展定位是加快城市国际化，建设“独特韵味、别样精彩”的世界名城。从 2016 年 G20 开始，杭州已从“世界有名”变为“世界知名”，杭州跨入了一个新时期，杭州元素成为美丽中国的推广元素，杭州是美丽中国的先行示范区。新杭州是一个新时代，只要我们尽到努力，杭州必将引领全国，真正跨入国际化。因此，建议杭州市城市建设要提出新的口号。随着“粤港澳”大湾区经济区发展的良好开局，湾区经济已经上升为国家战略。目前，环杭州湾的经济圈正在蓬勃兴起，随着杭州产业转型升级的步伐加快，互联网经济快速发展，杭州湾大有可能与旧金山湾、东京湾这些世界级的大湾区相提并论，某些地方甚至还有赶超的可能性。杭州市有希望、有责任、有能力，通过“拥江发展”的战略跨入“杭州湾时代”，融入大湾区格局，实现全面对接世界经济的跨越式发展。该建议后由市政协提交有关单位落实。

2017 年，提出关于“打造通向城西科创大走廊第二快速路”的建议。2016 年 1 月，杭州市政府明确了关于杭州城西科创大走廊规划建设的重点任务。目前，“杭州城西科创大走廊”以单一的文一西路为主轴，承担起以杭州未来科技城为核心，东起浙江大学紫金港校区，西至青山湖科技城，全长约 35 公里，宽 3 至 5 公里，全域约 500 平方公里（其中创新创业空间 50 平方公里）的交通。如此大的城市新功能区，其交通还有考虑不周的地方。政府虽然已经制定“畅通西部”综合交通建设计划，但是其中却没有提及文三西路从地下穿过西溪湿地、打通第二快速路的方案。就目前状况而言，文一西路、天目山路—杭徽公路已经十分拥挤，文二西路也不是十分通畅，到城西中间又有西溪湿地的阻隔，等到杭州城西科创大走廊高度发展起来，其交通压力可想而知。即便从辐射面积来看，也需要建设第二快速通道。因此，建议打造通向城西科创大走廊的第二快速路，将文三西路从地下穿过西溪湿地，与青山湖科技城沟通起来。同时还可趁便在西溪湿地下方沟通南北向的花蒋路。该建议后由市政协提交有关单位落实。

2017 年，建议建设“蓝领社区”和“蓝领公寓”。随着杭州房价越来越高，“城中村”改造全面展开，廉租房没有了，工人、保安、保洁员等招工难。城市里虽然有人才房、经济房的政策，但这些房子很难惠及普通人。目前我们的城市化还在快速推进，大量基础配套设施需要建设和更新，城市建设工作方方面面，需要大量各种类型的普通劳动者参与，他们之中很多人都买不起房子，几十年来都是城中村给他们提供了居住、购物和简单娱乐生活的空间。即使是研究生、博士生、海归人员，刚刚工作时也有相当一些人买不起房子。建设真正意义上的经济型“蓝领社区”和“蓝领公寓”，对于一个城市发展的重要性不言而喻。因此，建议利用一部分“城中村”用地建设“蓝领社区”，社区底层可以配置公共食堂、经济餐饮、生活购物、休闲娱乐等设施。“蓝领公寓”房间不一定要很大，但配套要全、装修宜精，并实行智能化管理，做到安全有保障。“蓝领社区”亦可以理解为以往“城中村”的升级版。另外，建议在城市新建住宅区里，统一配建 10% 左右的“蓝领公寓”。该建议后由市政协提交有关单位落实。

2017 年，建议加强杭州市城郊地区快速路规划建设。从目前杭州的发展态势来看，近五年有望增加 200 万人口，这些人口大部分将在近郊新区居住、就业。由于杭州近郊山丘江河多，地形地貌复杂，相互之间连接不通畅，近郊组团之间、近郊与主城区之间的交通有待大大改进，需要深度探索。当前，西部与杭州城西科创大走廊区域只有一条文一西路快速路连接；大城西与良渚、临平主要由东西大道连接，也不是很顺畅；大城西还要加强与小和山高教园区、富阳银湖开发区的有机联系，打通多条廊道。南部滨江区、萧山区、白马湖地区要考虑对接双浦、之江板块，建立湘湖景观走廊并延伸至双浦、之江板块，形成一条城市新轴线；双浦地区要有机联系东洲岛，对接富阳。东部要加快改造艮山东路、下沙大道快速路，改变去大江东“自古华山一条路”的局面。北部除了一条秋石快速路外，其他主干路缺少，造成秋石快速石德立交处全天拥堵，对此最好能提升东新路，并延伸至申嘉杭高速，增加一个北部入城口。总之，杭州近郊道路现状相当不完善，而杭州大都市的建设步伐又相当快，近郊居民使用汽车的频率将远远高于市中心区，不能以目前的标准来测算。杭州市要加快重视近郊交通快速路的规划研究，“杭州中环”的建设标准要高，不能过多考虑现状。因为，一旦人们知道这里有快速路后，都会蜂拥而至，如果标准低了，麻烦会更多，这一现象可以称为“快速路虹吸”现象。该建议后由市政协提交有关单位落实。

2018 年，建议从教育改革视角改善交通和教育设施的空间布局。建议浙江省率先开发“三维模拟老师”讲课的视听教室，可首先在农村学校免费推广使用，普通学校优先使用。届时由“三维模拟老师”讲主课，学校老师补充辅导，以此均衡城乡教育发展水平，提升全市教育公平，消除昂贵学区房给学龄少儿家庭带来的困惑，鼓励和促进就近入学。显而易见，此举可以大大降低家长接送孩子的交通出行负担，改善城市交通拥堵情况；同时可以改变学校的分布方式，增加社区学校，从而节约城市用地，是一项一举多赢的举措。我国的 5G 技术已开始商用，给互联网教育传输带来了革命性的改变。克隆名师机器人讲课，已是时势所趋，应当抓紧提上议事日程。而开发相关的新技术、新设备，又是一个巨大的产业链。该建议后写成提案，提交省人大安排有关单位落实。

2018 年，建议在小流量人行过道上安装自助式或感应式红绿灯。在城乡道路上有许多人行过道，因为过街穿越的人流比较少，一般没有红绿灯控制，往往是交通事故多发地点。但在小流量的岔口设置红绿灯，使用率会很低，有时候行车方向连续出现数个红灯却没有一个行人通过，严重影响道路畅通，而不设置又不安全。因此，建议在城乡道路小流量的过街人行道上，全部设置自助式或感应式红绿灯控制设施，只要有人通过就进入红绿灯控制状态，没有人通行时则保持车行方向绿灯状态。该建议后写成提案，提交省人大安排有关单位落实。

2018年，提出恢复展示吴山汪王庙文化的建议。吴山汪王庙为唐代敕封建造，以褒扬在隋末唐初拥有东南六州而主动“纳土归唐”避免战乱、维护国家统一的吴王汪华。汪王庙历史上一直是杭州重要的历史文化遗迹和著名人文景观，具有广泛的知名度和民间基础。1958 年倒塌后逐渐湮灭，至今仅存吴山“汪王庙税地”摩崖石刻遗址和 “汪王庙界石”，庙址荒芜至今。从弘扬爱国主义精神和维护祖国统一的教育出发，重新为汪王建碑立牌坊、弘扬汪王文化十分必要。该建议后由市政协提交有关单位落实。

2019 年，建议杭州上城区将望江新城开发为“浙江数据超市”。所谓智慧城市，就是要有大量的数据，并通过数据加工、提升数据质量，形成广泛的新产业。数据加工厂对原始数据进行一定的加工处理——数据清洗、数据审计、数据变换、数据集成、数据脱敏、数据归约和数据标注等，将数据科学的创造性设计、批判性思考和好奇性提问融入其中，降低数据计算的复杂度、减少数据计算量，以及提升数据处理的精准度，使数据在加工处理的过程中不断得到增值。对于用户来说，在“数据超市”中，可以买到任何需要的数据（国家机密和个人隐私除外）。千头万绪做事难，数据工厂解纷乱！如果以建设“数据超市”来引领望江新城的开发，望江地区的产业改造就找到灵魂了。该建议直接提交上城区政府参考。

2019 年，提出创意再现南宋遗址文化的建议。南宋皇宫与皇城，作为历史文化名城和文化遗产的标志性遗存，长期被掩埋在地下，久已被人遗忘。历史文化遗产凝聚着一个民族长期形成的物质文化和精神文化，毁了不能再生，保护历史文化遗址，后人责无旁贷。前些年，杭州市保护性地改造了河坊街、南宋御街，对南宋文化的传承起到了不小的作用。但是，对于长期埋在地下的南宋皇宫与皇城遗址，因为拆迁量巨大，还真是一筹莫展。能不能通过一种创新思维，让人感受到南宋皇宫与皇城的存在？我大胆提出，把南宋城墙遗址上面的建筑屋顶灯光打亮，这样晚上站在吴山和一些高楼上，能够看到南宋城墙线的轮廓。还可在南宋城墙遗址上的建筑墙面上绘写城墙影像，或者打上城墙的投影。建议举办“杭州南宋文化周”，在一些特殊时间段开启这些功能。有条件的地方还可开挖一些城墙遗址，供人们探视历史遗迹。该建议后由市政协提交有关单位落实。

2020 年，提出“条条道路通罗马，个个城市连杭州”的宣传口号。建议省政府重视“城市大脑”的开发建设，进一步完善和扩大“四张清单、一张网”的功能。要向经济、政治、文化、社会、生态五大领域延伸功能，目标是成为政府决策的“中枢系统”。经过一段时间实践后，再把“城市大脑”的开发和应用扩展到全国各地。要让“条条道路通罗马，个个城市连杭州”的口号深入人心。古代的罗马发明了人车分离的道路，后来延伸到全世界的各个城市，就产生了一句谚语：“条条道路通罗马”。如果全国乃至世界各地都使用浙江开发的“城市大脑”产品，不就是“个个城市连杭州”了吗？该建议后提交省市宣传部门参考。

2020 年，积极呼吁保留富阳区“依绿园”。坐落在富阳区银湖街道（受降镇）的“依绿园”，是陈从周先生于 1990 年主持修建的古典园林式的疗养院。据考证，与该园有关的名人有苏步青、俞振飞、顾廷龙、田遨、胡铁生、申石伽、蒋启霆、唐云等，他们在此留下了大量的碑记、楹联、诗词等。这些名人的故事和遗墨，是一座巨大的文化宝库。我听说“依绿园”将在年底前拆除，心里十分着急，即以政协委员和人大代表的身份强烈呼吁富阳区政府加以回购、保护、利用，将其建设成为一处别致的，既古又新的“文化园林”。该建议得到了富阳区委区政府的回复，准备回购后作保护性的规划建设。

2021 年，提出十项改造措施，以提升武林广场景观，迎接亚运盛会。最能承载城市记忆的，是一个城市的广场。杭州武林广场就是杭州的城市广场，她不能沦为一般的城市公园，其景观起码得有济南泉城广场、青岛五四广场那样的标志性。目前，武林广场沿着体育场路的界面仿若一个城市的街头公园，杂乱的绿化遮挡了广场的视线，与城市空间没有亲和力，透现不出象征城市心脏的空间感。为此提出十项改造提升建议：一是把广场南区改造为疏林草坪，舍去所有灌木，广场北区适度增加几块方正的绿色草坪；二是广场周边建筑门口减少停车场地，而把车辆引到广场地下车库，拓平地面，使之产生更加大气的广场效应；三是打通展览馆一层局部空间，在环城北路上架设人行彩虹桥，使得两个广场沟通起来，视线与延安路相穿通，呈现出现代城市感；四是地面的铺地材料更新为新材料，增设色彩变幻的地灯夜景灯光；五是在广场中心设立迷幻的旱喷水幕激光电影；六是在广场地下增加数字娱乐项目，展现数字之城的魅力；七是通过整体设计，展示杭州韵味独特的文化元素，设计象征杭州精神的雕塑群，重点表达南宋文化和浙江数字产业文化；八是改造地下车库，设计自动智慧的停车系统；九是设计国际化的引示功能；十是优化广场及周边地区的交通组织。该建议已由市政协提交有关单位落实。

这张发黄的杭州市总体规划——远景发展规划图，我一直放在桌台上，时常思考着杭州该如何发展，杭州第二绕城公路、中环快速路早早在我的心中形成概念。

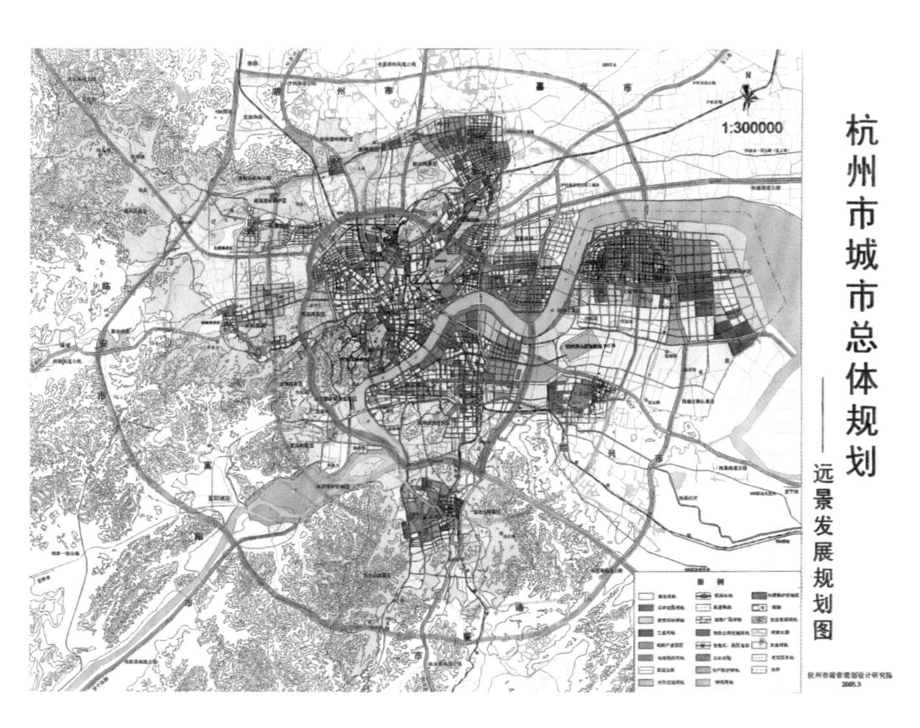

4.03 规划工作年轮

一、与时俱进，规划设计

我大学毕业后的第一个十年，前五年在画图与设计，后五年在规划与谋划。再后五年，进入系统的规划与策划阶段，到了这个阶段，我在规划中才开始有了独立思考的城市经营理念，不再是人云亦云地做规划。工作十年经验的积累，让我对城乡规划、城市设计及各类专项规划有了比较系统的理念，对城市、对社会、对生活的许多现象形成了自己的见解。平时又喜欢画画与作文，能够把对书画的理解融入规划创意之中，形成了独特规划思维。可惜在 20 世纪 90 年代，城市发展缓慢，我们的规划工作以旧城地块改造为主，时常也会拆除一些历史文化的东西，是呼吁保护还是妥协，我一直很纠结。到 20 世纪初，房地产开发兴起，城市经济快速发展，人们开始追求生活品位等精神文化层面的东西，杭州市也提出了“品质生活之城”的城市定位，城市经营、经营城市的理念方始融入到我的规划工作之中，一些城市创意思想开始得到发挥。我着力于项目的创意设计和市场的可行性研究，并把两者有机地融合起来，贯彻于各类规划项目的宏观、中观、微观层面之中，相继负责编制了《京杭运河杭州段两岸保护和利用战略性规划》《杭州市塘栖历史文化保护区保护规划》《杭州市拱墅区分区规划》《桐庐滨江地块修建性详细规划设计》《桐庐县儿童公园工程设计》《杭州市彭埠入城口整治工程规划设计》《临海市靖江南路街景立面整治规划设计》《临安市湍口镇湍口风情小镇规划设计》等，在实践中取得了较大的成功。

二、超前意识，创意城市

城市规划是一项社会性工作，既要体现城市功能，又要体现社会公平，还要体现城市精神，如何突出重点，同时兼顾平衡，需要创意。我对城市的未来发展充满信心，但近期来说也有一些忧虑。当前规划设计界过于市场化，不少方案缺少创意研究，缺少对使用者心理的研究，缺少对城市生活方式的展望，甚至出现一些媚俗之作。一些规划只讲领导喜欢的美丽目标，但在实施策略方面的研究很浅，使得许多规划方案反复修改，规划项目开始实施后推倒重来的也屡见不鲜。其实从规划的基本逻辑来说，城市规划的性质与功能定位明确后，道路交通及公共配套设施的合理配置、科学布局是必须重点保障的，其他的则要注意市场和科技发展的动态。我们规划的是城市，研究的是人，道路交通及公共配套设施的配置要与人口的要素结构相适应，例如教育配套、养老配套与人口的年龄结构的匹配性；交通工具和新科技成果对于职业人群及产业结构布局的适应性。此外再来关注政策的创新方面，例如浙江发明的“飞地经济”打破了行政壁垒的用地功能。跟随高新科技飞速发展的脚步，我们甚至还可以大胆设想，无中生有，空穴来风，创意城市新经济。我在心中对杭州的未来发展有一幅三十年五十年的宏伟蓝图：杭州城一小时的交通圈；若干年后省政府迁移至钱塘江岸边，届时省市政府隔江相望，真正体现出“钱江时代”的特征；现在的省政府用地改造为文化休闲的“新西湖”，环湖黄金岸线增加一倍；大江东（钱塘区）成为杭州湾经济圈的桥头堡；因城西大走廊的发展繁荣，青山湖与西湖关联更加紧密；运河文化深度开发，丁山湖、超山风景区纳入运河旅游系统，成为大城北的生态核心；三江汇的未来城市实践区将引领三江两岸一湖的城乡统筹发展，等等。

三、当好代表，延伸职能

我有幸做了四届省人大代表，一届杭州市政协常委，有很好的渠道与政府沟通。我又是城建规划方面的专家，参与了不少项目的评审工作，积累了丰富的经验，通过各种渠道向政府部门提出建议，涉及历史文化保护、背街小巷整治、交通两难等问题。早在 20 世纪 90 年代中期，我就开始思考对杭州运河两岸的一些历史遗存和历史街区的保护事宜。对运河两岸的规划，与其说是规划，不如说是抢救，因为当时法定的控规已经完成，大部分已在实施中，但是这个控规与历史街区保护有矛盾，与滨河景观开发有矛盾。我所提的概念性规划根本没有部门主管和落实，运河两岸的用地与市政、园文、规划、林水、航运等十多个管理部门有关，存在多头管理的情况。后来我通过杭州市民盟组织，直接提议市政府成立运河改造综合指挥部。我又四处联络一些知名专家一起呼吁，运河两岸的控规才得以调整，规划思路转变到“保护第一”的理念上。小河直街、桥西街区、富义仓街区等历史文化特色区域均得到妥善的保护，如今已经修缮如故，成为我最初畅想的新“清明上河图”。2012 年，我开始提议加强西溪周边的商务办公楼建设，要留住城西 20-30 万的就业上班人群，以避免城西到城东“钟摆式”的交通现象，助推了 2016 年省政府提出建设城西科创大走廊的宏伟计划。如今梦想小镇、海创园、高铁西站、地铁快线等公共设施与居住区开发相得益彰，职住不平衡的现象得到较大程度的缓解。早在 2004 年，我就提出建设杭州第二绕城公路，要将德清、海宁、富阳纳入杭州经济圈，实现“杭州一小时交通经济圈”的大概念。我觉得未来杭州至少要容纳 1500-2000 万人口，才能完成中国城市化赋予一个省城的历史使命。为了大杭州的有序发展，我还一直在关注杭州快速交通向郊区延伸，关注时空距离。因为城市是一个有机系统，快速路是城市的动脉系统，要网络化、系统化，城市运行才会正常。此外我也没有忽视杭州城市的河网系统，因为有动脉必有静脉，河网系统即是城市的静脉系统，要与城市有机相融。而美丽河湖的建设，又是美丽杭州的重要组成部分。

建设大厦方案（2003 年）

绿色科技广场方案（2005 年）

和平饭店改造方案（2006 年）

中山大酒店改造方案（2007 年）

西湖区某市场改造可行性方案，先是通过日照分析抠出最优空间，再是随着投资主体的明确，既要妥协甲方意图又要精致设计（2007 年）

工作期间发表的专业论文

1990 年 12 月，《居住环境与地方文化》，1991 年全国城市规划暨居住环境研讨会交流。
1999 年 04 月，《重温历史 再现运河文化》，《浙江建筑》总第 91 期。
1999 年 07 月，《杭州市运河地带可持续发展研究》，《城市规划汇刊》总第 122 期。
2000 年 10 月，《展望运河杭州段的明天》，《浙江建筑》总第 102 期。
2005 年 08 月，《保护历史街区 再创城市特色》，《浙江建筑》总第 135 期。
2008 年 05 月，《杭州南宋皇城遗址保护性开发探讨》，《浙江建筑》总第 169 期。
2008 年 06 月，《历史街区的复苏与有机更新》，《浙江建筑》总第 170 期。
2008 年 10 月，《适用是目的 经济是手段》，《浙江建筑》总第 175 期。
2010 年 08 月，《杭州市西部地区水乡文化资源整合利用对策研究》，《浙江建筑》总第 198 期。
2014 年 04 月，《浅谈城市硬化后的城市排涝措施》，《浙江建筑》总第 242 期。
2014 年 10 月，《“老新区”改造之路》，《浙江建筑》总第 248 期。
2015 年 01 月，《城市综合体布局与 TOD 模式相结合来提升城市交通》，《浙江建筑》总第 251 期。
2016 年 06 月，《美丽乡村 乡村园林》，《风景园林》第 6 期。
2018 年 09 月，《社会区视角下的市民化空间结构与阶段特征——以杭州市为例》（合作论文），《经济地理》第 38 卷， 第 9 期。
2019 年 01 月，《乡村美丽经济载体的规划建设策略》，发表于《浙江建筑》总第 287 期。
2019 年 06 月，《基于创新要素的湾区产业规划与管理研究——以浙江省域环杭州湾为例》（合作论文），第五届先进教育和管理国际会议 (ICAEM 2019) 交流论文。
2020 年 6 月，《疫情防控下的街区规划与改造再思考》（合作论文），发表于《浙江建筑》总第 301 期。

工作年表

▍1962 年，出生于中国浙江省浦江县杭坪村。

▍1977 年，杭坪中学辍学做铁匠、泥水匠。

▍1980 年，开始自学初中、高中课程。

▍1984 年，考入上海同济大学建筑与城市规划学院城市规划专业。

▍1985 年，课程设计《幼儿园》，与同学赵广辉合作，为上海浦东浦南幼儿园设计大门与室外环境方案被采用；获同济大学建筑与城市规划学院新楼（红楼）中庭环境设计比赛三等奖。

▍1986 年，同济大学书店设计方案招标比赛，获得三等奖。

▍1987 年，课程设计《慈溪县总体规划》。

▍1988 年，毕业设计《海宁市总体规划》，受陈从周先生强调指示，进一步详细调研海宁名人故居，提出保护措施。

▍1988 年，7 月，到杭州市规划设计研究院工作，负责《杭州市江干区麻雀弄地块改造规划》等。

▍1989 年，参与杭州市第一个控规项目《杭州市滨江一期工程控规》；参与《杭州大关居住区详细规划设计》；负责《江城路中段北片改造规划》等。

▍1990 年，参与《杭州市五云山旅游度假区（现九溪玫瑰园）可行性规划方案》；负责《江山弄地块改造规划》《信余里地块改造规划》等。

▍1991 年，负责《延安路南段及吴山广场控规》《江城路城头巷地块改造规划》《杭州转塘别墅区（梦湖山庄、未来世界）规划》等。

▍1992 年，负责《西湖之江度假区部分区块控规》等；5-12 月生病住院。

▍1993 年，负责《杭州市三里亭南区控规》《京惠小区规划竞标方案》（中标）《小河小区控规》等。

▍1994 年，负责《杭州市滨江 5 号区块控规》《海宁四里南苑小区详细规划》《环北金融城控规》等。

▍1995 年，负责《上城工业园（东区）控规》《瑞安经济开发区起步区详细规划》等。

▍1996 年，负责《杭州市三里亭居住区控规》《杭州红石板小区 2# 商业办公楼（银地大厦）工程设计》等。

▍1997 年，负责《杭州市拱宸桥地区改造规划竞标方案》，与浙江省建筑设计院共同中标；负责《拱北小区详细规划及局部住宅工程设计》等。

▍1998 年，1 月 18 日，与浙江大学图书馆胡惠芳结婚；7 月，随李子松院长去美国、加拿大考察 15 天；负责《老闸弄口地区控规》、《省海口海岸研究所工程设计》《杭州市农机学校教学楼工程设计》等。

▍1999 年，负责《杭州市塘北小区（政苑小区）规划方案》（中标）《新塘路环境整治方案》《幸福丝织厂地块详细规划》等；发表论文《重温历史，再现运河文化》，评上高级工程师。

▍2000 年，开始编制《杭州市京杭运河杭州段综合整治与保护开发战略规划》等。

▍2001 年，考取国家一级注册建筑师和全国注册城市规划师，举办院第一个工作室“精创工作室”；完成《浙江天都城修建性详细规划》《浙江省军区军职干部住房一期工程设计》等。

▍2002 年，负责《山东潍坊市清荷园规划设计》《淳安县阳光花园详细规划》《余杭锦绣和山（浪漫和山）详细规划》等；12 月，去俄罗斯考察 6 天。

▍2003 年，当选为浙江省第十届人大代表；《杭州市京杭运河杭州段综合整治与保护开发战略规划》获得浙江省 2003 年度优秀城乡规划设计项目评选一等奖；完成《桐庐县富春江两岸保护与发展战略规划》《杭州市余杭区塘栖组团分区规划》等。

▍2004 年，去欧洲意大利、法国、德国等 8 个国家考察 15 天；撰写德国、瑞士城市建设考察报告；负责《杭州市拱宸桥东部地区控制性详规》《杭州市灵山风景区总体规划》《杭州市彭埠入城口整治工程规划》（中标）《桐庐县城城西地区控制性详规》等。

▎2005 年，负责《杭州市塘栖历史文化保护区保护规划》《浙江广源石化有限公司科技用房设计》《天台山风景区九遮山景区控规》《京杭运河余杭段综合发展概念性规划》《建德城东城西入城口城市设计》等。

▎2006 年，负责《济南市两河片区控制性规划》（中标）《仙居县响石山景区总体规划》等。

▎2007 年，负责《杭州市中山路历史建筑保护整治规划设计》《余杭塘栖镇中心区发展规划》等。

▎2008 年，当选为浙江省第十一届人大代表；完成《桐庐县城滨江区块详细规划》《杭州运河商务区详细规划》等。

▎2009 年，赴澳大利亚、新西兰考察 14 天，撰写“绿色建筑设计澳新考察报告”；完成《江西省都昌县东湖滨水区综合实施发展规划》《杭师院附属医院发展详细规划》《杭州市农科院西湖龙井茶科研基地科研用房工程设计》等。

▎2010 年，负责《杭州市三江两岸（建德段）生态景观概念规划》《余杭临平山周边区块控制性规划》《浙江省农业科学院本部整体详细规划》（中标）《桐庐县儿童公园工程设计方案》（中标）等。

▎2011 年，负责《临海市靖江南路街景立面整治工程规划》《浙江省柑橘研究所新基地建筑工程设计》《桐庐农村住宅方案图集》《桐庐县城南街道金牛村特色村（美丽乡村精品村）规划》（获浙江省住房和城乡建设厅与浙江省农业和农村工作领导小组办公室联合主办的第一届“美丽乡村建设”规划评比活动二等奖）等。

▎2012 年，被评为教授级高级工程师；负责《连云港市赣榆县琴岛天籁片区城市设计》《浙江白石生态农业观光旅游度假区总体规划》等。

▎2013 年，当选为浙江省第十二届人大代表；完成《浙江省口腔医院选址与方案设计》；主持《济源市三湖新区城市设计》等。

▎2014 年，总师办业务；负责《桐庐县儿童公园提升为少年宫工程设计》等；被聘任为教授级高级工程师。

▎2015 年，总师办业务；负责《桐庐合村乡核心区整治工程设计》等。

▎2016 年，总师办业务；以文章《美丽乡村 乡村园林》参加长三角城市规划论坛；负责《桐庐县三源村美丽乡村精品村规划》《天台山风景名胜区赤城景区中心区详细规划》等；被推荐为杭州市第十一届人民政协常委。

▎2017 年，总师办业务；主持《绍兴市 2017 年度城市环境提升工程设计》等。

▎2018 年，总师办业务；当选为浙江省第十三届人大代表；负责《浙江群特电气公司厂房设计》《西安 HY 柳泉湾旅游综合体概念性规划》等。

▎2019 年，总师办业务；主持《筠连县巡司镇川南茶海综合体规划设计》；关注吴山汪王庙遗址展示工程等。

▎2020 年，总师办业务；主持《绍兴市越城区环境提升整治工程设计》《磐安江南药镇客厅标志性景观设计》等。

▎2021 年，总师办业务；负责杭州市科协 2021 年决策咨询项目《杭州市打造数字经济创新应用高地融入长三角一体化发展的建议》，主持《富阳依绿园保护改造工程设计》《象山县定塘镇叶口山村综合发展规划》《杭州士兰微总部新大楼工程设计》等。

桐庐县三源村整治工程

绍兴市环境提升整治工程

磐安江南药镇客厅标志性景观设计

象山县定塘镇叶口山村综合发展规划

富阳依绿园保护改造工程设计

浙江群特电气公司厂房设计

4.04 参政议政年轮

城市规划是一项与社会经济和人民生活关系十分密切的工作，从领导干部到普通群众都十分关心，各种干预和牵扯比较多。人大代表的工作拓宽了我观察社会的视野，看到了许许多多的社会现象，有喜也有忧。随着年龄的增长和知识的积累，我对社会问题的判断有了一定的尺度感，那就是凡事要站在公平协调、兼顾多数、有利操作、适应时代、着眼未来的立场上来努力达成目标。然而社会问题时常受到各种因素的干扰，难免会有失公平，损害集体利益或群众利益，于是会有一些信访或上访现象出现。对于一些不公平、不公正的问题，我也会产生一些感受，很想发声呼吁。2001 年，我幸遇民盟中央常委阮懋昭先生，由他介绍，加入了民盟。2002 年年底，民盟杭州市委会推荐我为浙江省第十届人大代表候选人，后成功当选。于是我就更加关心社会、关注弱势群体，聆听社会上方方面面的呼声，去发现一些关涉群众利益，应当改善和改变的问题，作为议案的基础。例如春运的火车票，因为返乡农民工乘客占多数，我提出不能应时涨价，得到了众多媒体的支持，省广播电台也给予直播，影响很大。后来全国很多省份也提出了类似的议案，到 2006 年底国家正式宣布春运火车票不提价。2004 年，我建议调整目前土地使用权租用的做法，提出高档住宅要加物业税，以有序管理和控制土地，合理规范房地产市场。这一建议与 2006 年的“国六条”的精神完全一致。控制住房消费，节约用地资源，抑制炒房，保障低收入人群的利益，降低购房“门槛”以利于初创业者安居，是全社会普遍关注的热点问题。增加物业税的国家政策现在正在酝酿之中，上海、重庆等地已开始试行，全面推开也已进入日程。我提出的最切合实际的一项议案是《关于规划建设社会廉租经济房的议案》，目标是让低收入人群也能改善住房条件，现在杭州许多新建小区都强制配建一定比例的人才房、经济房或蓝领公寓。

作为一个做城市规划工作的人大代表，个人的作用得到大大的提高，也更加看到了自身的价值。我对规划工作有了更多的思考，也迫使自己提高修养，去想一些深层次的东西。经过多年的观察，我发现我在议案中提到的不少问题，其实已经发生了，议案只是“亡羊补牢”的举措，若能够在源头上即加以防范和处理，其社会效果不可估量。我从自己的专业和专家身份出发，尽力对每个规划项目都以公平、法律、政策的理念予以规约，充分体现弱势群体的利益。人大代表加规划专家的身份，使我在许多项目审查会上，更加容易阐发一些观点。例如在杭州三口五路、背街小巷整治之中，有关百姓利益和公众利益的协调平衡，以及建设上的浪费现象，我不仅自己发声，还说服了其他专家一起发声。尽管此类现象多多少少还存在，但至少由于我们的干预而少了许多，有时一个工程节约的建设经费可以达到几千万元，甚至上亿元。

我对人大代表工作的积极投入以及取得的良好成效，得到了政府和群众的普遍认可，由此从第十届到第十三届连任四届。2017 年我还被推荐为杭州市第十一届政协常委，可以从不同的角度为杭州城市发展提出更多的建议。我感触最深的是，人大代表不仅要多提议案、善提议案，更要利用代表的身份，在关涉规划工作的一切事情上去阻遏邪气、消弭隐患，为社会做更多的事情。科技是第一生产力，良好的政治生态更是第一生产力的保证。国家的政治和法律体系犹如一棵参天大树，庇荫着广大的人民群众，我愿做一只啄木鸟，在大树里找“虫”除“害”，让它更加郁郁葱葱，使人民群众的生活更加幸福美好。也许这就是一个知识分子型的人大代表所能做的、应该做的、且要努力去做好的事情。

人大代表的身份使我深深融入到社会之中，对待纷纷扰扰的社会现象也有了一些独特的思维和视角。例如 2017 年 1 月，对于“两会”上对“两院”报告的评价，我说“两院”报告每年都讲到案子增加、案多人少的问题，但是我觉得这个报告讲案件数的增加中，刑事大案的比例有所减低，说明“安全浙江”的行动取得了成效；重大腐败案件的比例也在缩小，说明我们的政府越来越廉洁了；案件增加的数量主要集中在经济案件上，反过来说明浙江的企业转型步伐在加快。这三句话把浙江社会的正能量畅快淋漓地说透了，得到时任省委书记的高度表扬。又如对于城市堵车现象，我觉得除了要加快公共交通建设，完善快速路系统，提高行人和开车人的素质外，还存在一些管理体制上的问题，一些政府部门办事效率不高，相关手续烦琐，造成群众办事出行次数大大增多，也加剧了汽车拥堵现象。为此我一直积极呼吁互联网行政，助推了政府深化“最多跑一次”改革的行动。2017 年我提出《关于设立“浙江省大数据研究监管中心”的建议》，被省人大评为优秀建议。2018 我提出的关于设立“浙江省杭州湾大湾区经济建设协调办公室”的建议被基本采纳后，2019 年接着提出“关于设立国家级的杭州湾经济发展国际论坛”的建议，2021 年又提出“发挥浙江数字经济优势，促进长三角一体化发展”的建议，把问题向深度和广度不断推进。

我把人大代表工作当作规划师职能的一个延伸，把城市发展、城市建设、城市管理、城市生活中的一些问题，作为我考察和调研议案的主要内容；也将人大代表的职责融入到我的专业工作之中，使我的规划项目更能从城市大局、城市文明、城市生态出发，在更广的范围内体现人民大众的利益。人大代表工作提升了我的规划工作质量，实现了我对城市发展、城市经营、城市治理的部分理想。

省十届人代会期间与时任市委宣传部部长张鸿建在一起

省十一届人代会时在省人民大会堂前留影

省十二届人代会时期与时任浙江大学副校长罗卫东在一起

省十三届人代会时期庄重投票，选举省长

浙江省第十届人民代表大会de议案和建议

2003年，附议2个议案。

2004年，《建议加快垄断行业“费改税”，实施“社会资源使用综合税”》《建议取消或调整目前土地使用权租用的办法》《建议取消春节期间提高车船票价的做法》。

2005年，《建议制定机关事业单位办公条件标准，控制机关事业单位办公条件奢侈腐败》。

2006年，《关于建设浙江城镇体系间的轻轨交通网的议案》《关于中小学增设公共安全必修课的建议》《关于城市中心区改造中提高绿化率、降低绿地率增加停车位的建议》《关于解决子女全进城农民的劳保问题的建议》《关于要求公共媒体加大安全生产宣传力度的建议》。

2007年，《关于规划建设社会廉租经济房的议案》《关于推进“城中村”物权商品化改革的建议》。

浙江省第十一届人民代表大会de议案和建议

2008年，《关于我省加快制定城乡规划法实施细则的议案》《关于要求尽快建设杭州之江大桥的建议》《关于要求加快推进京杭运河二通道工程的建议》等15个杭州市政府提议列为省重点项目的建议。

2009年，《关于要求解决富春江船闸扩建改造工程前期推进受阻的建议》《关于强化“劳动力服务中心”功能和管理的建议》《关于支持杭州市环保工作的建议》等11个杭州市政府提议省政府重点支持的项目的建议。

2010年，《关于全国机关企事业单位施行寒暑假的建议》《关于设立我省省级单位有贡献人才住房保障体系的建议》。

2011年，《关于强化保障性住宅建设的建议》。

2012年，《关于浙江省大城市要出版城市功能专用地图的建议》。

浙江省第十二届人民代表大会de议案和建议

2013年，《关于建立“浙江省流动人口信息管理系统”的建议》。

2014年，《关于制定“浙江省城乡管理条例”的议案》《关于“提高城市防洪排涝设计标准”的建议》。

2015年，《关于加快我省“智慧交通”建设的建议》《建议我省先行实施“粉红色车牌照”制度》《建议浙江省11个地区主城区和国家开发区先行先试“多规合一”的管理模式》。
2016年，《关于尽快建立我省城市停车引导系统的建议》《关于加强浙江省城镇存量土地潜力提升规划工作的建议》。
2017年，《关于设立“浙江省大数据研究监管中心”的建议》。

浙江省第十三届人民代表大会de议案和建议

2018年，《关于设立“浙江省杭州湾大湾区经济建设协调办公室”的建议》《关于“杭州湾经济圈进行货流专用线规划研究”的建议》《关于“重视低收入人群生活空间规划建设”的建议》。
2019年，《关于加快实施智慧交通设施建设的建议》《关于设立国家级的“杭州湾经济发展国际论坛”的建议》《关于浙江省率先把技校与大学一体化改革的建议》《关于制定智慧社区标准，建设一批示范性智慧社区的建议》。
2020年，《关于加快“互联网+义务教育”新技术开发的建议》《关于我省加快“城市大脑”开发建设的建议》。
2021年，《关于发挥浙江数字经济优势，促进长三角一体化发展的建议》《关于“制定反垄断法实施细则”的议案》、《关于杭州绕城高速公路功能转型与扩容改造的建议》《关于尽快实施延缓退休年龄的制度的建议》《关于建设杭千高速复线的建议》《关于进一步界定村民选举委托对象的建议》。

杭州市第十一届人民政协（常委）de 提案

2017年，《关于打造通向城西科创大走廊第二快速路的建议》《关于重视重用杭州已有人才的建议》。
2018年，《关于“整顿共享单车，还杭城一个整洁”的建议》《关于“整改优化公交车车型和外观”的建议》《关于在杭州吴山重建汪王庙的建议》《加强杭州市城郊地区快速路的规划建设》。
2019年，《关于设立“杭州市城市管理大数据研究中心”的建议》《关于在杭州市建立丰子恺艺术馆的建议》《关于厘清体制，促进我市义务教育公平发展的建议》。
2020年，《关于杭州市设立“汪王钱王研究院”的建议》《创意再现南宋遗址文化的建议》《关于实施昼夜两套红绿灯系统的建议》《完善杭州市物业管理收费标准的建议》。
2021年，《关于安全整治杭州道路绿化的建议》《关于提高杭州市进城人口的门槛的建议》《优化公共交通方案，让地铁与公交最佳接驳的建议》《关于智慧综合改造武林广场的建议》。

4.5 业余生活年轮

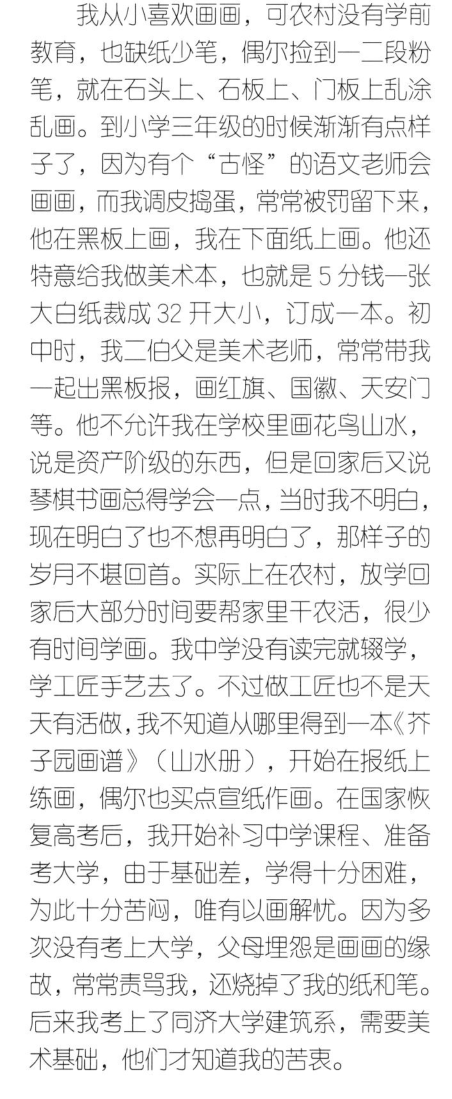

我从小喜欢画画，可农村没有学前教育，也缺纸少笔，偶尔捡到一二段粉笔，就在石头上、石板上、门板上乱涂乱画。到小学三年级的时候渐渐有点样子了，因为有个“古怪”的语文老师会画画，而我调皮捣蛋，常常被罚留下来，他在黑板上画，我在下面纸上画。他还特意给我做美术本，也就是5分钱一张大白纸裁成32开大小，订成一本。初中时，我二伯父是美术老师，常常带我一起出黑板报，画红旗、国徽、天安门等。他不允许我在学校里画花鸟山水，说是资产阶级的东西，但是回家后又说琴棋书画总得学会一点，当时我不明白，现在明白了也不想再明白了，那样子的岁月不堪回首。实际上在农村，放学回家后大部分时间要帮家里干农活，很少有时间学画。我中学没有读完就辍学，学工匠手艺去了。不过做工匠也不是天天有活做，我不知道从哪里得到一本《芥子园画谱》（山水册），开始在报纸上练画，偶尔也买点宣纸作画。在国家恢复高考后，我开始补习中学课程、准备考大学，由于基础差，学得十分困难，为此十分苦闷，唯有以画解忧。因为多次没有考上大学，父母埋怨是画画的缘故，常常责骂我，还烧掉了我的纸和笔。后来我考上了同济大学建筑系，需要美术基础，他们才知道我的苦衷。

我在同济大学学习期间被陈从周教授收为入室弟子，学习书画与古典文学；在校外，我还经常请教方增先先生。在1997年同济大学90周年校庆时，学校宣传部还为我举办了一次个人小画展，也引起不小的反响。到杭州工作后，我多次请教吴山明、周仓米、杜高杰、孔仲起等名家，兼收名家技法，把积墨法、短笔皴与宿墨法相结合，形成了鲜明的个人风格。同时，结合自己规划设计的专业特色，坚持“笔墨跟随时代”艺术理念，力求表现出现代山水画的风貌。现为浙江省美术家协会会员，民盟浙江华夏书画学会杭州分会常务副会长，杭州市科学美术协会秘书长兼常务副理事长。2007年，荣获ISQ900A艺术体系“中国国画家”称号。有100余幅作品在《美术报》《收藏天地》《杭州日报》《钱江晚报》等报纸杂志上刊登发表；作品多次参加国际国内的各种画展，并且多次获奖；有500余幅作品被国内社会机构、团体和个人，以及德国、法国、日本等国的藏家收藏。

我在担任杭州市科学美术协会理事长、秘书长期间，主持了“天堂杭州——西溪美、湘湖美、运河美、古街小巷美”系列书画创作展览活动。我创作的作品《今日杭州》被京杭运河博物馆收藏。2008年“5.12汶川大地震”后，我两次参加书画义卖，筹款两万余元，通过中国红十字会全部捐献给灾区。2017年上半年，为响应和支持杭州市政府“拥江发展”的战略，创作了巨幅山水画《杭州三江两岸一湖胜景图》（长11.4米，高0.8米）。此作品尽收两岸奇峰，表现了从青翠淳安千岛湖、清凉建德新安江、美丽桐庐富春江、阳光隐秀金富阳到雄伟的杭州钱江新城的风貌。将沿岸的城市新貌融入到山水画意之中，也是一种“笔墨跟随时代”的新探讨，也是我对美丽大杭州最好的赞美。这幅作品后来被复制成丝绸画图轴，成为杭城多家单位的公务宣传品。2021年6月，在杭州双西（西湖、西溪）合并一周年、西湖入世遗十周年之际，创作了《双西合璧，溪上云城》（长1.7米，高1.0米），作为特殊礼品捐赠给西湖博物馆永久收藏。

业余生活年表

▎1962 年，出生于中国浙江省浦江县杭坪村。

▎1977 年，杭坪中学辍学，做工匠；在校时特喜欢美术，受中学美术老师二伯父的影响比较大，常为学校出黑板报。

▎1980 年，在浦江文化馆第一次听浙江美术学院张岳健老师回乡讲中国画技法课，算是国画启蒙课，并且得到 2 幅课徒稿，回家观摩，如痴如醉，从此开始学研中国画。

▎1984 年，考入上海同济大学建筑与城市规划学院，有机会系统学习美术、素描、水彩画等。

▎1985 年，20 多幅国画作品在同济大学校门口宣传窗展出，陈从周先生题词“蓓蕾初绽”；拜陈从周先生为师，除国画外也学习书法、古典文学。

▎1987 年，同济大学 80 周年校庆，布置 2 个教室展出国画作品 40 多幅，陈从周先生题词“新篁得意”，方增先先生题词“外师造化，中得心源”。

▎1988 年，毕业设计是海宁市总体规划，受陈从周先生指示进一步详细调研海宁名人故居，速写海宁市河两岸风貌长卷（钢笔画）约 10 米，得陈从周先生题词“海宁市河历史传统建筑”。

▎1988 年，到杭州市规划设计研究院工作，业余写字画画。

▎1989 年，参与下城区政府组织的在武林广场举行的百人百米书画现场创作活动。

▎1997 年，评论性杂文《读“宋・斗茶图”有感》，刊于《茶博览》。

▎1988 年，赴美考察 15 天，写游记《美国之“千岛湖”》。

▎1999 年，国画《采菊东篱下》（46cm × 68cm）刊用于《杭州日报》文艺版。

▎2000 年，加入杭州市科协美术协会。

▎2003 年，任杭州市科协美术协会副理事长。

▎2005 年，组织“天堂杭州——西溪美”主题画展，创作《人在图画中》（46cm × 68cm）。

▎2006 年，组织“天堂杭州——湘湖美”主题画展，创作《独木舟意想》（68cm × 68cm）。

▎2007 年，任杭州市科协美术协会理事长，组织“天堂杭州——运河美”主题画展，创作《今日杭州》（68cm × 137cm），后被杭州运河博物馆收藏。

▎2007 年，国画《雁山晨曦》（60cm × 90 厘米）入选《浙江省视觉艺术作品集》；国画《高山农家》（68cm × 68cm）入选杭州、深圳、宁波、温州民盟盟员书法美术作品选《华夏芳菲》。

▎2008 年，组织“天堂杭州——古街小巷美”主题画展，创作《河坊街概貌》（68cm × 68cm）。

▎2008 年，国画《鸟鸣山更幽》（46cm × 68cm）入选民盟全国副省级城市盟员书画摄影作品集《美美与共》；参加 2008 年《美术报》首届艺术节，设浙江省国际美术交流协会名家展位一个，国画《富春人家》（90cm × 60cm）入选《美术报艺术节》画册；国画《峡江行舟图》（46cm × 68cm）《浙南风光》（137cm × 68cm）入选丹青驿站《经典与和谐》作品集；国画《泉落青山出白云》（46cm × 68cm）《青山欲与高人语》（90cm × 60cm）入选《中国收藏》书画卷，评语“细腻中的雄健”。

▎2009 年，组织“天堂杭州——西湖美”主题画展，创作《满陇桂雨》（68cm × 68cm）。

▎2010 年，组织“天堂杭州——钱江美”主题画展，创作《钱江新城印象》（137cm × 68cm）。

▎2012 年，游记《品味天山》刊用于《杭州盟讯》（总第 161 期）；随想《我画城市，我画山水》刊登于《同济人》（总第 30 期）。

▎2013 年，加入浙江省美术家协会；国画《峡江图》（68cm × 137cm）入选成都市文化艺术界联合会与西湖文化俱乐部联合主办的中国文化名家优秀作品展，编入画册《时代大爱》。

▎2014 年，国画《万山秋色》（46cm × 68cm）入选浙江民盟华夏书画学会美术作品集《潮起东海》；创作《新安十景图》（380cm × 70cm），悬挂于建德市民盟之家。

▎2015 年，任杭州市科协美术协会秘书长；画作《华夏五岳图》（360cm × 145cm）悬挂于浙江大学紫金港校区图书馆大厅，《皋亭春色千桃红》刊登于《杭州盟讯》封底。

▎2016 年，创作第二幅《华夏五岳图》（360cm × 145cm），悬挂于中国造纸研究中心杭州基地会议大厅。

▎2016 年，杂文《再品“宋・斗茶图”》刊于《茶博览》（2016 年 2 期）。

▎2017 年，为响应杭州市政府提出的“拥江发展”行动，创作《杭州三江两岸一湖胜景图》（1130cm×78cm），缩小制作成丝绸版图轴礼品 1000 余份，多家单位作为公务礼品，吴山明大师为此画题词“美丽杭州、三江两岸”。

▎2017 年，国画《六祖禅宗造像》（46cm×68cm）入选中央电视台科教节目制作中心主办的《承古开新》六祖禅理主题中国画大展；国画《江村之春》（90cm×45cm）《风带落日青山》入选纪念中国民主同盟杭州地方组织成立 70 周年盟员书画作品集《赤情初心》。

▎2018 年，国画《山朴泉初秀乾坤，白云松涛忆赵公》（188cm×78cm）入选纪念赵朴初先生诞辰 110 周年主题中国画大展作品集《无尽意、无尽思》，国画《江村之春》入选纪念中国民主同盟武汉地方组织成立 70 周年书画作品集，并被民盟中央美术院武汉分院收藏。

▎2018 年，评论性杂文《读潘天寿“旧友晤谈图”》改写后刊登于《杭州日报》艺术典藏书画篆刻版（1 月 25 日）；创作国画《青枫江上秋帆远》（360cm×145cm）；杂文《钱江潮魂》刊登于《杭州政协》（总第 520 期、521 期）；杂文《不能忘却的恩师——陈从周》参加纪念陈从周先生诞辰 100 周年纪念活动。

▎2019 年，散文《江边的梦》和国画《龙峰巍巍述人间》刊于浦江文化艺术联合会双月刊《月泉》（第 2 期）；国画《钱江潮涌》《争流》《泉》《沙礁春晓》《溪》等参加人大、政协、多个协会的庆祝建国 70 周年活动。

▎2020 年，创作《日出江花》参加浙江省科普艺术协会举办的防疫抗疫书画展； 整理作品 10 余张，参加北京观复美术院举办的《格物致知——当代中国画代表性画家 30 家线上展》；作品《江帆》《青山逾千里》参加“匠心 · 杭州书画名家邀请展”，其中《江帆》被杭州市总工会永久性收藏；《峡江清流》参加杭州市科学美术协会“奋笔翰墨击冠毒，科学防控战疫情”书画展；为杭州花神健康产业有限公司慈善活动创作《花香中国》（170cm×90cm）。

▎2021 年，杂文《范院楼记》发表于《今日浦江》文化版；创作《富春十景图》（68cm×68cm，共 10 幅）《革命摇篮井冈山》（68cm×137cm）《革命圣地延安》（68cm ×137cm）《双西合璧，溪上云城》（170cmx100cm）等画作，参加北京观复美术院举办的《百家百品——当代中国画原创艺术百家学术邀请展》。

人生漫长也短暂

1984年考入同济大学，上学期间在上海市区调研交通流量

1988年至杭州工作，单身时经常去登老和山，写写生

1991年参加建设部职工文化干部培训班时，在香山饭店留影

1998年1月结婚，6月去美国、加拿大考察城市建设

2007年5月参加母校百年校庆，遇到师兄阳作军，相谈甚欢

2002年7月喜得女儿，2007年11月带女儿去梅家坞写生

2009年6月去澳大利亚、新西兰考察绿色建筑技术

2001-2014年主持精创工作室，与团队人员讨论方案

2014年任院总师办主任，兼浙大硕士生导师，在论文答辩会上

2014年11月随浙江省人大代表西湖小组视察桐庐环溪村

2017年5月在西溪画室与作家、教授、记者朋友合影留念

作为杭州市政协常委参加2017年杭州市各界人士中秋团拜会

艺无止境，聆听大师的指导

与著名画家方增先先生在他的画展前合影

著名画家吴山明先生为我的《三江两岸一湖胜景图》题词

著名画家钱大礼先生指导本人画作并合影

著名画家周沧米先生指导本人画作

著名画家孔仲起先生指导本人画作并合影

著名画家柳村先生指导本人画作，左为画友顾建生

著名画家杜高杰先生指导本人画作并合影

著名画家张卫明先生指导本人画作

与著名画家马锋辉一起参加美术报首届艺术节

跋

伟进来找我，为《规画人生》写跋。看了吴志强院士写的序言，我是犹豫的，怕配不上。但我想到，我与伟进是院里的老同事，当年在集体宿舍还共居一套房，比较了解他；我 1998 年当选第九届省人大代表之后，伟进接着连任了四届省人大代表，至今还在任期；2014 年时我是院总工，他是院总师办主任，一起密切工作了近 2 年，这些都说明我与伟进是有缘份的，所以我欣然接受邀请。

孔子说，四十不惑，五十知天命，六十耳顺。我们这批改革开放后读大学、进社会的前浪，经历了城乡规划行业飞速发展的四十年，有辛酸、有喜悦，有挫折、有奋斗，恰是一幅跌宕起伏的人生画卷，也是一首耐人寻味的人生诗篇。如今，伟进这位当年的前浪，也到了从知天命走向耳顺的年纪，不免心生总结回顾之意。这本《规画人生》汇集他历年工作、学习、生活中的思考点滴，可为今天广大后浪们过好规划人生提供有益的借鉴，是值得前浪们去做的一项有益工作。

说他是当年的前浪，一点也不夸张。他是书画之乡浦江人，打小就受到书画的熏陶，有与生俱来的艺术想像力。进了同济大学后，又有幸得到了陈从周老先生的指点，于是，“书画与规划齐飞，水墨与蓝图共色”，同时遨游在艺术与规划的世界里。他最早编制了大运河杭州市区段保护发展的规划，后来又当选省人大代表，用自己的聪明才智不断为杭城规划建言。他上大学之前在建筑施工队干过，很早就有了市场意识。在市规划院的改革中，他率先成立了精创工作室，先行走上了市场探索之路。现在，他又在画家的道路上一路前行，在西溪画室里创作国画作品。为此，他被同事们尊称为“吴大师”。

伟进勤于思考。所谓“师傅领进门，修行靠自身”。他做了许多项目，常常自己推敲琢磨，与甲方大胆碰撞。这本《规画人生》里总结的都是他在实践中日积月累的、实实在在的经验体会。他没有故作玄乎以示高深，而是用他的形象思维深入浅出地阐述，让深奥的规划道理自然而然地被人们所接受。说他是规划界里最出色的画家和最具画家气质的规划师，这个论断恐怕不会有多少异议。

伟进懂得平衡。做画家时要大胆想象、标新立异，做规划师时则要统筹兼顾、平衡利益。伟进在广泛接触社会的过程中，领悟到了“需求”二字的精髓，即要满足用户需求，才能在市场中生存；但是，又不能一味迎合市场、丧失底线，因而更需要坚守规划师的职业道德。这里面既要有远见畅想，也难免有规划师的无奈妥协，一个好的规划师，总是在委曲求全中力争更多一点规划理想的落地。

我能够理解，伟进本质上是个艺术家，艺术的冲动让他豪放不羁，规划的严谨又使他循规蹈矩。这种矛盾的心态，不知道他是如何调谐平衡的。他感悟所至，时而画之，时而诗之，时而文之，信马由缰，无拘无束。这些诗画文字就像一颗颗珍珠，似随意撒落在各个角落，却又有一股精气神，将它串珠成链，贯穿始终。这就是鲜明的本真和无畏的自我，引发观者的感慨和思考。

如此，我们看的不是一本书，而是一个时代、一份人生。我们不在意理论是否高深，却在意事业如何书写；我们也不怎么在意书写是否系统，而更在意人生如何精彩。这一份人生秘籍是前浪献给后浪的真诚礼物。“青山永在，绿水长流”，如今的世界越来越精彩，年轻的后浪，这是你们的好时代！

汤海孺　2020 年 7 月

汤海孺：1998—2016年任杭州市规划设计研究院总工程师、教授级高级工程师、杭州市政府参事员。

结尾语

我画城市　我画山水

一、有心做画家，无心成规划师

浦江杭坪村吴姓为延陵郡吴氏后裔，远祖上曾有过元朝集贤殿大学士吴直方，其长子吴莱(1297-1340)也是大学者，著有《渊颖吴先生集》、为宋濂之师。今则有吴茀之(1900-1977)、吴山明（1941-2021）等著名画家。但笔者近祖几代均为小商小农，温饱度日，书香清淡，却对中国书画产生浓厚兴趣，无师半懂，能画出一点模样，得旁人称赞，做画家之心存在心底，但在农村相当难矣。20世纪80年代初，汇入高考潮流，进同济大学城市规划系学习，有幸受上海大都市文化熏染，有幸得美术基础教育（素描、水彩），更有幸得著名教授陈从周先生赏识，成为他的弟子，始感慨中国书画之深奥，非一点冲动、天赋或灵气能够成功。陈先生说笔者，画上有些天赋，但书法功底不够，画作显得比较浅薄。他说：墨中分五色，线内有千军万马，点上还有气质修养，孺子可教，但要努力，从画圈圈、横竖线条开始，再临颜体柳体等名家碑贴，还要研读诗文，增加社会阅历，渐渐会感悟到画理。画在纸上功在画外呀！诚哉斯言，吾师叮嘱铭记终身！

因此，笔者首先要做好一个规划师，完成社会之责任，做我衣食之基础，只要笔耕不辍，人生达到什么样的境界，画画也会进入什么样的境界。

二、人生有阅历，书画有境界

“外师造化，中得心源”，第一次读到这句话，还是在方增先大师家里。当年我欲在同济校园举办个人画展（时为同济大学校庆80周年），这句话是方老师写给我的题词，并作了解释。当时笔者还只是半懂，到杭州工作20余年后，才感悟其道理。艺术作品是一个整体，既有外在的语言形式，又有内在的蕴涵——语言所表述的精神内容，二者互为表里，密不可分。书画欲传达高层次的精神性内涵，需要迈进传统技法大门，但同时又要冲破其森严的戒律，与生活紧密联系在一起，与职业联系在一起，与社会联系在一起，然后迸发出来的灵感，才动人心魄，再通过高超的理念、熟练的技法，转升为高大上的艺术精神，陶冶人们的心灵。从此我开始创作有主题、有思想、有灵魂的作品，把规划理念融入山水画的意境之中。例如我创作的《华夏五岳图》，把华夏之根：东岳泰山、西岳华山、南岳衡山、北岳恒山、中岳嵩山这五座山岳组合成一张画，以此表达了中国精神的象征。《山》《河》《湖》《海》《溪》组画则描绘了杭州的地理特征。我在许多规划项目的景观设计中，十分注重文化意象的造型，结合绘画的艺术心境，去表达景观的品质和文化的风格；又通过规划的空间意象，经营布置山水画的恢弘画面。一虚一实意象空间的汇集与重组，表达为最直接最感性的笔墨、色彩、肌理和构成比例。生活的阅历、职业的特点，已成为我绘画语言的个性源泉。

我于2000—2002年编制的《京杭运河杭州段综合整治与保护开发战略规划》，在完成用地整理的基础上，重点挖掘文化底蕴，提升运河文化的精神功能，从而策划了“运河新十景”，与西湖对应起来，让运河上的每一座桥讲述一个故事，每一段景观述说一段历史，使运河成为活生生的历史博物馆，成为市民休闲游览的文化场所。人们可以从中品味历史，体会社会变迁，感受到东方休闲之都的魅力。

三、我画城市 、我画山水

城市环境有层次也有结构，有错综复杂的有形无形的关联，从而使城市充满魅力，也充满矛盾，给我很多很多的感悟，使我的人生境界不断提升。而山水画又让我沉浸在高致旷远的精神世界中，把人生阅历转化为胸中的浩气，发于笔端、化为墨彩，也许这就是我的画有些与众不同的缘由。我始终感悟着社会的脉动、生活的真谛，去追寻精神的超越。

社会文明的高度发达，反过来又促使人们的情感生活返璞归真，乡愁重回人们的心头。人们走向自然、亲近自然，追忆过去，寻求其梦幻般的空间意境，就是这一美好执念的重温、反思与向往。若能够把那种纯自然生活之原味、本源文化之意境创作为图景，将在人们的脑海里留住最美好的记忆。现实经历未经历，心中想象非梦幻，人心的轨迹总是向着一个美妙的意象空间转移。画家是以笔墨与观者对话，面向世人敞开心扉，披露最自然、最纯真的思想，如同山涧的泉水清澈见底。虽然有人云，我是稚气不脱，童心不泯，但我认为，正是这种心境才让人怡然，自有天趣；对生活也是一种坦然，有言云“真水无香”，我就喜欢无香的纯真。面对复杂的社会，要本着求真求理求实，去做我应该做的事情，去说我应该说的话，宠辱不惊，贫贱不移。人生途中碰壁是必然的，只有碰壁才有浪花，才有人生美丽的闪光点。求真

是生命存在的终极取向，它同时又体现为时代的使命感，是一个真正的规划师对艺术空间的向往与塑造，和对美好生活的创造，此乃其生命中最美好、最闪光的结晶。

2017 年上半年，为响应支持市政府“拥江发展”的战略，我创作了《杭州三江两岸一湖胜景图》山水画，尺幅长 11.4 米、高 0.8 米。这幅作品是我借规划工作之便利，在速写 100 余张的基础上完成的。它尽收两岸奇峰，表现了从青翠淳安千岛湖、清凉建德新安江、美丽桐庐富春江、阳光隐秀金富阳到雄伟的杭州钱江新城的风貌，将沿岸城市新貌融入山水画意之中。这是一种对“笔墨跟随时代”的新探讨，也是我对美丽杭州最好的赞美。这幅作品后来复制在丝绸图轴上，成为杭州多家单位的公务宣传品。

“画”城市、画山水，画二者浸融一起的人生境界！

四、遗憾人生，自信走过

我是 60 后，60 年代的我还不懂事，度过勉强温饱的童年；70 年代时逢“文革”，没有读好书，早早辍学做手艺。80 年代初自学初高中课程考大学，1984 年考入同济大学建筑系，1988 年毕业后至杭州工作。社会经济的发展从慢速到快速，个人的生活也从恋爱结婚到买房成家，坎坎坷坷奋斗了 10 年。社会在经历一段快速发展期后，这些年又回归平稳。个人的命运随着社会的浪潮跌宕起伏，早也匆匆，晚也匆匆，生命的年轮在无声无息地增加。一直想着干点大事，可是岁月似水流逝，不知不觉中，即将把我带进退休生涯。我仰望星空、敞开心扉，打开思绪的闸门，感悟到了一些年轻时不曾领悟的道理，真想人生重来！但人生没法重来，若能够写点什么，让年轻人能够从我的人生中感悟到一点东西，不管是成功的经验还是失败的教训，都算是我生命的增值。

我想告诉你：离开父母，离开学校，走上社会后，没有谁能再陪你走路，更没有谁能陪你一生一世，人生注定有许多无可奈何的事情。你在落魄、低沉、孤单的时候，只有含泪奔跑，迎着风雨、咬紧牙关一步步向前，才能活出自己的一份风采。

我也想告诉你：要多多看书，热爱读书。惆怅时看书，把情绪释放出来；病痛时看书，把痛苦给忘了；成功时看书，自信加倍了。有一句话：看了文学作品，才知道世界上不是只有你一个人在痛苦、在惆怅，寄托心灵的知音就在书上，这就是文学的力量。

我还想告诉你：年轻时总有焦躁、不安、恐惧、失落，长大了能否带着淡定、从容、自信、优雅走向夕阳红，决定于人生的修炼。人生总有一些弯路陡坡你绕不过，总有一些困难挫折你躲不开。这些与其说是人生的不幸，不如说是人生道路上的必修课。

我更想告诉你：你成功了有人恭喜，也会有人嫉妒，都不必挂心，人的一生就怕没有人在意。不要因为他人的闲言碎语搅乱自己的信念，也不要因为别人的聒噪而踌躇不前。人要学会在误解中成长，在排斥中成功，强者自强，强者恒强！

我自信地告诉你：世界上没有十全十美的事情，天然的宝石必有瑕疵，人无完人。人生犹如画画，虽然会占据你的休闲时间，但是能弥补你人生的遗憾。不管是晴是雨，都能坦然接受。有个画家说过：我的每一张画都是在遗憾中完成的。画家的作品如此，人生也是如此。

“每个优秀的人，都有一段沉默的时光。那段时光，是付出了很多努力，却得不到结果的日子，我们把它叫做扎根。”这是习近平总书记对《尼克·胡哲给自己的信》中的一段话的意译。意思很明白，花若盛开，彩蝶自来，君若精彩，天自安排。对待工作勤奋一点，对待生活平和一点，在平和中经营生活，舍去生活中不重要的杂事小事，去做你最想做的事，或许可以把自己的天赋发挥到极致。静观风雨，聆听松涛，不辜负自己，不错过青春时光，趁阳光正好，趁微风和畅，成长路上孤独、迷茫的年轻人，共勉吧！

我的有价的生命，孜孜于城市规划设计，然而坦白地说，时至今日我对城市规划的概念仍有点模糊，因为社会在发展，城市在发展，生活日新月异。人们究竟需要一个什么样的城市，没有固定的模式，只有越来越高的目标。所以，我们要关注社会经济的波浪、国际形势的风云，推导未来，感知未来。这将是我们规划师穷尽一生的追求。

规划需要创意，创意需要思想。作为规划人，最好兴趣爱好广泛，爱琴棋书画，懂诗词文章，提高自己的综合修养。艺术修养能够涤除生活中的无奈，从中提炼出闪光点。在这本《规画人生》里，我尝试着把我对诗词、书画、散文的一些体悟之于规划设计的创意启发点写出来，这些思路很多时候或许只可意会、不可言传，但我还是绞尽脑汁地一点点写出来。我选择了近 20 年中 30 余个规划实例，把其创作的背后故事分享给大家，其中有基本实施的，有部分实施的，也有未被采纳的；有资金的原因，有政策变化的原因，有人为的原因，也有方案的原因。但是我相信，我确确实实把我心中最美好的愿望设计出来了。这本《规画人生》，也算是 21 世纪初中国城市化大进程中，一个有点情怀的规划师的一朵心灵小浪花。

规划，让生活更美好！

吴伟进

2021 年 4 月

游 于 艺